KB028066

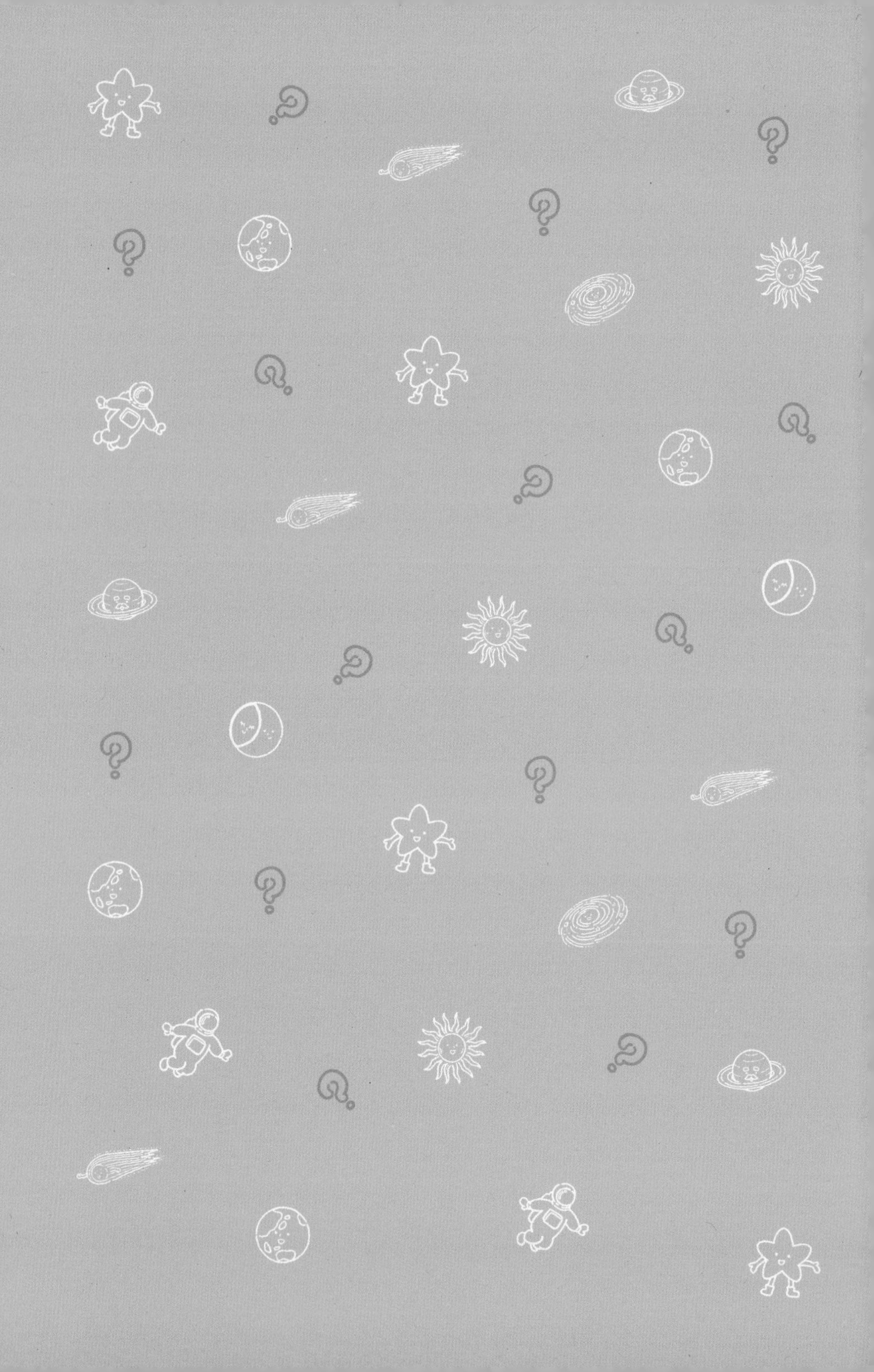

과학잡학사전 통조림

우주편

출판은 사람과 나무 사이에서 이루어지는 가치 있는 일입니다.
도서출판 사람과나무사이는 의미 있고 울림 있는 책으로
독자의 삶을 좀 더 풍요롭게 만들기 위해 최선을 다하겠습니다.

1NICHI 1PAGE DE SHOGAKUSEI KARA ATAMA GA YOKUNARU!
UCHU NO FUSHIGI 366
Copyright © 2022 by Takeo SAMAKI
All rights reserved.
Interior illustrations by Arika CHIKARAISHI, Eiichiro TSUCHIYA
First published in Japan in 2022 by Kizuna Publishing.
Korean translation rights arranged with PHP Institute, Inc.
through Imprima Korea Agency.

이 책의 한국어판 저작권은 Imprima Korea Agency를 통해
PHP Institute, Inc.과의 독점계약으로 사람과나무사이에 있습니다.
저작권법에 의해 한국 내에서 보호를 받는 저작물이므로 무단전재와 무단복제를 금합니다.

SCIENCE 365
지식을 쌓으려면
통째로, 조목조목!
과학
잡학사전
통조림
우주편
사마키 다케오 외 지음 | 서수지 옮김
SPACE SCIENCE

사람과
나무사이

이 책을 읽는 독자들에게

별이 너무 많아서 머리 위로 쏟아져 내리면 어쩌나 겁날 정도로 별이 가득한 밤하늘을 올려다본 경험이 있는가?

별이 가득한 밤하늘은 끝없이 펼쳐진 우주로 우리를 이끈다. 특히 도시에서는 조명이 밤하늘 위까지 비추어 낮인지 밤인지 구분되지 않을 정도다. 이처럼 빛 공해가 심해 별이 쏟아지는 하늘을 경험하려면 엄청 운이 좋아야 한다. 아니면 큰맘 먹고 별 보러 갈 시간을 따로 내야 한다. 빛 공해가 없는 곳에 가면 고개를 들어 밤하늘을 빼곡하게 수놓은 별들을 감상해보자. 인공조명이 하늘을 침식해 희뿌한 하늘밖에 볼 수 없는 도심에서도 가끔 밤하늘을 올려다보자. 그곳에 모래알처럼 작은 물질부터 행성과 항성, 은하처럼 거대한 천체가 펼쳐져 있다.

우주에는 역사가 있다. 태초에 우주가 시작된 빅뱅, 그 후 항성이 등장하고, 약 90가지 종류의 원소가 생겨나고, 태양계가 형성되고, 암석 행성·지구가 만들어지고, 지구가 그러모은 먼지에서 생명이 탄생하고, 우주는 바야흐로 우리 인간을 낳았다.

인간은 지적 능력을 보유하고, 우주의 신비와 수수께끼를 조금씩 풀어나가고 있다.

아직 우리는 생명이 지구 외 다른 별에 존재한다는 증거를 발견하지 못했으나, 우주에는 생명이 존재하고 지적 능력을 지닌 생물이 어디선가 진화 중일 수도 있다.

우주를 알아가는 과정은 우리와 지구가 어떤 존재인지 알아가는 시간이다. 지구도 우주의 별 중 하나다.

과학을 좋아하는 성인 독자를 위한 잡지 『리카탄(RikaTan)』에서 독자들에게 과학을 쉽고 재미있게 전달하는 일에 매진해온 여러 위원과 함께 이 책을 썼다. 우주와 별을 가르치고, 배우고, 별을 관측하고, 별 관측 모임을 여는 사람들이다. 우주를 사랑하는 사람들이 우주에 관한 여러분의 호기심을 자극할 수 있는 책을 만들기 위해 힘을 모았다.

필자들을 대표하여
사마키 다케오

· 차 례 ·

별 | 밤하늘의 별

우주 | 망원경 관측

지구 | 천동설과 지동설

행성 | 행성의 구조

태양 | 태양의 특징

달 | 달의 구조

우주 개발 | 행성 탐사

은하 | 성운과 성단

별 | 별자리

우주 | 우주 관측

지구 | 지구의 자전

행성 | 행성의 수수께끼

태양 | 태양의 내부

별 | 별의 신비

태양 | 태양 에너지

달 | 달과 지구

우주 개발 | 인공위성

은하 | 은하의 구조

별 | 혜성

우주 | 블랙홀

달 | 달의 위상 변화와 공전

우주 개발 | 우주 개발 기술

은하 | 은하수

별 | 천체투영관

우주 | 우주 탄생의 순간

우주 개발 | 우주 개발의 미래

달 | 월면 탐사

지구 | 지구의 자기

별 | 운석

우주 개발 | 우주 비행

우주 | 우주를 이해하는 이론

지구 | 지구의 대륙

지구 | 대기권

우주 개발 | 로켓

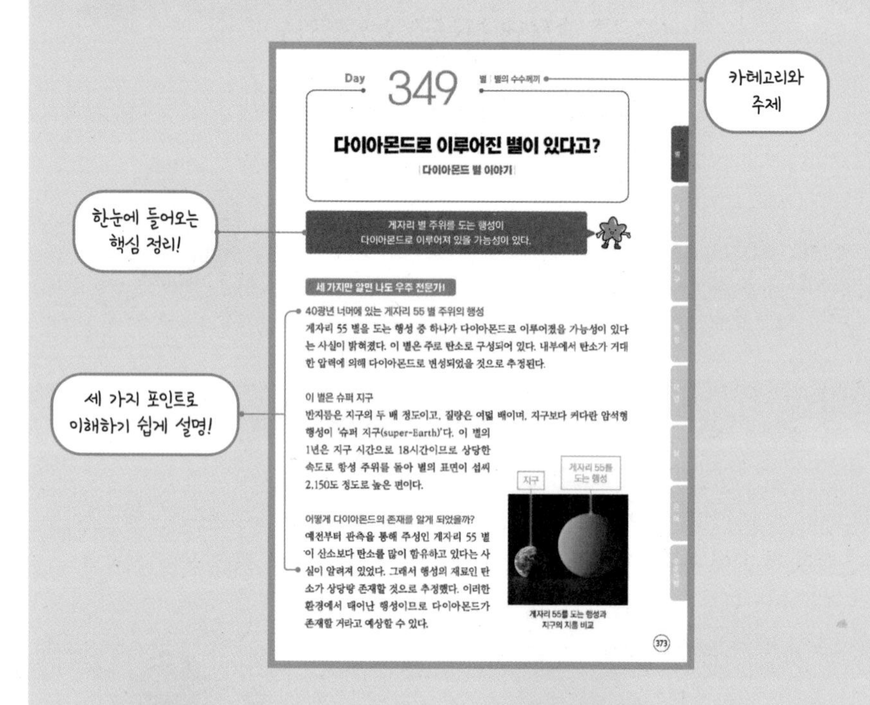

Day 349 별 | 별의 수수께끼

다이아몬드로 이루어진 별이 있다고?

다이아몬드 별 이야기

게자리 별 주위를 도는 행성이
다이아몬드로 이루어져 있을 가능성이 있다.

세 가지만 알면 나도 우주 전문가!

40광년 너머에 있는 게자리 55 별 주위의 행성

게자리 55 별을 도는 행성 중 하나가 다이아몬드로 이루어졌을 가능성이 있다는 사실이 밝혀졌다. 이 별은 주로 탄소로 구성되어 있다. 내부에서 탄소가 거대한 압력에 의해 다이아몬드로 변성되었을 것으로 추정된다.

이 별은 슈퍼 지구

반지름은 지구의 두 배 정도이고, 질량은 여덟 배이며, 지구보다 커다란 암석형 행성이 '슈퍼 지구(super-Earth)'다. 이 별의 1년은 지구 시간으로 18시간이므로 상당한 속도로 항성 주위를 돌아 별의 표면이 섭씨 2,150도 정도로 높은 편이다.

어떻게 다이아몬드의 존재를 알게 되었을까?

예전부터 관측을 통해 주성인 게자리 55 별이 산소보다 탄소를 많이 함유하고 있다는 사실이 알려져 있었다. 그래서 행성의 재료인 탄소가 상당량 존재할 것으로 추정했다. 이러한 환경에서 태어난 행성이므로 다이아몬드가 존재할 거라고 예상할 수 있다.

지구 / 게자리 55를 도는 행성

게자리 55를 도는 행성과 지구의 지름 비교

373

별

밤하늘에 빛나는 별의 탄생과
지구와의 거리, 관측법 등의 비밀을 풀어본다!

우주

관측 방법과 블랙홀, 우주의 탄생 등
수수께끼를 해명한다!

행성

태양계에 있는 행성과 구조를 알아본다!

지구

지구의 탄생 과정과 생물의 탄생 등의
비밀을 살펴본다!

태양

태양이 밝은 이유와 구조, 역할 등
태양에 얽힌 신비를 파헤친다!

달

달의 구조와 달의 위상 변화,
달 내부까지 둘러본다!

은하

태양계와 은하수 등 은하의 다양한
신비를 요모조모 살펴본다!

우주 개발

우주에서 하는 일과 로켓, 위성 등의
기술 관련 지식을 알아본다!

도구 없이 별을 보려면 어떻게 해야 할까?

| 별 관찰법 이야기 |

별을 볼 수 있는 밤에는 깜깜하기 때문에 주의해야 한다.

세 가지만 알면 나도 우주 전문가!

눈이 어둠에 적응하는 시간이 필요하다

밝은 곳에서는 눈으로 어둑한 별빛을 볼 수 없다. 가로등 근처에서는 주위가 밝아 별이 잘 보이지 않는다. 최대한 어두운 곳에서 밤하늘을 보면 눈이 어둠에 적응되어 더 많은 별을 볼 수 있다. 태양계에 있는 다섯 개의 행성, 즉 수성, 금성, 화성, 목성, 토성은 맨눈으로도 볼 수 있다.

밤하늘에 빛나는 달과 행성들

깜깜한 밤하늘에는 밝은 별과 어두운 별, 색깔이 있는 별 등 다양한 별이 있다. 태양처럼 스스로 빛을 내는 별을 '항성'이라고 한다. 항성 외에도 항성의 빛을 반사해서 빛나 보이는 달과 행성 등이 있다. 항성 중에서 특히 밝게 보이는 별자리는 계절에 따라 달라지는 밤하늘을 즐길 수 있는 지표가 된다.

안전에 주의하면서 즐기자

깜깜한 밤에 이루어지는 야간 활동에는 예상치 못한 위험이 따를 수 있다. 해가 지기 전에 복장 및 준비물을 확인하고 미리 챙겨둔다.

여름철 복장

벌레에 물리지 않도록 긴 옷을 입는다.

겨울철 복장

짧은 시간이라도 추위에 단단히 대비한다.

봄철 밤하늘에는 어떤 별이 있을까?

|봄철 밤하늘 이야기|

밤하늘에 보이는 별의 절반 정도는 계절 별이다.
봄의 대표 별자리는 '봄의 대삼각형'이다.

세 가지만 알면 나도 우주 전문가!

계절별로 최대 세 가지 대표 별을 볼 수 있다

계절 별자리는 밤 9시 무렵 남쪽 하늘에서 볼 수 있다. 네 계절이므로, 계절 별자리는 전체의 4분의 1이다. 따라서 남쪽 하늘에 봄철 별자리가 보일 때는 서쪽 하늘에 겨울 별, 동쪽 하늘에 여름 별이 보인다.

'봄의 대삼각형'은 커다란 삼각형 모양의 별자리

남쪽 하늘에서 정삼각형에 가까운 '봄의 대삼각형'을 찾아보자. 초봄에는 동쪽, 초여름에는 서쪽 하늘에 나타난다. 목동자리의 아르크투루스(Arcturus), 처녀자리의 스피카(Spica), 사자자리의 데네볼라(Denebola)가 커다란 삼각형을 이룬다. 목동자리는 넥타이처럼 보이기도 한다.

봄의 대삼각형 북쪽에 있는 북두칠성

봄의 대삼각형 위 북쪽 하늘에 북두칠성이 있다. 북두칠성은 큰곰자리의 일부로, 곰의 허리에서 꼬리에 해당한다. 봄의 대삼각형과 사냥개자리의 코르카롤리(Cor Caroli)가 만나 다이아몬드 모양을 연출하기도 한다.

【봄의 별자리】

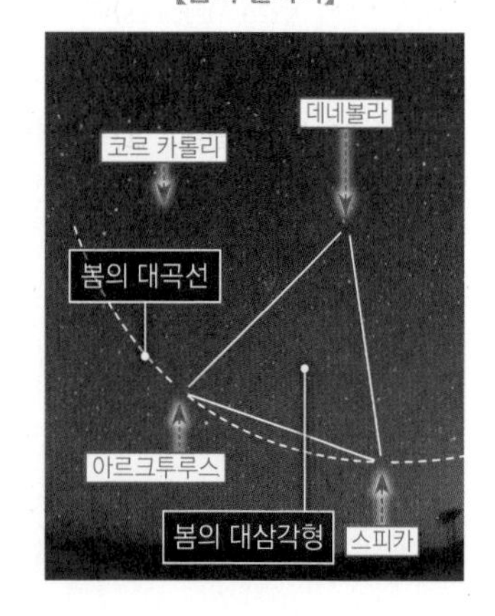

여름철 밤하늘에는 어떤 별이 있을까?

| 여름철 밤하늘 이야기 |

길쭉한 삼각자 모양의 '여름의 대삼각형'에서는
밤하늘에서 열다섯 번째로 밝은 붉은색 안타레스를 볼 수 있다.

세 가지만 알면 나도 우주 전문가!

'여름의 대삼각형'은 길쭉한 삼각자 모양이다

'여름의 대삼각형'의 세 꼭짓점 별은 거문고자리의 베가(Vega), 백조자리의 데네브(Deneb), 독수리자리의 알타이르(Altair)다. 베가는 직녀, 알타이르는 견우를 나타낸다. 칠월칠석 무렵 저녁 동쪽 하늘에서 베가가 길쭉한 이등변삼각형의 긴 변을 위에서 아래로 따라가는 모습을 볼 수 있다.

안타레스는 붉은 별

여름의 대삼각형이 머리 위에서 빛날 때 남쪽 하늘 아래쪽에서 반짝이는 별이 전갈자리의 안타레스(Antares)다. 안타레스는 '전쟁의 신 아레스의 경쟁자'라는 뜻인데, 화성과 붉은빛을 겨룬다. 안타레스 왼쪽 궁수자리의 여섯 개 별로 이루어진 남두육성은 북두칠성처럼 국자 모양이다.

【여름 밤하늘과 은하수】

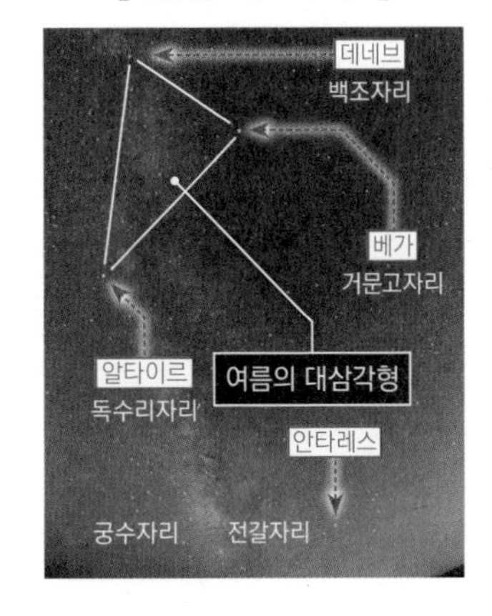

은하수는 여름의 대삼각형 안을 흐른다

여름날 깜깜한 밤하늘에서 희뿌하게 빛나는 구름처럼 생긴 덩어리가 은하수다. 수많은 별이 모여 구름처럼 보인다.

Day 004

가을철 밤하늘에는 어떤 별이 있을까?

|가을철 밤하늘 이야기|

가을에는 밝은 별이 '가을의 대사각형' 하나뿐이다.
대신 표식으로 삼을 만한 별들이 있다.

세 가지만 알면 나도 우주 전문가!

'가을의 대사각형'을 찾아보자

서쪽 하늘에는 여름의 대삼각형, 동쪽 하늘에는 겨울을 대표하는 밝은 별들, 그리고 그 사이에서 보이는 별이 '가을의 대사각형' 페가수스자리다. 페가수스자리에는 인류가 최초로 발견한 외계 행성 '페가수스자리 51b'가 있다.

안드로메다은하도 찾아보자

가을의 대사각형에서 윗변 오른쪽 가장자리 별부터 왼쪽으로 다섯 개의 별이 거의 같은 간격으로 있다. 그 다섯 개 가운데 세 번째가 안드로메다자리이고, 다섯 번째가 페르세우스자리다. 세 번째 별 약간 위쪽에 있는, 작은 구름처럼 보이는 덩어리가 바로 안드로메다은하다.

가을에 가장 밝은 별은 포말하우트

남쪽 하늘 낮은 곳에 오도카니 빛나는 별이 가을철 남쪽 물고기자리에서 가장 밝은 포말하우트(Fomalhaut)다. 겉보기 등급이 가장 밝아 알파성 또는 일등성으로 분류되는데, 낮은 곳에 있어 눈에 잘 띄지 않는다.

【가을의 밤하늘】

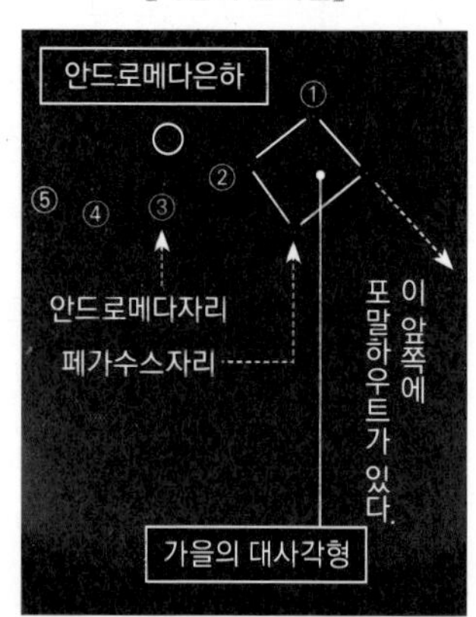

겨울철 밤하늘에는 어떤 별이 있을까?

| 겨울철 밤하늘 이야기 |

겨울철 밤하늘에서는 커다란 육각형(다이아몬드)의 보물상자와 같은 별자리를 볼 수 있다.

세 가지만 알면 나도 우주 전문가!

'겨울의 대삼각형'은 거의 정삼각형을 이룬다

밤 9시 무렵 남쪽 하늘에서 정삼각형에 가까운 '겨울의 대삼각형'을 볼 수 있다. 초겨울에는 동쪽, 이른 봄에는 서쪽 하늘에서 볼 수 있다. 겨울은 해가 짧아 이른 시각에는 동쪽 하늘에 있다. 관측 시각에 따라 삼각형의 방향이 달라진다.

오리온자리의 별 세 개를 찾아보자

겨울의 대삼각형에서 아래는 큰개자리의 시리우스(Sirius), 왼쪽은 작은개자리의 프로키온(Procyon), 오른쪽은 오리온자리의 베텔게우스(Betelgeuse)다. 붉은색으로 보이는 베텔게우스 아래쪽으로 흰색 또는 청색을 약간 띠는 리겔(Rigel)이 있다.

【겨울의 밤하늘】

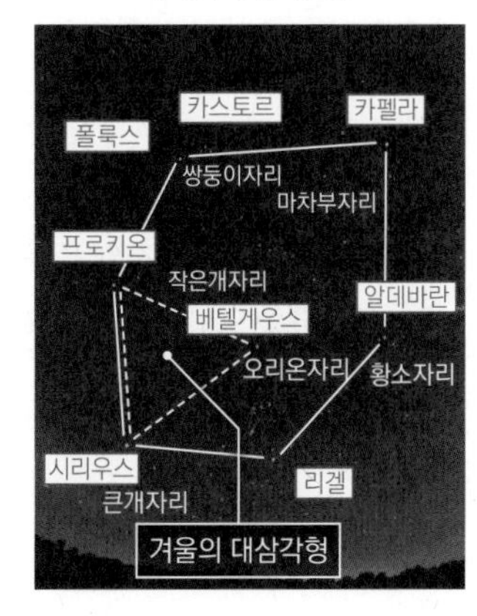

커다란 육각형을 찾아보자

프로키온 위쪽으로 쌍둥이자리의 폴룩스(Pollux)와 카스토르(Castor)도 있다. 폴룩스부터 마차부자리의 카펠라(Capella), 황소자리의 알데바란(Aldebaran), 그리고 리겔, 시리우스, 프로키온을 연결하면 육각형 모양이 된다.

북쪽 하늘의 별자리는 1년 내내 볼 수 있을까?

| 북쪽 밤하늘 이야기 |

북쪽 밤하늘에는 1년 내내 볼 수 있는 별자리도 있지만,
계절마다 달라지는 별들도 있다.

세 가지만 알면 나도 우주 전문가!

북반구에서는 북극성을 중심으로 별들이 움직인다

밤하늘의 별들이 북극성을 중심으로 돌아 북극성 근처의 별자리는 1년 내내 볼 수 있다. 하지만 낮은 곳에 있는 별자리는 산이나 높은 건물에 가려 보이지 않을 때도 있다. 또 위아래가 뒤집혀 보일 때도 있다.

별의 움직임은 시간 간격을 두고 봐야 알 수 있다

하루의 변화든 1년의 변화든 북극성이 중심이다. 하지만 4분에 1도 정도 움직여 하루의 변화를 느끼기 어렵고, 하루에 1도 정도 움직여 1년의 변화를 알기 어렵다. 변화를 알려면 어느 정도 간격을 두고 관측해야 한다.

위도에 따라 보이는 범위가 달라진다

북극성이 보이는 높이는 남쪽으로 갈수록 낮아진다. 따라서 위도가 높은 북쪽 지역에서는 1년 내내 북두칠성과 카시오페이아자리가 보이지만, 위도가 낮은 남쪽 지역에서는 지평선 아래에 숨어 보이지 않는 시기가 있다. 알파벳 'W'자 모양인 카시오페이아자리는 계절에 따라 위아래가 뒤집혀 보일 때도 있다.

【북쪽 하늘의 작은곰자리와 카시오페이아자리】

카시오페이아자리와 북두칠성부터 각각 다섯 배 늘린 위치에 북극성이 있다.

쌍안경을 사용하면 별이 크게 보일까?

| 쌍안경 이야기 |

쌍안경을 사용해도 크게 보이지는 않고,
맨눈으로 볼 때보다 어두운 별이 더 잘 보일 뿐이다.

세 가지만 알면 나도 우주 전문가!

쌍안경의 배율은 높지 않다

항성은 엄청나게 먼 곳에 있어 망원경이나 쌍안경을 동원해도 점으로밖에 보이지 않는다. 또 쌍안경은 배율이 높지 않아 금성과 목성 등의 행성도 점에 가깝게 보인다. 그 대신 달에 운석이 떨어져 만들어진 충돌구(crater)의 크기와 목성의 위성을 확인할 수 있다.

어두운 별을 많이 볼 수 있다

쌍안경을 사용하면 맨눈으로 볼 때보다 어두운 별을 많이 볼 수 있고, 별의 색깔도 더 선명하다. 희미하게 보이던 성운과 성단도 가느다란 부분까지 보인다. 대물 렌즈가 큰 쌍안경은 빛을 많이 모을 수 있지만 무거워서 사용하기 불편하다. 배율이 낮은 쌍안경이 밝게 보인다. 참고로, 예를 들어 쌍안경에 기재된 7×35는 대물 렌즈의 구경이 35밀리미터이고 배율이 7배라는 뜻이다.

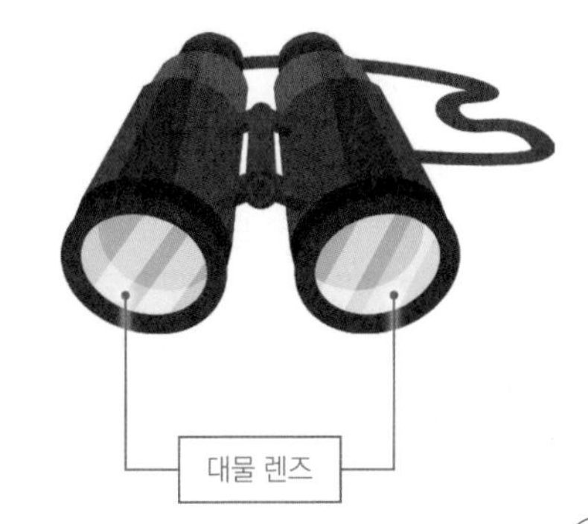

밤하늘을 관측하려면 연습이 필요하다

깜깜해지기 전에 먼 산이나 송전탑 등에 초점 맞추는 연습을 하면 실제로 깜깜한 밤하늘에서 별을 관측할 때 도움이 된다.

Day 008 우주 | 망원경 관측

망원경은 누가 발명했을까?

| 망원경 발명 이야기 |

망원경을 발명한 사람에 대해서는 여러 가지 이야기가 있으나 확실한 증거는 찾아내지 못했다.

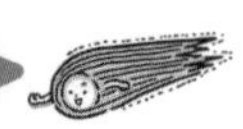

세 가지만 알면 나도 우주 전문가!

망원경에 필요한 렌즈는 기원전부터 사용

가장 오래된 렌즈는 햇빛을 모으기 위한 도구로, 고대 아시리아(오늘날의 이라크) 유적에서 발굴되었다. 고대 로마 시대에는 검투사들의 시합 관람용 안경이 있었다고 한다. 13세기 유럽에서는 노안용 안경이 널리 보급되었다.

한스 리페르셰이가 발명?

1608년 네덜란드의 안경 기술자 한스 리페르셰이(Hans Lippershey)가 볼록 렌즈를 앞에 놓고 눈앞의 오목 렌즈로 보면 먼 곳이 가깝게 보이는 원리를 깨닫고 망원경을 제작해 특허를 신청했다.

그 밖의 여러 발명자

수학자이자 철학자인 르네 데카르트(René Descartes)가 책에서 소개한 야코프 메티우스(Jacob Metius)는 리페르셰이가 특허를 내고 며칠 뒤에 특허를 신청했다. 한편 자카리아스 얀선(Zacharias Janssen)이 1590년에 망원경을 발명했다는 주장도 있다. 세 사람 모두 네덜란드 출신 안경 기술자다.

현대 천체 망원경의 조상은 16세기 말에서 17세기 초에 발명되었다.

밤하늘을 망원경으로 처음 관찰한 사람은 누구일까?

|망원경을 이용한 천체 관측 이야기|

1609년 갈릴레오 갈릴레이는 직접 만든 망원경으로
밤하늘을 본격적으로 관측했다.

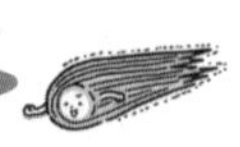

세 가지만 알면 나도 우주 전문가!

갈릴레오 갈릴레이의 망원경

1609년에 이탈리아의 과학자 갈릴레오 갈릴레이(Galileo Galilei)는 한스 리페르셰이의 망원경을 모방해서 개량 제작한 망원경(구경 3~4센티미터, 배율 3~20배)으로 밤하늘을 관측했다. 갈릴레이는 관찰 결과를 상세하게 기록한 뒤 그 내용을 이듬해 『항성의 메시지(Sidereus Nuncius)』라는 책으로 출간했다.

갈릴레이가 망원경으로 본 천체와 새로운 발견

갈릴레이는 망원경으로 달의 충돌구, '갈릴레이 위성(Galilean moons)'이라 불리는 목성의 네 개 위성, 토성의 고리, 금성과 화성의 위상 변화, 태양의 흑점(黑點, sunspot), 은하수가 별 군집이라는 사실 등을 발견했다.

망원경으로 지동설을 뒷받침할 증거를 찾아내다

갈릴레이는 목성의 네 개 위성(갈릴레이 위성)이 지구가 아닌 목성을 중심으로 공전한다는 사실, 금성과 화성의 겉보기 크기와 모양 및 밝기가 주기적으로 변화한다는 사실을 근거로, 금성과 화성은 태양을 중심으로 공전하며, 태양의 빛을 반사해서 빛난다고 확신했다.

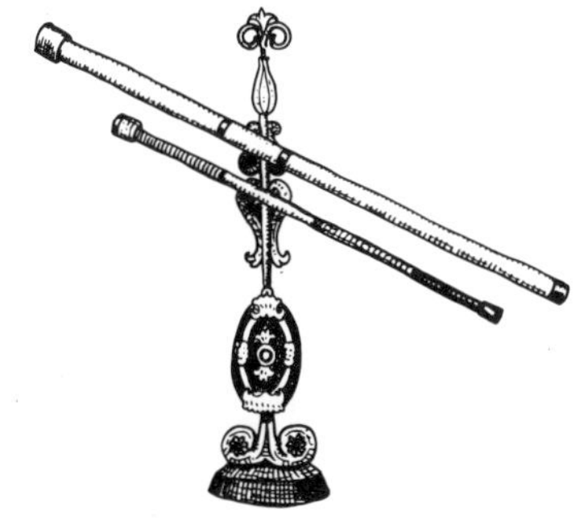

갈릴레오 갈릴레이의 망원경

망원경으로 태양을 보면 왜 안 될까?

|위험한 태양 빛 이야기|

보호 장비 없이 망원경으로 태양을 보면 실명할 수도 있다.

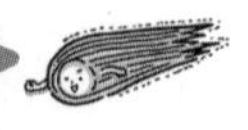

세 가지만 알면 나도 우주 전문가!

태양 빛에는 여러 가지 빛이 포함되어 있다

햇빛이 있는 낮에 밝은 것은 가시광선 때문이다. 우리는 햇빛이 닿으면 온기를 느끼고, 장시간 강한 햇빛에 노출되면 피부가 까무잡잡하게 타거나 심하면 일광화상을 입기도 한다. 햇빛에서 느껴지는 온기는 적외선, 피부가 그을리는 것은 자외선 때문이다. 태양 빛에는 파장이 다른 여러 가지 빛이 포함되어 있다.

태양을 직접 바라보면 실명할 수도 있다

태양을 맨눈으로 보면 망막이 손상되며 일광 망막변증(solar retinopathy)을 일으킬 수 있다. 특히 푸른빛과 자외선은 큰 에너지를 가지고 있어 망막에 심각한 영향을 준다.

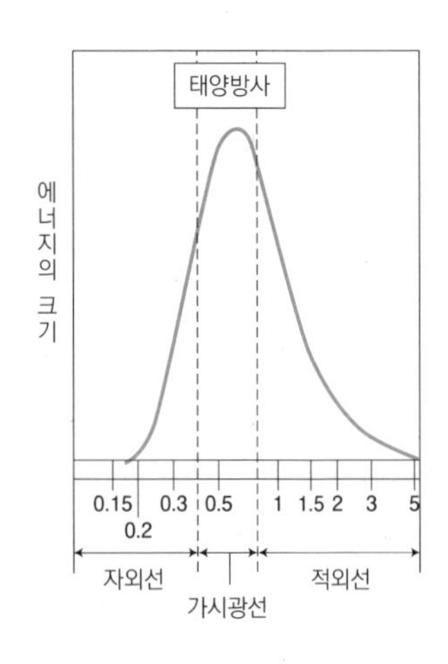

눈이 부시지 않아도 위험하다

예전에는 검은색 유리나 셀로판지 등을 대고 태양을 보기도 했다. 하지만 그 정도 보호 장비로는 자외선 등을 차단할 수 없다. '태양 빛의 세기×관측 시간'에 비례해서 증상이 나타나므로, 눈이 부시지 않아도 장시간 태양을 바라보면 일광 망막변증이 생길 수 있다.

Day 011 우주 | 망원경 관측

굴절 망원경의 구조와 원리는 뭘까?

|굴절 망원경 이야기|

볼록 렌즈로 별에서 오는 빛을 굴절시켜 모아서 상을 맺는다.

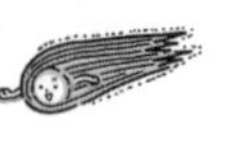

세 가지만 알면 나도 우주 전문가!

빛은 굴절한다

빛은 직진하는 성질이 있다. 하지만 밀도가 다른 물질을 통과할 때는 빛의 진로가 휘는 굴절 현상이 나타난다. 물속에 있는 물체를 비스듬한 각도에서 보면 짧게 보이고, 돋보기로 햇빛을 한 점에 모아 검은색 색종이를 그을릴 수도 있다.

케플러식과 갈릴레이식

볼록 렌즈(대물 렌즈)를 통과해 별에서 온 빛을 모으면 볼록 렌즈의 초점 부분에 실상(實像)이 맺힌다. 그 실상을 눈 앞의 볼록 렌즈로 확대하는 방식이 '케플러식'이다. 그리고 실상을 맺기 직전의 빛을 오목 렌즈로 굴절시켜 눈에 들어오게 만드는 방식이 '갈릴레이식'이다.

【굴절 망원경의 구조】

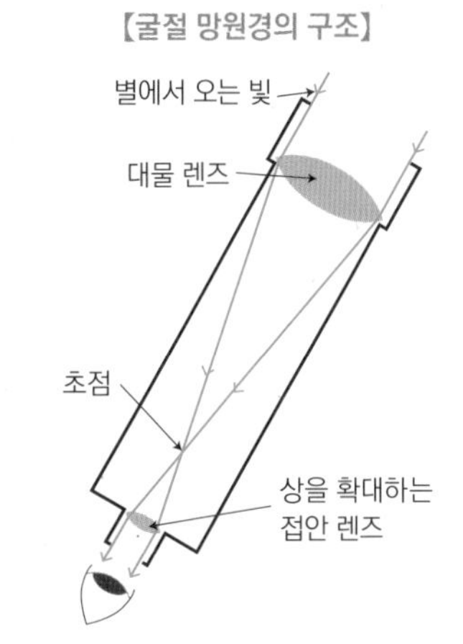

굴절 망원경의 장점과 단점

굴절 망원경은 유지와 보수에 편리하다. 보이는 상도 안정적이고 왜곡도 없다. 다만 같은 구경의 반사 망원경보다 크고 무겁다. 대물 렌즈로 별빛이 굴절할 때 상에 무지갯빛 번짐 현상이 나타날 수 있다. 세계에서 가장 큰 굴절 망원경은 구경 102센티미터로, 미국 여키스 천문대에 있다.

Day 012 우주 | 망원경 관측

반사 망원경의 구조와 원리는 뭘까?

| 반사 망원경 이야기 |

오목 렌즈(반사경)를 이용해
별에서 오는 빛을 반사해 모아서 상을 맺는다.

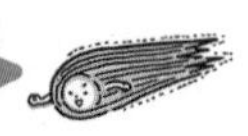

세 가지만 알면 나도 우주 전문가!

빛을 모으는 오목 거울로 반사

한가운데가 움푹 들어간 오목 거울은 햇빛을 한 점에 모을 수 있다. 예로부터 올림픽 성화 채화식에 활용되었다. 빛이 보이는 부분(초점)에는 볼록 렌즈와 마찬가지로 상이 맺힌다.

무지갯빛 번짐 현상이 생기지 않는 상을 찾아서

렌즈에 따른 굴절상의 무지갯빛 번짐 현상을 못마땅하게 여기던 아이작 뉴턴(Isaac Newton)은 1668년에 볼록 렌즈 대신 오목 거울을 사용한 반사 망원경을 발명했다. 굴절 망원경과 달리, 상에 무지갯빛 번짐 현상이 생기지 않았다.

【반사 망원경의 구조】
(뉴턴식 광경로도)

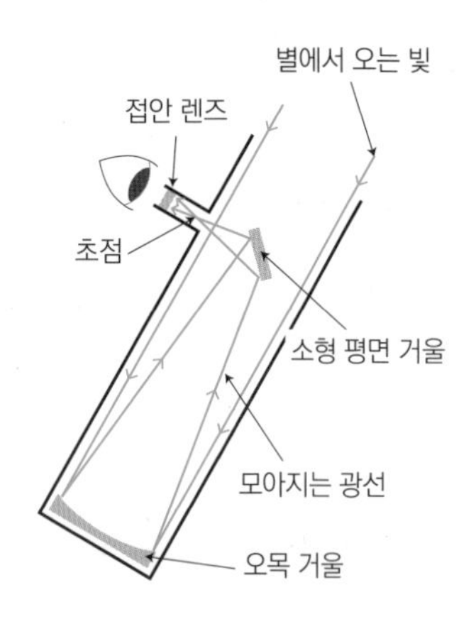

반사 망원경의 장점과 단점

볼록 렌즈와 비교해 오목 거울은 대형으로 제작하기 쉽고, 구경을 키워도 망원경이 길어지지 않아 쓰기에 편하다. 반면, 반사 망원경 내부에 기류 현상이 발생해 상이 흔들리거나, 세월이 흐르면 오목 거울의 반사 성능이 떨어진다는 단점이 있다.

달을 스마트폰으로 촬영하려면 어떻게 해야 할까?

| 달 사진 촬영 이야기 |

밤하늘의 달을 촬영하려면
노출 감도와 조리개 조절 방법을 익혀야 한다.

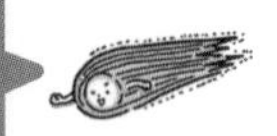

세 가지만 알면 나도 우주 전문가!

생각보다 까다로운 달 촬영

스마트폰의 카메라 기능은 누구나 어디서나 어떤 대상이라도 촬영할 수 있도록 내장된 CPU가 미리보기 화면 전체에서 적절한 노출 감도와 조리개를 자동으로 결정해서 촬영한다. 깜깜한 밤하늘에 뜬 자그마한 달을 기본 촬영 모드로 찍으면 대개 노출이 과도한 상태로 나타난다.

수동 노출 조절과 야간 촬영 기능 활용

스마트폰 카메라의 자동 설정을 해제하고 수동으로 노출을 짧게, 조리개를 크게, ISO 감도를 작게 줄이는 등의 조절이 필요하다. 미세하게 조절하기 어려우면 야간 촬영 전용 애플리케이션을 이용해서 촬영해보자.

삼각대와 망원경을 활용하자

스마트폰을 손으로 들고 촬영하면 손이 떨리며 초점이 맞지 않을 수 있다. 삼각대 사용을 추천한다. 망원경 접안 렌즈에 스마트폰 카메라 렌즈를 붙여 촬영하면 달이 큼직하게 찍히고 노출도 초점도 적당히 잘 맞은 사진을 얻을 수 있다.

Day 014 우주 | 망원경 관측

망원경 없이도 별을 촬영할 수 있을까?

| 밤하늘의 별 촬영 이야기 |

망원경 없이도 카메라와 삼각대만 있으면
별이 총총한 밤하늘을 촬영할 수 있다.

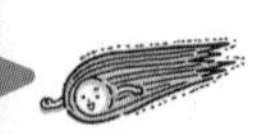

세 가지만 알면 나도 우주 전문가!

손쉬운 고정 촬영

아무리 밝게 빛나는 별이라도 낮 풍경과 비교하면 어두침침한 촬영 대상이다. 카메라의 ISO 감도를 높이고 노출 시간을 길게(30초 이상) 설정해 카메라를 삼각대에 고정한 뒤 초점을 무한대로 설정한다. 그러고 나서 무선으로 셔터를 조작할 수 있는 리모컨을 활용해 촬영한다.

고정 촬영으로도 다양한 사진을 찍을 수 있다

만약 5~10분간 노출할 수 있다면 별의 색이 선명하게 찍힌 아름다운 일주 운동 사진을 얻을 수 있다. 노출 시간을 30~60초 정도로 잡고 별을 점 상태로 찍는 촬영 방식도 있다.

포터블 적도의로 한 단계 업그레이드

휴대할 수 있는 포터블 적도의에 카메라를 탑재하면 한층 어두운 천체도 촬영할 수 있다. 망원 렌즈를 사용해 우리은하의 대표적 확산 성운인 오리온성운(M42, NGC1976)과 플레이아데스성단, 안드로메다은하 등의 어두운 천체 촬영에도 도전해보자.

Day 015 지구 | 천동설과 지동설

지구가 둥글다는 걸 어떻게 알았을까?

|지구의 형태 이야기|

높은 산에 오르거나 배에서 관점을 바꿔 관찰하면서
지구가 어떤 모양일지 상상했다.

세 가지만 알면 나도 우주 전문가!

고대 그리스 시대부터 알려져 있었다

고대 그리스의 철학자 아리스토텔레스(Aristoteles)는 『천체론(De caelo)』이라는 책에서 북방과 남방에서만 보이는 별이 있고, 월식이 일어날 때 달 표면에서 볼 수 있는 지구의 모양이 둥글다는 등의 사실이 '지구가 둥글다'는 증거라고 적었다.

높은 등대에 올라가면 더 멀리까지 볼 수 있다

지구가 평평하다면 장애물이 없을 경우 높이와 관계없이 먼 곳이 막힘 없이 보여야 한다. 그러나 실제로는 보이는 범위가 한정되어 높은 등대에 올라가야만 먼 곳의 배를 볼 수 있다. 이러한 사실로 지구가 둥글다고 유추했다.

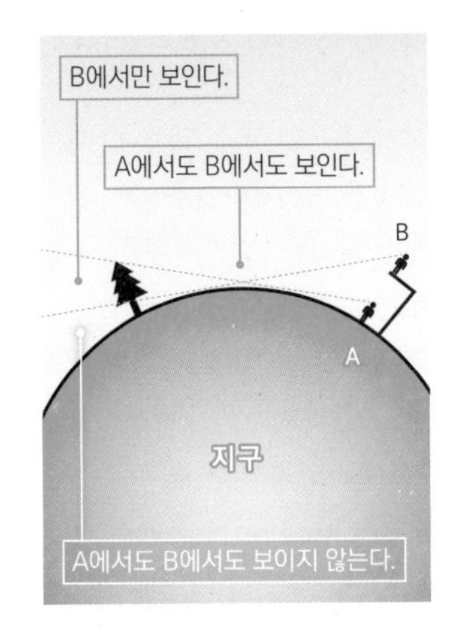

다가오는 배에서는 산이 먼저 보이기 시작한다

배가 육지로 접근할 때 자세히 관찰하면 마치 바다 너머에서 불쑥 솟아올라 뱃전부터 모습을 드러내는 것처럼 보인다. 우리가 발을 디디고 선 땅은 움직이지 않는다. 따라서 이런 현상으로 지구가 둥글다고 추정할 수 있다.

천동설이 뭘까?

|천동설 이야기|

옛날 사람들은 별이 지구 주위를 돈다는 천동설을 믿었다.

세 가지만 알면 나도 우주 전문가!

지구가 우주의 중심이다

아리스토텔레스는 지구가 우주의 중심이라 추정하고, 별은 중심을 회전하는 아이테르(aether)를 따라 움직인다고 믿었다. 별이 지구 주위를 돈다는 사고방식이었다. 이런 지구 중심 사고방식은 기독교 교리에 편입되어 오랫동안 진리로 여겨졌다.

천동설에서는 항성의 시차가 발생하지 않는다

만약 지구가 움직인다면 계절과 해가 바뀜에 따라 항성이 보이는 각도가 달라져야 한다. 이러한 현상을 '연주 시차(annual parallax)'라고 한다. 그러나 당시 관측 기술로는 시차를 찾아낼 수 없어 천동설이 지지를 받았다.

【행성의 움직임】

순행: 행성이 배경 별을 기준으로 서쪽에서 동쪽으로 움직이는 겉보기 운동.
역행: 행성이 배경 별을 기준으로 동쪽에서 서쪽으로 움직이는 겉보기 운동.
유(留): 순행에서 역행으로, 역행에서 순행으로 바뀔 때 행성이 정지한 것처럼 보이는 시기.

행성의 역행은 설명하기 어렵다

한편 행성은 때때로 다른 별과 반대로 움직인다고 알려져 있다. 고대 그리스의 천문학자이자 지리학자였던 클라우디오스 프톨레마이오스(Claudios Ptolemaeos)는 천동설에 주전원, 이심원 등의 개념을 정립해 설명했다.

코페르니쿠스의 지동설이 뭘까?

|지동설 이야기|

지구가 태양 주위를 돈다는 태양 중심설이 지동설이다.

세 가지만 알면 나도 우주 전문가!

신항로 개척 시대에 필요했던 천체 관측

신항로 개척 시대에는 천체의 정확한 움직임을 알 필요가 있었다. 당시 천동설은 주전원 외에 이심원과 등각 속도점(equant point, 태양의 속도가 일정하게 보이는 가상의 중심) 등 다양한 보충 이론이 필요해 복잡했다. 따라서 천체의 세세한 움직임까지 제대로 설명할 수 없었다.

초기에는 지동설이 은밀하게 연구되었다

15세기 후반에 태어난 니콜라우스 코페르니쿠스(Nicolaus Copernicus)는 어쩌면 지구가 태양 주위를 돌 수 있겠다는 생각에 연구를 시작했다. 신중한 성격이었던 그는 학계 소식지에 조용히 발표하며 약 30년간 묵혀두었다가 죽기 직전에 책으로 출간했다.

【코페르니쿠스의 지동설】

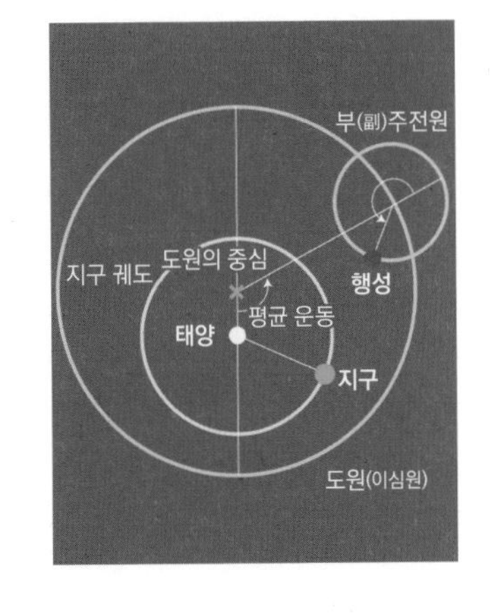

최초의 지동설은 천동설과 비슷할 만큼 정확

코페르니쿠스의 지동설로는 행성이 역행할 때 언제나 태양 반대편에 있는 이유를 설명할 수 있지만, 아직 주전원 개념이 필요하고 계산도 복잡했다.

지동설은 어떤 탄압을 받았을까?

|지동설의 탄압 이야기|

이탈리아의 수도사 조르다노 브루노는
지동설을 주장하다가 화형대에서 생을 마감했다.

세 가지만 알면 나도 우주 전문가!

비극의 수도사

이탈리아에서 태어난 수도사 조르다노 브루노(Giordano Bruno)는 공부하는 과정에서 아리스토텔레스의 주장에 의문을 품었다. 그로 인해 교회에서 이단으로 의심받자 국외로 도피했다.

지구의 자전을 주장한 인물

브루노는 코페르니쿠스의 지동설에서 더 나아가 천구가 회전하는 것처럼 보이지만 지구가 자전한다고 추정했다. 그의 이론은 훗날 덴마크의 천문학자 튀코 브라헤(Tycho Brahe)에게 영향을 주었다.

브루노의 최후

브루노는 이탈리아에서 체포되어 7년 동안 감옥살이를 하고 이단 심문소에서 재판을 받았다. 모진 고문에도 지동설을 굽히지 않아 발가벗겨진 채 수레를 타고 화형대에 올라 비참한 최후를 맞았다. 그의 시신은 매장되지 못하고 강에 버려졌다고 한다. 가톨릭교회는 20세기 들어서야 지동설을 용인했다.

로마에 세워진 조르다노 브루노의 동상

지동설은 어떤 비판을 받았을까?

|지동설의 비판 이야기|

연주 시차를 관측할 수 없고,
성경과 일치하지 않는다는 등 다양한 비판을 받았다.

세 가지만 알면 나도 우주 전문가!

연주 시차를 관측할 수 없다

연주 시차란 태양 이외의 항성 위치가 계절에 따라 달라지는 현상을 일컫는다. 지동설은 고대 그리스 시대부터 제창되었으나, 항성이 너무 멀어 당시 관측 기술로는 연주 시차를 확인할 수 없었다. 지동설은 언제나 연주 시차를 관측하지 못한다며 비판받았다. 연주 시차는 19세기에 최초로 관측되었다

지구가 돈다면……

갈릴레이가 『두 우주 체계에 대한 대화(Dialogo sopra i due massimi sistemi del mondo)』(『천문대화』 또는 『대화』로 번역 출간)에서 주장한 지구가 돈다는 이론이 불합리하다고 생각하는 사람들이 등장했다. 이들은 지구가 자전한다면 지구에 있는 물체가 우주로 날아가야 한다고 주장했다.

지구가 자전한다면
우주로 날아가야 한다.

지구
회전

우주로 날아가지 않는 것은
지구상의 물체도 지구와 함께
회전 운동을 하기 때문이다(관성의 법칙).

성경 구절과 일치하지 않는다

16세기 성경 지상주의자 마르틴 루터(Martin Luther)는 성경에 신이 태양의 움직임을 멈추라는 이야기가 있으니, 지동설이 옳다면 태양은 멈춰 있기에 성경과 맞지 않는다고 주장했다.

갈릴레이는 지동설을 확신했을까?

|갈릴레이 이야기|

망원경을 통해 발견한 사실로부터 지동설의 타당성을 확신했다.

세 가지만 알면 나도 우주 전문가!

망원경으로 관측했다

갈릴레오 갈릴레이는 네덜란드에서 발명된 망원경을 모방해 바로 망원경을 개량 제작했다. 그는 그 망원경으로 달의 충돌구와 금성의 위상 변화, 목성의 위성, 은하수가 별의 군집이라는 사실, 태양의 흑점도 관측했다.

위성을 발견하며 지동설 확인

지구 외에도 다른 천체가 있고, 목성에 여러 개의 위성이 있으며, 그 위성들이 목성 주위를 돈다는 발견이 결정적이었다. 우주에서 지구만 특별할 리 없으니, 지구와 다른 행성이 태양 주위를 돈다는 지동설이 타당하다고 생각되었다.

금성의 위상 변화도 지동설을 뒷받침

금성의 위상 변화를 통해 갈릴레이는 금성이 내행성(지구보다 태양에 가까운 행성)이라면 논리적으로 설명할 수 있음을 깨달았다. 그러나 화형대에서 불행하게 생을 마감한 브루노의 선례를 알고 있었기에 종교 재판에서 눈물을 머금고 지동설을 포기하겠노라 맹세했다.

【금성의 위상 변화】

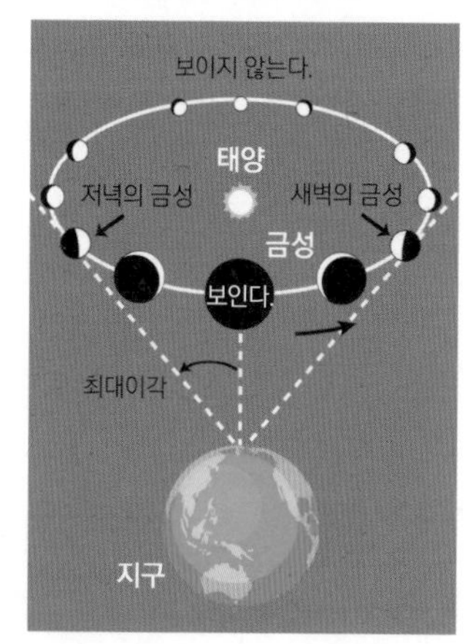

지동설은 어떻게 인정받았을까?

|지동설의 완성 이야기|

최종적으로 정확한 관측과 단 하나의 영감이 모든 문제를 해결했다.

세 가지만 알면 나도 우주 전문가!

튀코 브라헤의 관측 결과

튀코 브라헤는 망원경을 사용하지 않았으나 정밀도를 극한까지 끌어올린 육분의와 사분의를 제작해 천체를 정확히 관측하는 일에 매진했다. 이후 요하네스 케플러(Johannes Kepler)가 브라헤의 관측 결과를 계승해 지동설을 완성했다.

브라헤의 관측 결과를 믿었던 케플러

케플러는 한때 브라헤의 조수로 활동하며 브라헤의 관측에 대한 정확성과 열정을 절대적으로 존경했다. 지동설 개량을 위해 여러 가지 가설을 세우고 계산을 거듭해도 좀처럼 원하는 결과를 얻지 못했지만 브라헤의 관측 결과를 의심하지 않았다.

단 하나의 영감이 모든 문제를 해결

케플러는 코페르니쿠스가 전제로 삼았던 원 궤도를 타원으로 수정하면 모든 문제가 해결된다는 사실을 깨달았다. 그리고 '케플러의 행성 운동법칙'이라 부르는 세 가지 법칙을 발견했다. 지동설은 케플러 이후 천동설보다 정밀하게 천체의 움직임을 설명할 수 있었다.

육분의

별 우주 지구 행성 태양 달 은하 우주개발

Day 022

행성이 뭘까?

| 천체 이야기 |

행성은 태양 주위를 도는 천체다.
태양계에는 지구를 포함해 여덟 개의 행성이 있다.

세 가지만 알면 나도 우주 전문가!

항성 주위를 도는 천체

행성은 '주성(主星)'이라고도 부르는 항성 주위를 도는 지구형 천체다. 태양계에는 태양 주위를 도는 여덟 개의 행성이 있다. 태양과 가장 가까운 행성은 수성이고 가장 먼 행성은 해왕성이다. 지구는 태양에 세 번째로 가까운 행성이다.

태양에 가까운 지구형 행성

태양에 가까운 네 개의 행성, 즉 수성, 금성, 지구, 화성을 '지구형 행성'이라고 한다. 암석이 뭉쳐서 생긴 이 천체는 중심에 금속 핵이 있다. 목성형 행성과 비교하면 크기는 작지만, 태양 주위를 도는 공전 속도는 목성형보다 빠르다.

【행성의 크기 비교】

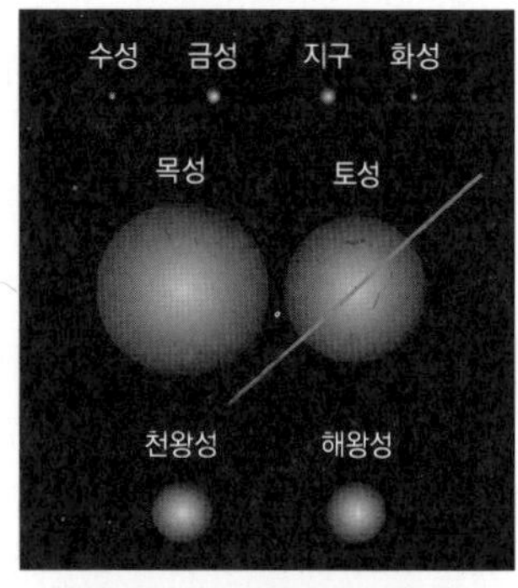

태양계에 있는 여덟 개의 행성을
같은 크기와 같은 비율로 나타낸 그림

태양계 바깥쪽에 있는 목성형 행성

태양계 바깥쪽의 거대한 행성, 즉 목성, 토성, 천왕성, 해왕성을 '목성형 행성'이라고 한다. 목성과 토성은 중심에 암석과 금속 핵이 있고 주변에 기체가 뭉쳐서 생긴 행성이고, 천왕성과 해왕성은 금속 핵에 기체와 얼음이 모여서 생긴 행성이다. 목성형 행성은 공전 주기가 길다.

행성은 어떻게 탄생했을까?

|행성의 탄생 이야기|

행성은 원시 태양이 생긴 뒤 그 주위를 돌던
가스와 먼지가 합체해서 만들어진 것으로 추정된다.

세 가지만 알면 나도 우주 전문가!

원시 태양과 원시 태양계 원반

약 50억 년 전, 우주를 떠돌던 수소와 가스 등 지름이 몇 마이크로미터(㎛)인 암석 알갱이와 얼음 등의 먼지가 모이기 시작했다. 그리고 원시 태양이 생기자, 그 주위에 있던 가스와 먼지가 모여들어 원시 태양계 원반이 만들어졌다.

원시 태양계 원반에 행성이 생기다

원시 태양계가 생기자 그 주위를 돌던 가스와 먼지들이 조금씩 모여들기 시작하면서 행성의 바탕이 마련되었다. 태양계가 생겨날 때 존재했다고 추정되는 이 작은 천체들을 '미행성(planetesimal)'이라고 한다. 미행성들은 충돌을 거듭해 점차 커다란 행성으로 성장했다.

【원시 태양계 원반의 고리 구조】

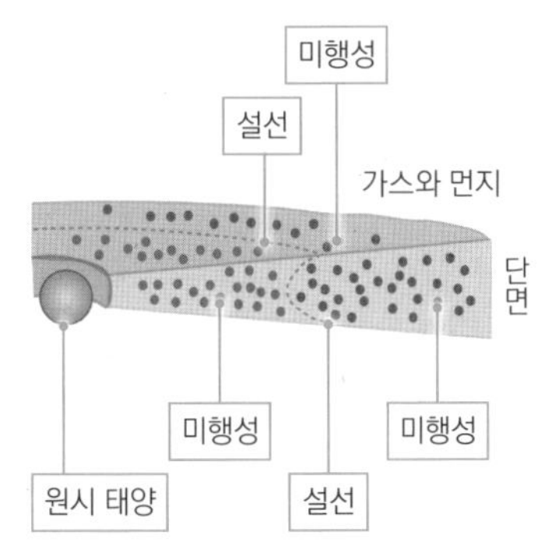

원시 태양계 원반 일부를 잘라내 단면을 만든 모양. 원시 태양 주위에 미행성이 생성되었다.

'설선'을 경계로 지구형과 목성형이 생기다

'설선(雪線)'이란 물이 수증기가 되거나 얼음이 되는 온도의 경계선을 일컫는다. 설선보다 태양에 가까운 쪽 행성은 태양으로 가스가 날려가며 암석형이 되고 설선보다 바깥쪽 행성은 가스형 거대 행성이 된다.

최대이각

행성과 위성, 항성의 차이는 뭘까?

| 태양계의 천체 이야기 |

행성은 항성 주위를 돌고, 위성은 행성 등의 주위를 도는 천체다.

세 가지만 알면 나도 우주 전문가!

행성은 항성 주위를 도는 천체

항성이란 핵융합 반응으로 스스로 빛과 열을 방사하는 천체다. 밤에 맨눈으로 보일 정도의 별이 항성이다. 그리고 행성은 그 주위를 도는 천체다. 행성은 스스로 빛을 내지 못하고 항성의 빛을 반사해야만 보인다.

위성은 행성 주위를 도는 천체

위성은 행성, 왜행성, 소행성, 카이퍼대 천체와 같은 태양계 천체의 주변을 공전하는 천체다. 지구, 화성, 목성, 토성, 천왕성, 해왕성에 위성이 있다. 지구의 위성은 달이다. 달은 위성치고 큰 편이어서, 왜행성인 명왕성보다도 크다.

태양계에 항성은 1개, 위성은 216개

태양계에 항성은 태양뿐이고 행성은 8개다. 위성은 행성과 왜행성을 공전하는 천체를 아울러 현재 216개가 발견되었다. 목성에는 위성이 80개나 있다. 그중 가장 큰 가니메데(Ganymede)는 수성보다도 크다. 목성의 위성은 400년 전에 갈릴레오 갈릴레이가 발견했다.

【태양계의 주요 위성】

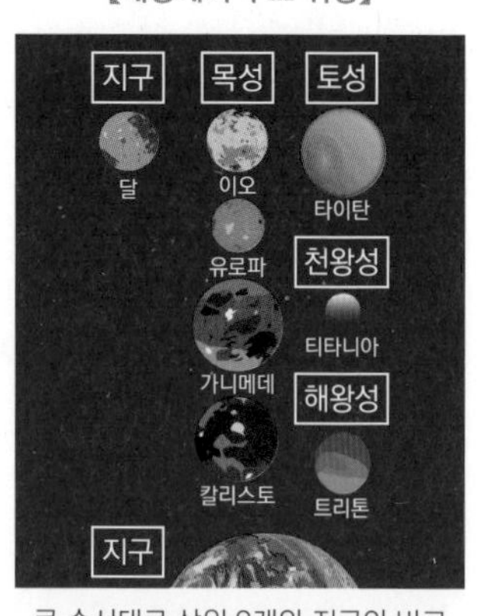

큰 순서대로 상위 8개와 지구의 비교

수성이 지구와 가장 가깝다고?

|지구와 가까운 행성 이야기|

금성이 가장 가깝고 그다음은 화성이다.

세 가지만 알면 나도 우주 전문가!

가장 가까운 행성은 금성일까 화성일까?

화성과 금성은 지구 바로 옆에서 공전한다. 화성이 공전하면서 지구와 가장 가까워지는 '대접근' 시기에는 지구와 화성의 거리가 약 5,700만 킬로미터에 이른다. 그리고 금성이 최대로 근접했을 때 거리는 약 4,200만 킬로미터다. 그러므로 금성이 화성보다 지구에 더 가깝다.

알고 보면 수성이 가장 가깝다?

수성이 지구와 가장 가까운 행성이라는 주장도 있다. 수성은 공전 주기가 빨라 지구와 자주 최대 근접한다. 이를 고려해서 평균 거리를 계산하면 수성이 금성보다 가깝다는 주장이다. 행성끼리 최대 접근하는 주기를 '회합 주기(synodic period)'라고 한다.

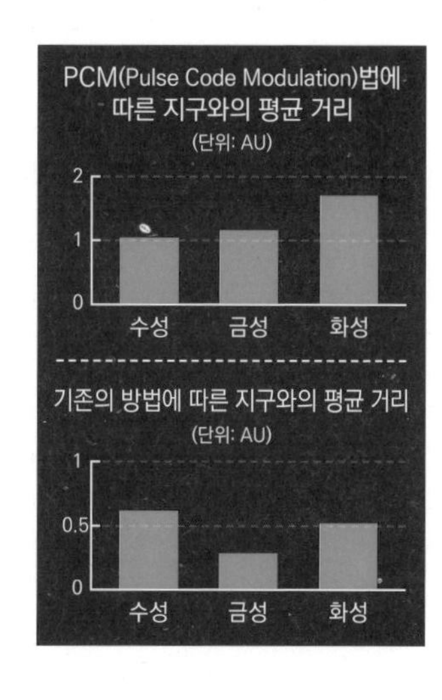

수성은 모든 행성과 가장 가깝다

이 주장에 따르면 수성은 모든 행성과 가장 가까운 행성이 되는 셈이다. 어쨌든 기본적으로 금성이 지구와 가장 가깝고, 그다음으로 가까운 행성은 화성이다.

지금까지 발견된 외계 행성은 몇 개나 될까?

|태양계 외 행성 이야기|

태양계 밖에 있는 행성(외계 행성)이 5,000개 가까이 발견되었다.

별 우주 지구 행성 태양 달 은하 우주개발

세 가지만 알면 나도 우주 전문가!

우주 망원경의 발달로 다수 발견

태양계 밖에 있는 행성을 '외계 행성(Extrasolar planet)'이라고 한다. 2022년 4월 기준으로 약 5,000개의 외계 행성이 발견되었다. 모두 우주 망원경이 발달한 덕분이다. 우주 망원경은 우주 공간으로 쏘아 올린 뒤 지구에서 리모컨으로 조종한다.

우주 망원경으로 아주 작은 빛의 변화까지 검출

멀리 떨어진 항성의 빛이 워낙 희미하고 행성은 항성보다 훨씬 작기 때문에 외계 행성을 관측하기란 쉽지 않다. 모성인 항성을 행성이 가로지르는 순간을 포착하는 방법으로 관측한다. 아주 미미한 빛의 변화도 확실하게 감지할 수 있기 때문이다.

가장 가까운 외계 항성계는 프로키온

태양과 가장 가까운 프로키온 항성에서 행성이 발견되었다. 프로키온은 적색 왜성이어서 어둡고 작지만, 행성을 거느리기에는 충분한 크기다.

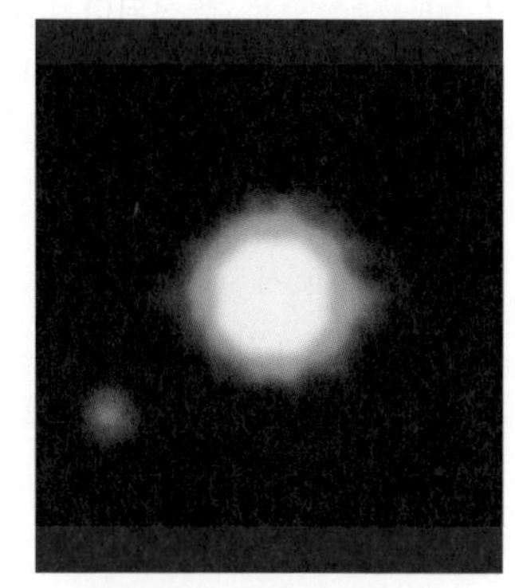

외계 행성 2M1207b의 사진
(오른쪽 아래 작은 천체)
직접 촬영에 성공한 최초의 외계 행성

행성은 항성이 될 수 있을까?

|쌍성과 갈색 왜성 이야기|

일단 만들어진 항성과 행성은 역할을 바꿀 수 없다.

세 가지만 알면 나도 우주 전문가!

항성과 행성은 전혀 다른 천체

항성은 핵융합 반응으로 스스로 빛을 내지만, 행성은 스스로 빛을 내지 못한다. 태생부터 달라 일단 만들어진 천체는 다른 천체로 변화하지 않는다. 다만 항성이 항성 주위를 공전하는 예와 미처 항성이 되지 못한 행성의 예는 있다.

항성의 4분의 1은 '쌍성'

항성이 항성 주위를 공전하는 상태를 '쌍성(雙星, binary star)' 또는 '연성(連星)'이라고 한다. 밤하늘에 보이는 항성의 약 4분의 1이 쌍성으로 추정된다. 태양도 옛날에는 쌍성이었을 가능성이 있다. 시리우스도 주성 A를 공전하는 쌍성이다.

【시리우스 A와 B의 상상도】

허블 우주 망원경으로 포착한 시리우스 A와 시리우스 B

갈색 왜성과 목성

만들어지는 과정에서 성간 기체가 대량으로 모이지 못하고, 핵융합 반응이 일어나지 않은 천체를 '갈색 왜성(brown dwarf)'이라고 한다. 밝은 주성과 쌍성이 되거나, 외계 행성의 주성이 되기도 한다. 목성은 갈색 왜성보다 상당히 작은 가스형 천체다.

소행성이 뭘까?

|태양계의 소천체 이야기|

소행성은 지구 부근에서 주로 화성과 목성 사이를 공전한다.

세 가지만 알면 나도 우주 전문가!

소행성은 화성과 목성 사이에 특히 많다

소행성은 행성도 왜행성도 아닌 천체다. 태양 부근에서도 혜성처럼 꼬리가 뻗어 나가지 않는 천체를 가리킨다. 천체 자체가 작아서 구형이 아닌 소행성도 많다. 화성과 목성 사이나 목성의 공전 궤도에서 많이 발견된다.

해왕성 바깥쪽에도 소행성이 존재한다

해왕성 바깥쪽에는 카이퍼대(Kuiper Belt) 또는 에지워스카이퍼대(Edgeworth-Kuiper belt)라는 소천체가 모여 공전하는 영역이 있다. 이 영역의 천체를 '해왕성 바깥 천체(Trans-Neptunian Object, TNO)'라고 하는데, 소행성에 해당하는 천체도 포함된다.

【소행성체의 분포】

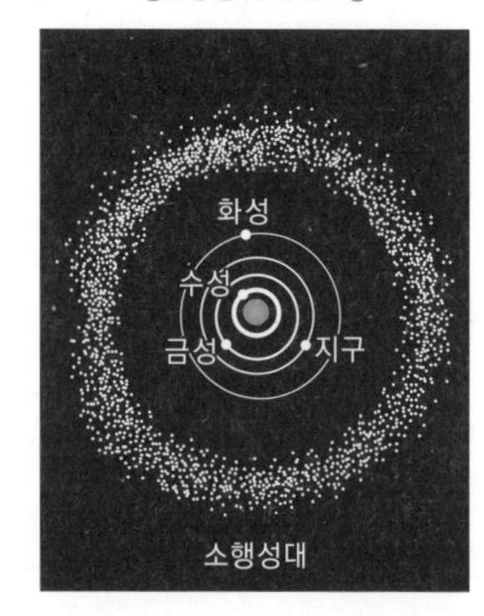

왜행성과 소행성

왜행성은 소행성보다 훨씬 크고, 구형 혹은 구형에 가까운 형태를 띠고 있다. 예전에는 행성으로 분류되었던 명왕성과 소행성대에 있는 세레스(Ceres)가 여기에 포함된다. 태양계 소천체를 일컫는 명칭이 다양하고 정의가 다소 불분명한 부분이 있다.

태양은 언제, 어떻게 탄생했을까?

| 태양의 탄생 이야기 |

태양은 약 50억 년 전 핵융합 반응이 일어나면서 만들어졌다.

세 가지만 알면 나도 우주 전문가!

태양이 탄생하기 전

약 50억 년 전까지 우주에는 태양도 지구 등의 행성도 존재하지 않았다. 항성 폭발로 날아간 수소 가스와 우주 먼지가 흩어져 있었을 뿐이다. 힘은 약하지만 인력에 의해 모여든 수소 등의 물질이 은하계 자기장의 영향 등으로 커다란 소용돌이를 일으키기 시작했다.

압축되어 핵융합 반응이 시작되었다

소용돌이를 일으키기 시작하자, 공간에 있던 수소 가스 등 물질의 인력 등이 작용해 점점 더 중심으로 모여들었다. 그러자 구형이 되어 중심부의 수소가 수축해 압력이 높아지면서 온도가 상승했다. 그리고 중심부에서 네 개의 수소 원자가 결합해 한 개의 헬륨 원자로 바뀌는 핵융합 반응이 일어나기 시작했다.

【태양의 탄생】

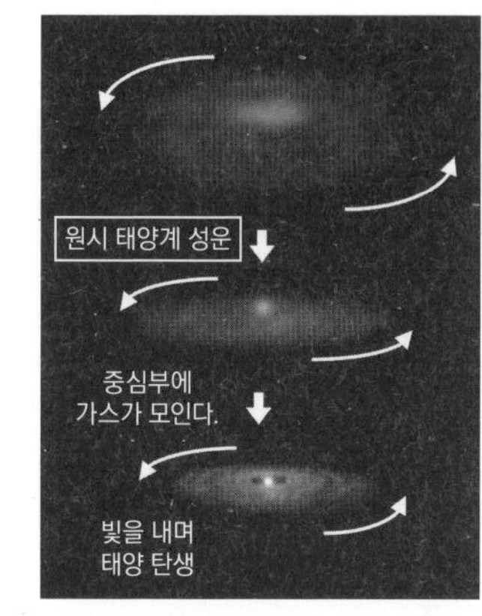

분자운(分子雲, molecular cloud)에서 태양의 탄생까지

핵융합 반응이 시작되며 태양 탄생

핵융합 반응이 일어나면 엄청난 빛과 열에너지를 방출한다. 지금으로부터 약 50억 년 전, 이 핵융합 반응으로 태양이 탄생했다.

태양은 무엇으로 이루어졌을까?

|태양의 구조 이야기|

태양은 수소 약 75퍼센트, 헬륨 약 25퍼센트,
기타 미량의 원소로 이루어진 가스 덩어리다.

세 가지만 알면 나도 우주 전문가!

태양은 가스 덩어리

태양은 우주 공간의 수소 가스가 모이고 성장해서 만들어진 것으로 추정된다. 태양 사진을 분석한 결과 가장자리 부분이 조금씩 어두워지는 현상을 보고 태양이 지구처럼 암석으로 이루어져 있지 않고 가스 덩어리라는 사실을 밝혀냈다.

태양에서 나온 빛을 분류해서 분석

햇빛을 투명한 물질로 이루어진 다면체(프리즘)에 통과시키면 빛의 띠(스펙트럼)가 만들어진다. 이 빛의 띠는 보라색부터 빨간색으로 나눌 수 있을 뿐 아니라 몇 줄기의 검은 선도 있다. 이 검은 선의 위치로 수소와 헬륨이 있다는 사실을 알아냈다. 태양의 표면은 수소 95.1퍼센트, 헬륨 4.8퍼센트로 구성되어 있다. 분광 관측을 통해 태양 표면의 온도·밀도·에너지 등을 분석할 수 있다.

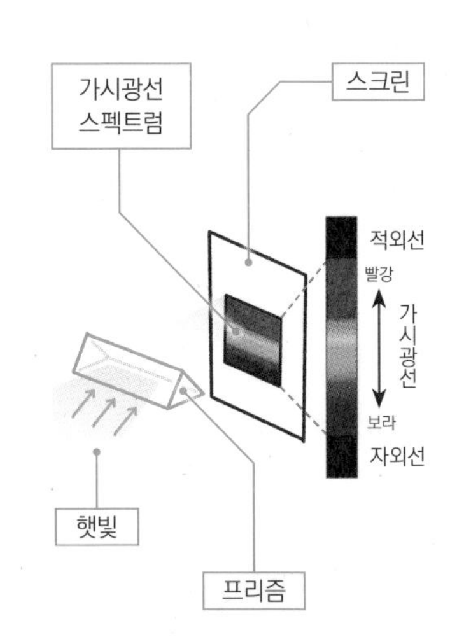

태양의 중심부에서 헬륨 생성

태양의 중심부에서 고온·고압 상태로 핵융합 반응이 일어나 헬륨이 만들어진다. 이때 엄청난 에너지가 함께 발생한다.

태양의 온도는 몇 도일까?

|태양의 온도 이야기|

태양에서 오는 빛을 분석해 태양의 표면 온도가
섭씨 약 6,000도라는 것을 밝혀냈다.

세 가지만 알면 나도 우주 전문가!

태양의 온도를 알아내려면

태양의 온도는 태양이 내보내는 빛을 분석해서 알아낼 수 있다. 태양 빛을 분광기에 통과시켜 스펙트럼 양상을 조사해 색(빛의 파장)마다 세기를 비교한다. 실험실에서 온도 및 빛의 파장과 비교하며 태양 표면의 온도를 추정한다.

태양의 표면 온도는 섭씨 약 6,000도

빛을 나누어 스펙트럼으로 관측할 때 파장이 짧은 파란색 빛이 강하면 온도가 높아지고, 파장이 긴 빨간색 빛이 강하면 온도가 낮아진다는 것을 알 수 있다. 주황색 촛불보다 푸르스름한 가스레인지 불꽃의 온도가 더 높은 원리와 같다.

중심 온도는 섭씨 약 1,600만 도로 추정

마찬가지 방법으로 분석하면 흑점은 섭씨 약 4,000~4,500도로, 온도가 주위보다 낮아서 검게 보인다. 태양의 중심 온도는 스펙트럼이 아니라 태양에서 오는 에너지의 양과 태양의 성분과 무게로 계산한 결과 섭씨 약 1,600만 도로 추정된다.

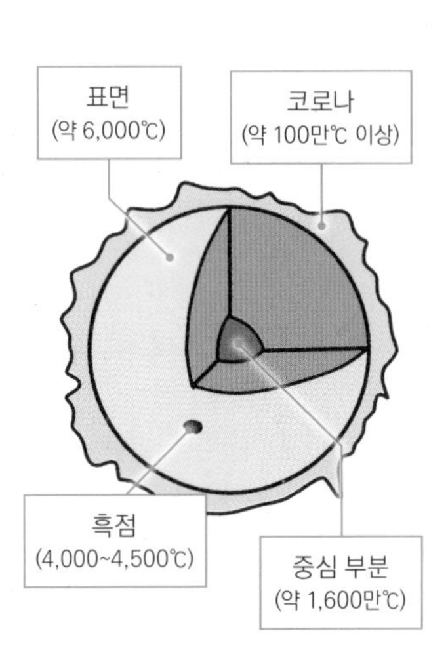

태양의 크기는 어느 정도일까?

|태양의 크기 이야기|

태양의 적도 지름은 약 139만 2,000킬로미터로,
지구의 약 109배, 달의 약 400배나 된다.

세 가지만 알면 나도 우주 전문가!

지구의 크기를 유리구슬이라고 가정하면 태양의 지름은 1미터

태양은 시직경(apparent diameter, 지구에서 본 천체의 겉보기 지름)이 0.5도이고 지름이 약 139만 2,000킬로미터로 태양계에서 가장 큰 천체다. 태양 표면에서는 주위보다 어둡게 보이는 흑점이라는 거대한 반점을 관측할 수 있다.

거리를 구하고 나서 크기를 구한다

천체까지의 거리를 측정할 때는 레이더를 활용한다. 그러나 태양은 레이더를 반사하지 않아 일단 금성까지의 거리를 구한다.
그런 다음 금성의 회합 주기와 케플러의 행성 운동 법칙을 활용해 태양까지의 거리를 구하고, 최종적으로 태양의 시직경을 측정해 태양의 지름을 계산한다.

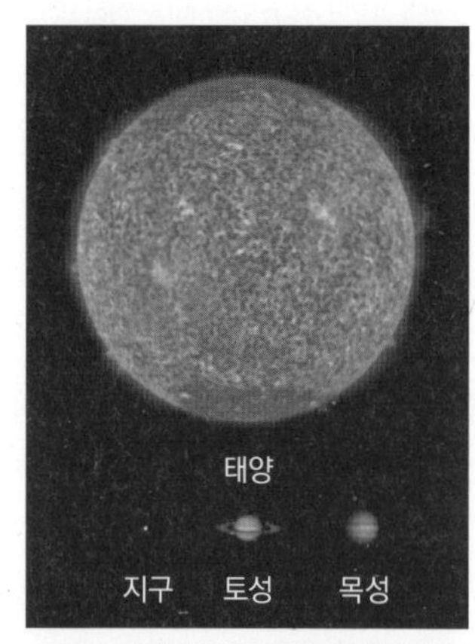

지름이 100배라면 부피는 100만 배가 된다.

태양보다 붉은 별은 크다

태양계에 가까운 별의 크기는 두 개의 광선 간섭작용을 이용해 짧은 길이의 광파장 측정이나 선 스펙트럼 등을 해석하는 간섭법(interferometer)을 활용한 장치로 직접 측정한다.

Day 033

태양의 질량은 얼마나 될까?

|태양의 질량 이야기|

태양의 질량은 약 2.0×10^{30}킬로그램으로 지구의 33만 배이며, 태양계 전체의 약 99.8퍼센트를 차지한다.

세 가지만 알면 나도 우주 전문가!

약 2.0×10^{30}킬로그램은 어느 정도일까?

2.0×10^{30}은 2.0에 10을 30번 곱한 수치로, 30을 '지수'라고 한다. 지수를 사용하지 않고 표기하면 '0'이 30개나 늘어선다. 소형 자동차의 무게는 약 1,000킬로그램으로 0이 3개, 대형 트럭은 약 1만 킬로그램으로 0이 4개 붙는다.

태양의 질량을 어떻게 구할까?

태양은 지구에서 너무 멀리 떨어져 있어 직접 측정할 수 없다. 그러나 지구는 태양 주위를 공전하고 있어 케플러의 행성 운동 법칙 중 세 번째 법칙인 조화의 법칙과 뉴턴의 만유인력 법칙을 이용해서 태양의 질량을 구할 수 있다. 질량이 커지면 인력도 커진다.

크기는 지구의 109배, 질량은 33만 배

만약 태양이 지구와 같은 암석으로 이루어진 별이라면 질량은 130만 배가 되어야 한다. 하지만 태양은 가스 덩어리라서 크기는 지구의 약 109배인데 질량은 겨우 약 33만 배밖에 안 된다.

【태양의 질량을 구하는 순서】

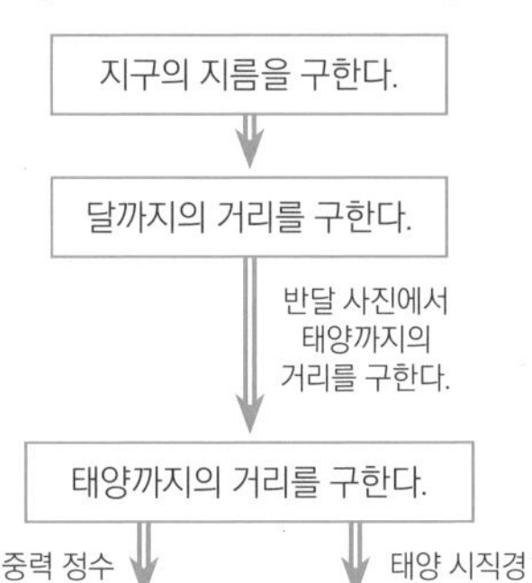

태양도 자전할까?

|태양의 자전 이야기|

태양의 흑점이 동쪽에서 서쪽으로 이동한다는 사실로
태양의 자전을 유추할 수 있다.

세 가지만 알면 나도 우주 전문가!

약 400년 전 갈릴레이가 흑점의 움직임을 관측해서 발견

1613년에 갈릴레오 갈릴레이가 태양 흑점을 스케치해 흑점의 움직임을 발견했다. 그는 이후로도 관측을 계속해, 태양 가장자리에 가까워지면 가로 방향으로 수축하고 약 27일 주기로 흑점이 원래 위치로 돌아온다는 사실로 태양이 자전한다는 증거를 발견했다.

기묘한 자전 주기

태양이 자전하기 때문에 흑점은 태양 표면을 동쪽에서 서쪽으로 이동한다. 관측하면 주기는 신기하게 적도 부근의 흑점이 가장 짧아 약 25일, 위도가 높아질수록 주기가 길어져 극점 부근에서는 약 31일로 길어진다.

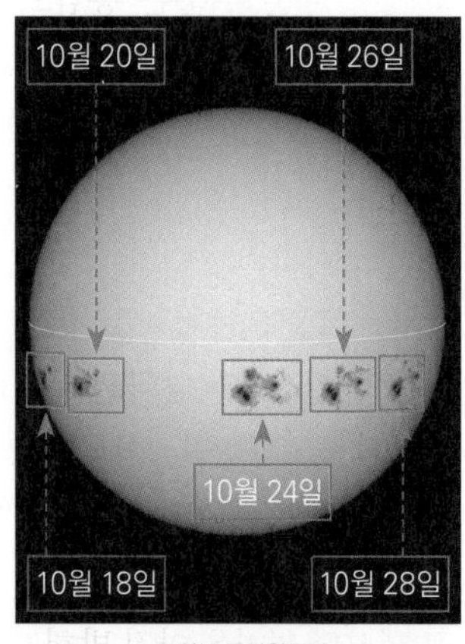

ⓒ 일본 국립천문대

자전 주기의 차이로 가스 덩어리임을 알아내다

자전 주기가 위도에 따라 달라진다는 사실로 태양은 고체가 아닌 유체임을 알 수 있다. 또 자전의 속도 차이로 자기장이 흐트러져 자력선이 변형되며, 흑점과 홍염(紅焰) 등의 현상이 발생하는 원인이 되기도 한다.

태양에도 자기장이 있을까?

|태양의 자기장 이야기|

태양 내부에서도 자기장이 만들어지지만,
지구와 달리 복잡한 구조로 되어 있다.

세 가지만 알면 나도 우주 전문가!

복잡한 구조를 지닌 태양의 자기장

지구는 커다란 자석이라서 어디에 가든 N극이 북쪽을 가리킨다. 태양도 내부에 자기장이 형성되어 전체적으로는 극 방향에 N극과 S극이 만들어진다. 하지만 내부에서 생긴 자기장 덩어리가 서서히 표면에 드러나는 매우 복잡한 양상을 보인다.

태양 표면에도 N극과 S극이 존재한다

강력한 자력선이 표면에 드러나는 부분에 흑점이 나타난다. 자력선이 광구(光球)에서 나온 부분은 홍염으로 나타난다. 또 철의 빛 흡수선을 이용해서 관측한 결과, 흑점 사이에서 N극과 S극이 쌍으로 존재한다는 사실을 밝혀냈다.

약 11년 주기로 N극과 S극이 역전한다

태양의 북극권과 남극권에는 N극과 S극이 존재한다. 그런데 약 11년 주기로 흑점이 증감을 거듭하는 태양의 활동 주기와 관련해 태양 전체와 흑점의 N극과 S극이 뒤바뀐다. 이 역전 현상의 원인은 아직 밝혀지지 않았다.

달은 어떻게 탄생했을까?

|달의 탄생 이야기|

달은 46억 년 전에 지구로 날아온 천체와 충돌해서 탄생했다는 가설이 유력하다.

세 가지만 알면 나도 우주 전문가!

정확한 것은 아직 밝혀지지 않았다

사실 달의 탄생은 아직 풀리지 않은 수수께끼 중 하나다. 다만 최근에 지구가 탄생할 무렵 지구와 다른 천체의 충돌로 생성되었다는 자이언트 임팩트(Gaint Impact)설이 유력하다.

달의 탄생을 둘러싼 다섯 가지 수수께끼

달이 왜 위성치고 비교적 큰지, 왜 모양이 구체에 가까운지, 왜 표층 암석의 조성이 지구와 비슷한지, 왜 천체 전체의 밀도가 지구보다 낮은지 등을 고려해 충돌설이 유력하게 받아들여지고 있다. 그러나 아직 설명이 충분하지 않은 부분도 있어 앞으로 연구가 더 필요하다.

달과 관련된 신화

달의 기원과 관련해 다양한 신화가 전해진다. 이집트 신화에서는 호루스(Horus)라는 신의 왼쪽 눈이, 중국 창세 신화인 반고 신화에서는 반고(盤古)가 태어났을 때 그의 오른쪽 눈이 달이 되었다는 이야기가 있다.

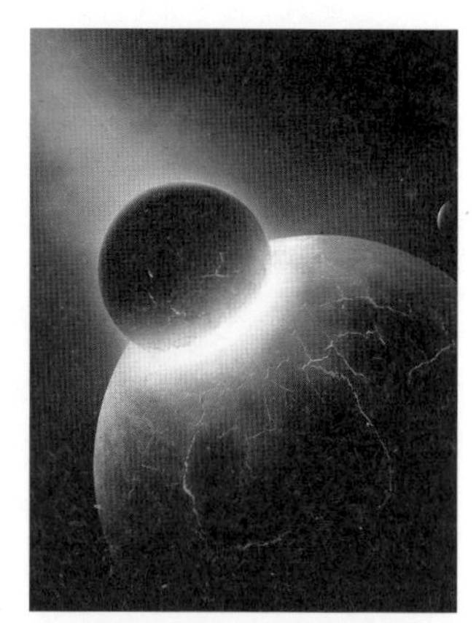

자이언트 임팩트 상상도

Day 037 달 | 달의 구조

달의 크기는 얼마나 될까?

|달의 크기 이야기|

달은 지구에 비해 지름은 4분의 1,
무게(질량)는 80분의 1, 표면 중력은 6분의 1 수준이다.

세 가지만 알면 나도 우주 전문가!

떨어진 지점에서 동시에 달을 보고 거리를 알아낸다

근대적 측정 기구를 사용하지 않아도 같은 날 같은 시각, 지구에서 최대한 멀리 떨어진 두 지점에서 달을 보고 각도를 측정하면 삼각 측량 기법으로 거리를 구할 수 있다.

거리를 알면 크기도 알 수 있다

대상이 멀어질수록 작게 보이고 가까워질수록 크게 보인다. 이 원리를 이용하면 겉보기 크기와 거리로 실제 크기를 알 수 있다. 이 방법으로 계산하면 달의 지름은 약 3,474킬로미터로 지구의 약 4분의 1이다. 달은 타원처럼 보이지만 정밀하게 측정하면 적도 부근이 약간 큰 서양배 모양이다.

달의 지름은 지구의 약 4분의 1

궤도를 알면 무게를 알 수 있다

뉴턴이 발견한 만유인력의 법칙을 적용하면 궤도와 그 속도를 이용해 대상의 무게를 구할 수 있다. 이 법칙에 따르면 달의 무게는 지구의 약 80분의 1이고 지표면의 중력은 지구의 6분의 1 수준이다.

달의 내부는 어떻게 생겼을까?

|달의 조성 이야기|

달은 지구와 마찬가지로 암석이 주성분이다.
지구와 달은 닮은 점이 많다.

세 가지만 알면 나도 우주 전문가!

표면의 돌은 같지만, 전체를 보면 비중이 다르다

달은 지구와 마찬가지로 암석으로 이루어진 천체다. 표면 암석의 조성도 비슷하다. 하지만 전체 밀도(g/cm^3)는 지구가 5.5, 달이 3.3으로 달이 상당히 가볍다. 이는 내부 구조의 차이를 방증한다.

중심핵이 가볍거나 작거나

밀도에 가장 많은 영향을 주는 요소는 '중심핵(core)'이라고 부르는 부분이다. 지구와 비교해 중심핵이 가벼운 원소로 이루어졌거나, 같은 원소로 이루어졌더라도 크기가 작으면 가볍다. 현재는 크기가 작다는 가설이 학계에서 더 유력하게 받아들여지고 있다.

【달의 내부 구조】

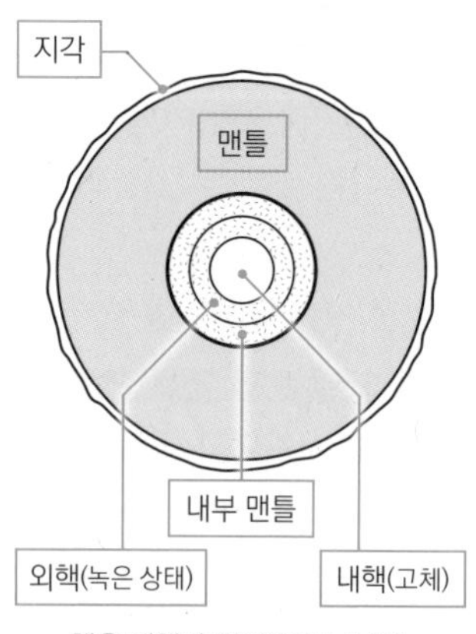

핵은 내핵과 외핵으로 나뉜다.

달도 지구처럼 층을 형성하고 있다

코어 바깥을 '맨틀', 표면을 '지각'이라고 한다. 이는 달에서 일어나는 지진으로 생긴 진동이 전달되는 방식을 분석하거나, 달의 회전과 변형을 관측하거나, 참사기로 내부 밀도를 분석한 결과를 종합해서 내린 결론이다.

달에도 공기가 있을까?

| 달의 대기 이야기 |

달에는 지구와 같은 공기가 존재하지 않는다.
공기만 없는 게 아니라 아예 기체가 없다.

세 가지만 알면 나도 우주 전문가!

지구에서 보아도 달에 공기가 없다는 사실을 알 수 있다

만약 달에 기체가 존재한다면 기체의 흐름이 발생해 먼지가 일거나 그 먼지가 빛을 산란시켜 부옇게 흐려 보이는 현상이 관측되어야 한다. 그러나 맑은 밤하늘에 뜬 달은 언제나 선명하게 보인다. 이는 달에 대기가 없다는 증거다.

중력이 없어 대기도 없다

원래는 달에 대기가 있었다는 가설도 있다. 갓 태어난 달은 이글거리는 용암과 마그마 덩어리로 되어 있어 가스 상태의 대기가 존재했으나 인력이 약해 날아가버렸다는 주장이다. 참고로, 아폴로 계획 때는 지구에서 달로 공기를 가지고 갔다.

대지 아래에 공기가 있을 수도

만약 정말로 먼 옛날 달에 대기가 존재했더라면 그 흔적이 대지 아래에 남아 있을 수도 있다. 어쩌면 밀봉된 암석 안에 공기가 존재할 수도 있다. 그 증거가 발견된다면 달의 기원을 밝히는 데 큰 실마리가 될 것이다.

달에는 대기가 없다.
ⓒ 일본 국립천문대

달의 온도는 몇 도일까?

|달의 온도 이야기|

달의 표면 온도는 대략 낮엔 섭씨 110도, 밤엔 섭씨 영하 170도다.

세 가지만 알면 나도 우주 전문가!

표면 온도는 지면 온도

지구에서 "오늘 몇 도야?"라고 물으면 기온, 즉 공기의 온도를 말한다. 하지만 달에는 지구와 같은 공기가 없으므로 기온이 존재하지 않는다. 따라서 달 온도는 표면 온도를 말한다. 표면이 머금고 있는 열로 온도를 측정한다.

열원은 태양이다

달의 지면을 데우는 열원은 태양이다. 다만 달에는 지구처럼 태양 에너지를 약하게 조정해주는 대기와 자기장 장벽이 존재하지 않아 훨씬 강렬하게 달궈진다.

온도 차가 극심하다

한여름에 해변의 모래를 맨발로 밟으면 화상을 입을 정도로 뜨겁지만, 그늘에 들어가면 언제 그랬냐는 듯이 시원하다. 달에서는 이러한 현상이 몇 배 규모로 일어난다. 그래서 해가 비치는 곳과 그늘, 적도와 극지의 온도 차이가 섭씨 200도 가까이 된다. 참고로, 우주선도 해가 비치는 곳은 뜨겁게 달궈져 빙글빙글 회전하며 열기가 쏠리지 않도록 조정한다.

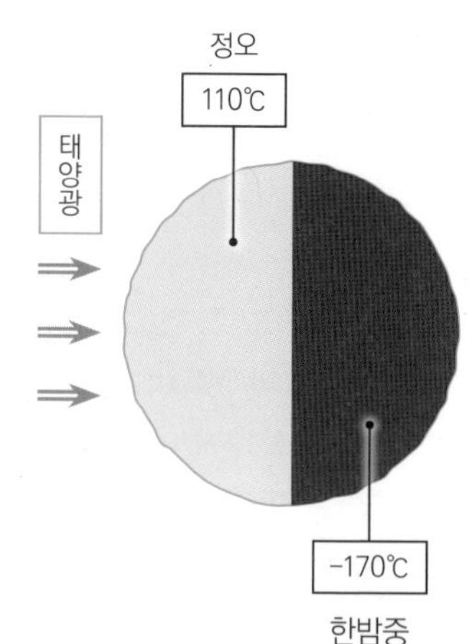

달의 충돌구는 어떻게 만들어졌을까?

| 달의 충돌구 이야기 |

달의 충돌구는 운석이 충돌한 흔적으로 추정된다.

세 가지만 알면 나도 우주 전문가!

운석의 충돌로 만들어진 흔적

충돌구는 운석이 지표면에 충돌한 흔적이다. 지면을 모방한 평면에 무거운 물체를 충돌시키면 충돌구 모양의 흔적이 만들어진다. 누구나 실험으로 확인할 수 있다.

화산 분화의 흔적은 아니다

충돌구와 비슷하게 원형인 지형에는 화산 분화로 생긴 칼데라(caldera)가 있다. 달의 지각 내부에는 화산이 될 수 있는 뜨거운 층이 없어 생성기 일부 시기를 제외하면 화산은 존재하지 않았다고 여겨진다. 따라서 화산의 흔적이 아님을 유추할 수 있다.

지금도 충돌구가 생기는 중

달에는 아직도 무게 1그램가량의 작은 운석이 일상적으로 낙하하며 작은 충돌구가 만들어지고 있다. 2013년에 수십 킬로그램짜리 운석이 몇 차례 날아왔다. 그중 하나가 약 40미터의 충돌구를 형성하는 현상이 관측되기도 했다.

달에는 수많은 충돌구가 있다.
© 일본 국립천문대

달에서 가장 큰 충돌구의 크기는 얼마나 될까?

| 달의 가장 큰 충돌구 이야기 |

달에서 가장 큰 충돌구는 헤르츠스프룽 충돌구다.

별
우주
지구
행성
태양
달
은하
우주개발

세 가지만 알면 나도 우주 전문가!

헤르츠스프룽 충돌구는 어디에 있을까?

달에서 가장 큰 헤르츠스프룽(Hertzsprung) 충돌구는 안타깝게도 지구에서 보이지 않는다. 달 뒷면 '동쪽의 바다(eastern sea)' 북서쪽, 적도 부근에 있다. 원 부분의 지름은 약 536킬로미터다. 참고로, 지구에서 보이는 가장 눈에 띄는 충돌구는 튀코(Tycho) 충돌구로, 지름이 약 85킬로미터다.

충돌구 이름의 유래

충돌구의 이름은 맨 처음 발견한 천문학자의 이름에서 유래한 경우가 많다. 가장 큰 충돌구는 덴마크 출신 화학자이자 천문학자인 아이나르 헤르츠스프룽(Ejnar Hertzsprung)의 이름에서 따왔다.

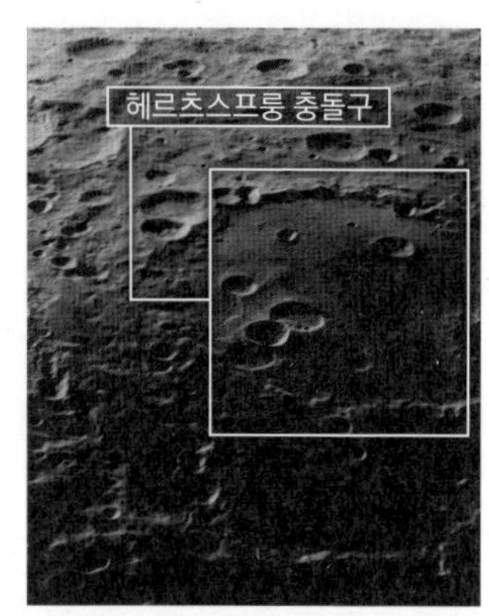

소련의 달 탐사선 루나 5호가 촬영한 헤르츠스프룽 충돌구

왜 흔적이 그대로 남았을까?

달에는 액체 상태의 물이 없어 침식 작용이 일어나지 않는다. 기체도 없어 풍화로 인해 깎여나가지도 않는다. 그래서 먼 옛날에 만들어진 거대한 충돌구를 당시 형태 그대로 관측할 수 있다.

달 표면에 보이는 무늬는 뭘까?

| 달의 무늬 이야기 |

달의 무늬는 하얀 암석 위에 검은 용암이 흐르며 만들어졌다.

세 가지만 알면 나도 우주 전문가!

달 표면에는 하얀 암석이 많다

달 탄생 당시 걸쭉하게 녹은 마그마 덩어리로 추정된다. 마그마가 식으면서 굳을 때 하얗고 가벼운 사장석(plagioclase) 등은 표면으로 이동하고 무거운 성분은 표면 아래로 가라앉았다. 달 표면의 암석은 사장석 성분이 풍부해 하얗게 보인다.

충돌구는 운석 충돌의 흔적

달에는 공기의 저항이 없어 운석이 그대로 충돌한다. 충격이 엄청나게 커서 둥글고 커다란 구멍이 생기고, 토사가 주위로 날려 야트막한 언덕이 만들어졌을 것으로 추정된다. 충돌한 운석 크기와 속도 차이 등으로 충돌구의 크기가 달라진다.

검은 용암이 흘러나왔다

충돌구로 인해 만들어진 거대한 '분지'에 지하에서 흘러나온 검은 용암이 넓고 평평하게 퍼져나갔다. 달에서 검게 보이는 부분은 물이 없어도 '바다'라고 한다. 참고로, 달이 동쪽 하늘에서 서쪽 하늘로 움직이면 달의 무늬도 달의 움직임에 따라 회전하는 것처럼 보인다.

달과 행성을 어떻게 탐사할까?

| 행성 탐사 방법 이야기 |

착륙하지 않아도 근처에 탐사선을 보내 알아낼 수 있는 정보가 많다.

세 가지만 알면 나도 우주 전문가!

행성 근처로 탐사선을 보내 행성의 동태 파악

탐사하고 싶은 행성 근처로 탐사선을 보낸 뒤 촬영한 사진 데이터를 전파를 이용해 지구로 송신한다. 그 정보를 바탕으로 행성 표면 지도를 작성한다. 행성 주위를 도는 주회궤도(周回軌道)를 비행하는 탐사선은 오랜 시간 관측할 수 있고, 레이더 고도계를 활용하면 지형을 더욱 상세하게 측정할 수 있다.

원격탐사 기술 활용

관측 대상과 떨어진 장소에서 센서로 감지하는 기술을 원격탐사(remote sensing)라고 한다. 근처를 통과하거나 주회하는 탐사선을 보내 행성이 내보내거나 반사하는 빛과 적외선, 전파를 센서로 포착해 분석하면 행성의 대기와 내부 물질을 알아낼 수 있다.

자세한 조사를 위해 착륙하기도

우주선이 안전하게 착륙하는 과정은 녹록하지 않다. 하지만 사람이나 로버(Rover, 관측 기기를 탑재한 무선 탐사 차량)가 착륙할 수 있다면 직접 계측하거나 시료를 채취할 수 있다.

토성 탐사선 카시니-하위헌스

최초의 우주 탐사선이 도착한 곳은 어디일까?

| 최초의 우주 탐사선 이야기 |

지구와 가까운 달 탐사로 우주 탐사의 첫걸음을 떼었다!

세 가지만 알면 나도 우주 전문가!

1950년대 말 인류 최초로 우주 탐사선 발사

1959년에 소련의 루나(Luna) 2호가 최초로 월면에 충돌하면서 우주에 도달했다. 이어서 루나 3호가 최초로 달의 뒷면을 비행하면서 촬영한 사진을 지구로 전송했다. 최초의 행성 탐사는 1962년 미국 매리너(Mariner) 2호의 금성 탐사다.

인류 최초의 시료 회수는 달의 암석

샘플 리턴(sample return)이란 다른 천체에서 채취한 시료를 지구로 가져오는 임무다. 1969년에 아폴로(Apollo) 11호가 달 착륙에 성공해 월면에 최초로 인류가 내렸다. 이때 약 11킬로그램짜리 달의 암석을 가져왔다. 1970년 소련의 무인 탐사선 루나 16호는 달에서 토양 101그램을 가져왔다.

가장 가까운 달에 가는 과정도 쉽지 않다

달은 가까워서 우주선 연료도 적게 필요하고, 광속 전파를 사용한 통신 지연도 적다. 그런데도 인류가 달에 착륙하기 전에 여러 대의 무인 탐사선을 발사해 정보를 수집하면서 달 연구의 안전성을 확인했다.

달 뒷면을 최초로 촬영한 루나 3호

Day 046 우주 개발 | 행성 탐사

화성 탐사선은 무엇을 알아냈을까?

| 화성 탐사 이야기 |

100년 전에는 화성에 운하가 있고 화성인이 산다고 믿는 사람도 있었으나, 탐사 결과 화성은 암석뿐이었다.

세 가지만 알면 나도 우주 전문가!

과거에 물이 흘렀던 지형은 발견되었으나 생명에 관해서는 조사 중

1960년대 이후 NASA는 40대 이상의 무인 탐사선을 화성에 보냈다. 1964년에 매리너 4호가 화성 촬영에 최초로 성공하고, 많은 탐사선이 물이 흘렀던 흔적이 있는 지형을 발견했다. 바이킹(Viking) 1호와 2호가 생명 탐사 실험을 수행했으나 생명체의 존재를 확인하지는 못했다.

자세한 지형도와 대기 관찰

2005년에 발사한 화성 주회궤도 위성에서는 카메라 해상도를 높인 레이저 고도계를 사용해 화성의 자세한 지형도를 완성했다. 또 2013년에 발사한 탐사선 메이븐(MAVEN)은 화성의 대기가 태양풍에 날아가 사라졌다는 사실을 규명했다.

지금도 물이 존재한다는 사실을 알아내다

2007년에는 피닉스(Phoenix)가 지표 근처에서 얼음 상태의 물을 발견했다. 현재도 탐사 차량 패스파인더(Pathfinder)가 예전에 호수 밑바닥이었던 지형에서 암석 수집과 시료 회수 준비를 위해 활동하고 있다.

화성 탐사 임무를 수행 중인 패스파인더

Day 047 우주 개발 | 행성 탐사

금성 탐사선은 무엇을 알아냈을까?

|금성 탐사 이야기|

지구와 닮은 질량과 크기의 형제 별이
두꺼운 대기에 가려져 있던 민낯을 드러냈다.

세 가지만 알면 나도 우주 전문가!

이산화탄소로 이루어진 두꺼운 대기와 황산 비에 갇힌 불지옥 같은 세계

1962년에 매리너 2호가 금성에 접근해 자기장과 방사선대가 없음을 밝혀냈다. 1967년부터 소련의 베네라(Venera) 7~10호가 착륙해 지표면 온도가 섭씨 475도, 기압이 90기압이라고 관측했다. 매리너 10호는 금성의 상공을 초속 100미터의 바람이 쉬지 않고 부는 초회전(super-rotation) 현상을 발견했다.

금성의 지형은 보이지 않았다

금성은 지표에서 50~70킬로미터 지점에 누렇고 짙은 황산 구름이 뒤덮여 있어 외부에서 지표의 모습이 보이지 않았다. 그러나 1990~1994년 미국의 무인 우주 탐사선 마젤란(Magellan)은 구름을 통과할 수 있는 마이크로파를 사용해 레이더로 관측해 금성의 98퍼센트 지형도를 완성했다.

지구와 전혀 다른 지형

금성에는 10억 년이 넘는 지형이 없다. 대형 화산이 많고 암석으로 된 광활한 평야가 펼쳐져 있다. 지구에 없는 신비한 구조의 지형도 발견되었다.

탐사선 마젤란의 끄트머리에는
지름 3.7미터짜리 안테나가 부착되었다.

목성 탐사선은 무엇을 알아냈을까?

|목성 탐사 이야기|

목성에도 고리가 존재하며 표면의 구름과 대기가 격렬하게 움직인다는 사실을 밝혀냈다.

별 우주 지구 행성 태양 달 은하 우주개발

세 가지만 알면 나도 우주 전문가!

가까이 접근한 미국의 파이어니어 10~11호, 보이저 1~2호

1973년부터 아홉 대의 탐사선이 목성을 탐사했다. 파이어니어(Pioneer)는 대량의 사진 촬영에 성공했다. 보이저(Voyager)는 더 접근해 목성에 고리가 있고, 목성 표면의 얼룩무늬 구름이 동서로 역방향으로 움직인다는 사실과 붉은 반점인 '대적점(大赤點)'이 지구 두 개 분량의 구름 소용돌이라는 사실을 밝혀냈다.

주회하는 탐사선의 관측 결과

1995~2003년 미국 탐사선 갈릴레오(Galileo)는 목성을 주회하며 거대한 자기장과 대기 성분, 온도 등을 관측했다. 2016년 주회궤도에 진입한 미국 탐사선 주노(Juno)는 대적점의 깊이가 약 500킬로미터이며, 구름과 대기 움직임이 복잡하다는 것을 알아냈다.

탐사선 주노가 촬영한 목성의 대적점

목성의 위성인 갈릴레이 위성도 관측

보이저 1호는 갈릴레이 위성 네 개 중 하나인 이오(Io)에 활화산이 존재한다는 사실을, 2호는 그 화산의 분화로 위성 표면이 변화했음을 확인했다.

토성 탐사선은 무엇을 알아냈을까?

| 토성 탐사 이야기 |

원반 모양으로 보이는 토성 고리의 정체를 규명해
토성이 목성과 닮은꼴이라는 사실이 판명되었다.

세 가지만 알면 나도 우주 전문가!

목성의 고리는 얼음 알갱이로 만들어진 가느다란 고리의 집합

보이저 1~2호가 1977년에 목성 근처를 통과한 결과와 미국과 유럽 공동 탐사선 카시니-하위헌스(Cassini-Huygens)가 2004~2017년에 목성의 주회궤도에서 관찰한 결과에 따르면 고리는 주로 얼음이며 몇 마이크로미터 크기의 입자로 이루어져 있다. 바로 옆에서 보면 고리는 수십 미터 정도로 매우 얇다.

토성과 목성은 닮은꼴

카시니-하위헌스가 보내온 데이터 분석 결과, 토성도 목성처럼 표면이 수소와 헬륨 기체, 메탄과 암모니아 구름으로 덮여 있어 격렬한 흐름이 일어난다는 사실이 밝혀졌다. 토성의 극에서도 고리 모양의 오로라가 관측되었다.

토성의 위성 타이탄에 탐사선 착륙

카시니-하위헌스는 두 개로 분리 가능한 탐사선이었다. 하위헌스는 토성의 위성 타이탄(Titan)에서 질소 대기에 내리는 메탄 비를 관측했다. 메탄이 섞인 강물이 지형을 침식해 호수와 바다를 형성했다는 사실도 알아냈다.

카시니-하위헌스가 촬영한 태양이
토성에 숨어 고리만 빛나 보이는 모습

Day 050 우주 개발 | 행성 탐사

태양계의 끝도 탐사할 수 있을까?

|태양계의 끝 탐사 이야기|

태양계의 천왕성과 해왕성,
그리고 태양계의 끝을 탐사하러 떠난 탐사선이 있다.

세 가지만 알면 나도 우주 전문가!

보이저 1~2호는 태양계를 탈출해 항성 공간을 여행 중

1977년에 연속으로 발사된 우주 탐사선 보이저 1호와 2호는 목성과 토성을 탐사한 후 방향을 틀었다. 2012년에 1호는 태양계를 벗어났고, 2호는 천왕성과 해왕성을 탐사한 후 2018년에 태양계를 빠져나가 계속 여행 중이다.

천왕성과 해왕성에 접근한 탐사선은 보이저 2호뿐

보이저 2호는 1986년 천왕성에 접근해 여러 겹의 고리와 열한 개의 새로운 위성을 발견했다. 천왕성은 태양계 행성 중에서도 가장 추운 섭씨 영하 200도 이하였다. 1989년 해왕성에 접근해 다섯 개의 고리와 여섯 개의 새로운 위성, 남반구의 거대하고 어두운 소용돌이를 발견했다.

머나먼 태양계 끄트머리의 천체 탐사

미국 탐사선 뉴허라이즌스(New Horizons)는 해왕성 바깥 태양계 외연 천체를 탐사하고 있다. 2015년 명왕성의 변화무쌍한 지형과 대기를 관측했다. 아로코스(Arrokoth)는 인류가 탐사선으로 접근해 관측한 가장 먼 천체다.

태양계를 벗어나 여행 중인 보이저 1호

성운이 뭘까?

|성운 이야기|

성운은 우주 공간에 가스 상태의 물질이 모여 이루어진 집합체로, 맨눈이나 소형 망원경으로 희미하게 보인다.

세 가지만 알면 나도 우주 전문가!

성운은 은하계 안에 있는 가스와 먼지로 이루어져 있다

가스와 먼지 등이 모여 가까운 항성의 빛 등에서 오는 에너지를 받아 빛을 내뿜거나 빛을 반사하거나 반대로 빛을 흡수해서 어둡게 보이는 성운이 있다. 소형 망원경으로 보면 점 상태의 항성과 달리 희미하게 퍼져 보인다.

오리온성운(M42)이 대표적인 무정형 성운

무정형 성운은 은하계에 있는 불규칙한 형태의 가스로 이루어져 있다. '확산 성운'이라고도 한다. 주로 은하수 근처에 존재한다. 종류에는 성운 중심부에 있는 항성의 빛을 받아 가스가 발광하는 발광 성운과 항성의 빛을 반사해서 빛을 내는 반사 성운이 있다.

거문고자리 고리성운(Messier 57)

은하계 안에 있고, 희미한 행성처럼 원반 형태로 보이는 성운이 행성상 성운(planetary nebula)이다. 대개 성운 중심부에 백색 왜성이 자리하고 있다. 항성이 폭발하지 않고 생을 마감할 때 방출한 가스가 별에서 나온 자외선에 비치며 빛나 보인다.

오리온성운(M42)과 고리성운(M57)

Day 052

성단이 뭘까?

| 성단 이야기 |

성운보다 또렷하게 대량의 별이 모인 형태로 보이는 항성의 집단이다.

세 가지만 알면 나도 우주 전문가!

항성이 서로의 중력으로 집단을 이룬다

무수한 항성이 중력에 의해 집단을 형성한 상태가 성단이다. 우리은하에는 수만에서 수백만 개의 항성이 구 형태로 모인 구상 성단과 수십에서 수천 개의 항성이 다소 불규칙하게 모인 산개 성단이 있다. 망원경을 이용하면 볼 수 있다.

M15(Messier 15)가 대표적인 구상 성단

구상 성단은 은하계가 만들어질 무렵 탄생해 나이가 100억~140억 년이나 된다. 은하 탄생 무렵과 수축 무렵에 탄생한 것으로 추정된다. 소형 망원경을 이용하면 항성을 구분할 수 있는데, 구름처럼 덩어리로 보인다. 은하계 안에서 구상 성단 약 130개, 산개 성단 약 1,000개가 발견되었다.

대표적인 산개 성단, 플레이아데스성단

황소자리 어깨 부분에서 보이는 플레이아데스성단(Pleiades star cluster)은 '좀생이 성단'이라고도 불린다. '일곱자매별'로도 잘 알려져 있다. 눈이 좋으면 일곱 개가 넘는 별의 군집을 볼 수도 있다.

구상 성단 (M15)과 플레이아데스성단 (M45)

성운과 은하, 성단과 은하의 차이는 뭘까?

|은하계 안과 밖 이야기|

현재는 존재하는 장소와 그 구조 등을 기준으로 분류한다.

세 가지만 알면 나도 우주 전문가!

예전에는 희미하게 보이는 천체를 뭉뚱그려 '성운'이라고 불렀다

옛날에는 맨눈으로 별들을 분리할 수 있는 플레이아데스성단 등을 제외하고 은하와 성운, 성단이 망원경으로 희미하게 보여 뭉뚱그려서 '성운'이라고 불렀다. 지금은 보이는 방식뿐만 아니라 구조에 따라서도 분류한다.

성운과 은하는 우주에서 분포하는 장소가 완전히 다르다

성운은 우리은하계 안에 있는 천체다. 성운은 가스 덩어리로 희미하고, 은하는 무수한 별의 집합인데, 거리가 너무 멀어 흐릿하게 보이고 분리할 수 없다. 존재하는 장소와 구조가 서로 다르다.

성단은 은하계 안에 있다

은하와 성단 모두 항성이 모인 천체다. 성단은 은하계 안에 있어 망원경으로 각각의 별을 볼 수 있다. 그러나 은하는 은하계 밖에 있어 몇천억 개의 항성이 모여 있어도 각각의 항성을 볼 수 없고 희미하게 번져 보인다. 기술의 발전으로 이제는 가까운 은하 속의 성운과 성단을 촬영하고 관측할 수 있게 되었다.

소용돌이은하(M51)

별 우주 지구 행성 태양 달 은하 우주개발

초신성의 잔해에서 생긴 성운은 뭘까?

| 초신성의 잔해 이야기 |

항성이 폭발할 때
주위에 흩날린 잔해가 빛나며 보이는 성운이 있다.

세 가지만 알면 나도 우주 전문가!

무거운 항성은 블랙홀이나 중성자별이 된다

태양의 8~10배 이상 거대한 항성은 에너지를 소진하면 초신성 폭발을 일으킨다. 그 과정에서 무거운 항성은 블랙홀이나 중성자별이 되고 가벼운 항성은 잔해가 흩날려 퍼지며 빛나 보인다.

초신성 잔해의 종류

폭발로 흩날린 가스 등은 고속으로 팽창하며 수만 년에 걸쳐 계속 빛을 내뿜는다. 구의 표면이 빛의 고리처럼 보이는 성운과 중심의 중성자별이 에너지원이 되어 빛나는 성운도 있고 두 형태의 복합형도 있다.

초신성 잔해로 유명한 '게성운(M1)'

1054년에 폭발한 황소자리 별은 낮에도 빛을 내뿜어 당시 기록에 남아 있다. 폭발 시에는 한 점으로 빛나는 별이었는데, 지금도 가스가 계속 확산하며 망원경으로 볼 수 있는 '게성운'이 되었다. 1987년에는 대마젤란은하(Large Magellanic Cloud) 안에서 발생한 초신성 폭발로 구상 성운이 탄생했다.

게성운(M1)

Day 055 은하 | 성운과 성단

성운 이름에 왜 M이 붙을까?

| 메시에 천체 목록 이야기 |

샤를 메시에가 성운과 성단, 은하의 천체 목록을 작성해 성운의 이름에 M이 붙는다.

세 가지만 알면 나도 우주 전문가!

혜성 사냥꾼으로 불렸던 메시에

혜성을 탐색한 프랑스의 천문학자 샤를 메시에(Charles Messier)는 혜성과 헷갈리기 쉬운 희미한 천체가 존재한다는 사실을 깨닫고 메시에 천체 목록(Messier Object Catalogue)을 만들어 세 차례에 걸쳐 책으로 출간했다.

소형 망원경으로도 확인할 수 있는 성운 형태의 천체

초반에는 비교적 밝은 천체를 발견했다. 메시에의 이름 머리글자 M을 따서 만든 M1~M45를 1774년에 책으로 처음 발표하고 1781년에 2권, 1784년에 3권을 발표했다. 메시에는 M1~M103까지 번호를 매겼고, 메시에 사후 M104~M110이 목록으로 작성되었다.

메시에의 공적

1730년에 태어난 메시에는 1759년 핼리 혜성(1P/Halley) 관측을 계기로 새로운 혜성을 발견하는 일에 열정을 불태웠다. 1817년에 사망할 때까지 44개의 혜성을 발견했다. 당시 작성한 메시에 천체 목록은 소구경 망원경으로도 볼 수 있어 천체 관측 목표가 되기도 한다.

샤를 메시에

성운과 성단을 맨눈으로 볼 수 있을까?

| 밝은 성운과 성단 이야기 |

무수히 많은 성운과 성단 가운데 몇 개는 맨눈으로 확인할 수 있다.

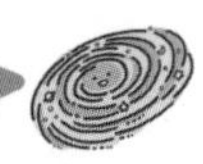

세 가지만 알면 나도 우주 전문가!

맨눈으로 보이지 않는다고 포기해서는 안 된다

밝은 천체는 맨눈으로도 볼 수 있다. 겨울에 황소자리 플레이아데스성단(M45)은 '일곱자매별'이라는 별명처럼 맨눈으로도 몇 개의 별을 확인할 수 있다. 오리온성운(M42)도 오리온자리의 삼형제별 아래에서 희미하게 볼 수 있다.

가로등이 없는 깜깜한 밤하늘에서 더 잘 보인다

밤하늘을 밝게 비추는 가로등이 적은 산지나 겨울에 하늘이 맑게 개었을 때, 밤하늘에 달이 빛나지 않을 때는 하늘이 어두워 어둑한 별까지 볼 수 있다. 이러한 조건이 갖춰지면 안드로메다은하(M31) 등도 희미하게 볼 수 있다.

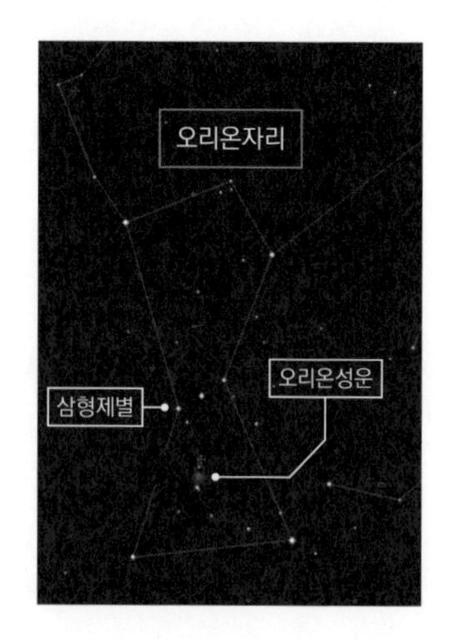

쌍안경을 사용하면 좀 더 자세히 볼 수 있다

산개 성단 중에서는 쌍둥이자리 M35와 마차부자리 M36, M37, 페르세우스자리 이중 성단 등을 볼 수 있다. 하지만 위치를 모르면 찾기 어렵다. 성도(星圖, 별자리표)로 확인한 뒤 별의 배치를 단서로 찾아보자. 성운과 성단은 흐릿하게 보여 한 점만 바라보면 찾기 어렵다.

눈에 보이지 않는 성운도 있을까?

|암흑 성운 이야기|

우주 공간에 주위보다 밀도가 높은
가스와 우주 먼지가 짙게 모인 암흑 성운이 존재한다.

세 가지만 알면 나도 우주 전문가!

어떻게 존재를 알게 되었을까?

사진에서 말 머리 모양으로 생긴 그림자를 찾아보자. 오리온자리 삼형제별 왼쪽에 있는 암흑 성운은 눈에 보이지 않지만 배경의 항성과 성운을 가리면 그 형태가 검게 솟아올라 존재를 확인할 수 있다.

암흑 성운의 정체는 반사 성운과 같다

암흑 성운은 가스와 먼지로 이루어져 불규칙한 형태를 띠고 있다. 반사 성운은 항성에 비춰 빛을 내는데, 암흑 성운은 옆에 성운을 비추는 항성이 없다. 이처럼 주위에 빛을 내는 천체가 없으면 성운을 볼 수 없다.

별이 태어나면 반사 성운이 된다

암흑 성운은 가스와 먼지가 모여 있는 곳이다. 이들이 인력 등의 힘으로 모여들며 수축해서 밀도가 높아져 중심부 온도가 높아지면 별이 탄생한다. 그러면 그 빛이 주위를 비춰 반사 성운으로 보일 수도 있다. 암흑 성운에서는 그 외에 물, 일산화탄소, 암모니아, 메탄 등의 분자가 확인되기도 한다.

말 머리 모양으로 생긴 말머리성운

별자리는 언제 어디서 시작되었을까?

| 별자리의 기원 이야기 |

약 5,000년 전 현재의 이라크 부근에서 탄생했다고 알려져 있다.

세 가지만 알면 나도 우주 전문가!

고대 문명 발상지 메소포타미아의 양치기

밤하늘에서 맨눈으로 볼 수 있는 별은 약 8,600개다. 고대 문명의 발상지인 메소포타미아의 양치기들은 유난히 두드러진 별을 선으로 연결해 동물과 신의 형상을 그렸다. 이렇게 해서 오늘날 이라크 부근에서 별자리가 탄생했다.

시계와 달력을 대신한 별자리 지도

메소포타미아에서 탄생한 몇 개의 별자리는 그 움직임을 시계나 달력 대신 활용하기도 했다. 이후 지중해 동부에서 무역으로 그리스에 전해졌다. 그리스에서 그리스 신화와 합쳐져 오늘날의 별자리 지도가 만들어졌고 별자리에 가까운 형태로 다듬어졌다.

신항로 개척 시대에 남반구의 별자리도 편입

15세기에 유럽인들이 남반구를 항해하면서 그리스에서 보이지 않던 남반구의 별자리를 발견해 별자리 지도에 추가했다. 1930년에 국제천문연맹(International Astronomical Union, IAU)이 현재 알려져 있는 88개의 별자리를 결정했다.

별자리는 몇 개나 있을까?

|별자리의 수 이야기|

생일별 별자리 12개 외에 76개가 더 있어, 총 88개다.

세 가지만 알면 나도 우주 전문가!

기나긴 세월에 걸쳐 88개로 결정

현재 별자리가 88개로 통일된 것은 기나긴 별자리의 역사에서 아주 최근이다. 15~16세기까지 약 1,500년 동안 천문학자 프톨레마이오스가 그리스 시대의 별자리 48개를 정리한 '톨레미의 48 별자리'가 일반적으로 알려져 있었다.

사라진 별자리 이름도 있다

15세기 이후 늘어난 별자리는 두 개의 별자리가 겹치는 별도 있고 경계가 불분명해 식별하기 어려웠다. 그중에는 권력자에게 아첨하기 위한 별자리 이름이나 천문학자의 취미와 기호로 탄생한 별자리도 있었다.

북반구와 남반구에서 각각 보이지 않는 별

북반구에서는 88개의 별자리 중 남극권의 카멜레온자리, 팔분의자리, 테이블산자리가 보이지 않는다. 반대로 남반구에서는 꼬리 끝이 북극성인 작은곰자리가 보이지 않는다. 지역에 따라 별자리를 부르는 이름도 조금씩 다르다. 특히 금성은 개밥바라기, 모작별, 모제기, 샛별, 어둠별 등 다양한 이름으로 불린다.

황도 12궁을 생일 무렵에 볼 수 있을까?

|황도 12궁 이야기|

태어난 달에 따라 달라지는 황도 12궁은
생일 무렵 태양 가까이 있어 밤에 보이지 않는다.

세 가지만 알면 나도 우주 전문가!

태양 빛에 가려 맨눈으로는 보이지 않는다

태어난 달에 따라 달라지는 황도 12궁은 태양이 지나는 길을 12등분해 근처의 별자리를 할당해서 만들어졌다. 태어났을 때 태양 근처에 있고, 매년 생일에 같은 위치에 있다. 그러나 낮에는 햇빛에 가리고, 밤에는 저녁해와 함께 사라져 맨눈으로는 볼 수 없다. 사실, 현재 생일에 태양과 가장 가까운 별자리는 한 달 앞의 별자리로 어긋나 있다.

점성술에는 과학적 근거가 없다

점성술에서는 태양이 지나는 길을 12등분한 영역을 '황도(黃道) 12궁'과 '조디악 사인(zodiac sign)'이라고 한다. 그러나 실제로 별자리의 크기 차이와 오랜 세월로 인한 오차 때문에 천문학과 같은 과학적 근거는 없다.

낮에 별을 보는 방법

별자리 조견반(planisphere, 간이 별자리판)이나 별자리 관측용 애플리케이션으로 낮에도 별자리 위치를 확인할 수 있다. 천문대나 과학관에서도 낮에 별을 관찰할 수 있다.

1월 1일 태어난 사람은
태양 근처에 염소자리가 있어
탄생 별자리가 염소자리다.

계절에 따라 왜 별자리가 달라질까?

| 계절에 따른 별자리 이야기 |

지구가 태양 주위를 공전하며,
태양을 기준으로 시각과 계절이 결정되기 때문이다.

세 가지만 알면 나도 우주 전문가!

지구를 사이에 두고 태양 반대편에 있는 별자리

낮에는 태양 빛이 너무 강렬해 별이 보이지 않는다. 밤에 모습을 드러내는 별자리는 지구를 사이에 끼고 태양 반대편에 있는 것들이다. 지구는 1년 동안 태양 주위를 한 바퀴 도는데(공전) 지구의 위치에 따라 봄, 여름, 가을, 겨울이 나타난다. 그래서 계절에 따라 태양 반대편에 있는 별자리도 달라진다.

매일 약 4분씩 일찍 모습을 드러낸다

매일 같은 시각에 별을 관측하면 별이 아주 조금씩 서쪽으로 움직이는 것을 볼 수 있다. 하나의 별자리에 집중해서 관측하면 매일 약 4분씩, 1개월에 약 2시간씩 일찍 나타난다.

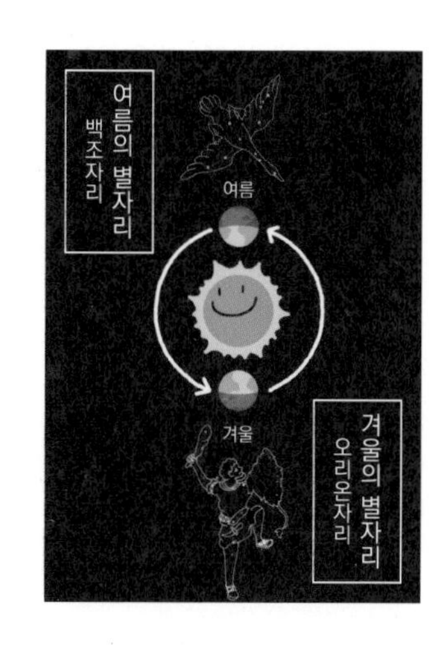

여름과 겨울의 별자리

겨울을 대표하는 별자리인 오리온자리는 여름철에는 태양 방향에 있어 보이지 않는다. 반대로 독수리자리, 백조자리, 거문고자리는 여름에 머리 위로 와서 '여름의 대삼각형'이라고 한다. 북두칠성은 같은 시간에 보면 여름과 겨울에 북극성을 중심으로 반대편에 보인다.

Day 062 별 | 별자리

밤하늘의 별자리는 왜 나라마다 다를까?

|각국의 별자리 이야기|

위도 차이로 보이는 별자리와
위치는 달라지지만 모양은 변하지 않는다.

세 가지만 알면 나도 우주 전문가!

북반구 지방과 북극

쿠릴열도보다 북쪽에서는 작은곰자리와 큰곰자리가 일본보다 높은 곳에서 보이고, 전갈자리 등의 남쪽 지평선에 가까운 별자리는 숨어서 보이지 않는다. 북극에서는 북극성을 중심으로 반시계 방향으로 별자리가 이동하며 보인다.

적도 부근 국가

적도 부근 국가에서는 1년을 통틀어 보이지 않는 별자리가 없다. 북두칠성이 북쪽 지평선, 남십자성이 남쪽 지평선에 아슬아슬하게 동시에 보이는 시기도 있다. 항성이 아주 멀리 있어 어디에서 보든 별자리 모양은 변하지 않는다.

남반구 국가와 남극

남반구 국가에서는 태양도 달도 북쪽 하늘을 이동해 북극성은 보이지 않아도 남십자성은 쉽게 볼 수 있다. 북반구의 겨울을 대표하는 오리온자리는 여름에 거꾸로 보인다. 남극에서는 팔분의자리를 중심으로 별자리가 시계 방향으로 이동한다.

별자리도 흐트러질까?

|별자리의 모양 이야기|

10만 년 후에는 별자리 모양이
지금과 완전히 다른 모습으로 변할 것이다.

세 가지만 알면 나도 우주 전문가!

인간의 한평생(100년)으로는 인지할 수 없다

별자리를 형성하는 별(항성)은 아주 멀리 있어 조금씩 변해도 인간은 한평생 살아가는 동안 알아차릴 수 없다. 그러나 10만 년 후에는 별자리의 모습이 흐트러지며 지금과 다른 모습으로 변할 것으로 예측된다.

항성의 고유 운동으로 생기는 위치 변화

항성의 위치 변화는 관측 천문학을 연구한 영국의 그리니치 천문대장 에드먼드 핼리(Edmond Halley)가 1718년에 발견했다.
기원전 150년에 고대 그리스의 천문학자 히파르코스(Hipparchos)가 측정한 위치와 비교해서 시리우스(큰개자리)와 알데바란(황소자리)의 고유 운동을 확인했다.

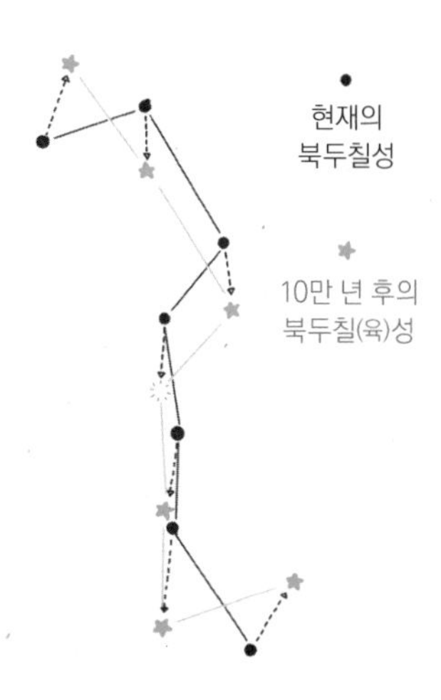

초신성 폭발 가능성이 있는 오리온자리의 변화

오리온자리의 오른쪽 어깨에서 붉은색으로 빛나는 일등성 베텔게우스는 밝기가 변하는 변광성(變光星)이다. 태양보다 1,000배나 크다. 이미 수명을 다해 언제 초신성 폭발이 일어나도 이상하지 않다고 알려져 있다.

은하수가 뭘까?

|은하수 이야기|

지구에서 보이는 우리은하(Milky Way Galaxy)의 일부로,
옛사람들은 별의 집합이라는 사실을 알지 못했다.

세 가지만 알면 나도 우주 전문가!

아시아 국가에서는 은하수

고대 중국의 칠석(七夕) 전설에서 직녀(베가)와 견우(알타이르)가 일 년에 한 번 건너서 만나는 강이 은하수다. 중국에서는 물이 바짝 말라버린 강을 '한수이(漢江)'라고 하는데, 은하수는 '천한(天漢)'이라는 별명도 가지고 있다.

그리스 신화에서 유래한 밀키웨이

은하수를 나타내는 영어 '밀키웨이(Milky Way)'는 '젖이 흐르는 길'이라는 뜻이다. 그리스 신화에서 제우스의 아내 헤라가 헤라클레스에게 모유를 먹이던 중에 모유가 하늘로 날아가서 만들어졌다는 이야기가 있다. 한편, 남아메리카의 잉카 신화에서는 은하수의 암흑 성운을 석탄 자루, 낙타과 동물인 라마, 뱀 등으로 부른다.

과학의 진보로 해명된 참모습

예전에는 1년 내내 볼 수 있던 은하수를 지금은 인공조명이 넘쳐나는 빛 공해 탓에 전 세계 3분의 1 지역에서 맨눈으로 볼 수 없다. 2022년에 세계의 전파 망원경 여덟 개를 연결해 은하수 중심의 블랙홀을 촬영하는 데 성공했다.

갈릴레이가 본 달의 모습은 어땠을까?

|갈릴레이가 본 달 이야기|

둥글둥글하고 미끈한 달 표면을 망원경으로 관찰했더니
울퉁불퉁한 지형이 입체적으로 보였다!

세 가지만 알면 나도 우주 전문가!

매끈하고 반짝반짝 빛나는 달의 실제 모습

당시에는 달을 거울처럼 매끈하고 완전한 구체라고 여겼다. 지상에서 맨눈으로 볼 수 있는 달의 모습은 그 정도가 고작이었다.

갈릴레이가 직접 만든 망원경

갈릴레이가 살던 시대에는 망원경을 쉽사리 구할 수 없었다. 1608년에 네덜란드의 안경 기술자 한스 리페르셰이가 망원경을 만들었다는 소식을 들은 갈릴레이는 직접 제작에 착수해 볼록 렌즈와 오목 렌즈를 조합한 굴절 망원경을 만드는 데 성공했다(Day 011 참고).

갈릴레이의 망원경이 달을 향하다

갈릴레이는 직접 만든 망원경으로 달을 확대해서 관측함으로써 달 표면의 울퉁불퉁한 지형을 발견했다. 울퉁불퉁한 산과 계곡이 있는, 지구와 같은 지형이었다. 갈릴레이는 그 모습을 스케치해 1610년에 『별 세계의 보고(Sidereus Nuncius)』라는 책을 출간했다.

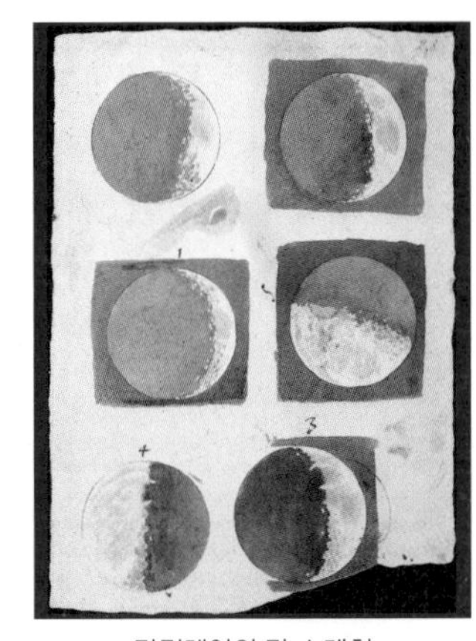

갈릴레이의 달 스케치

우주를 어떻게 탐사할까?

|우주 탐사 방법 이야기|

가설(이론)을 세우고 우주에서 오는 빛 등을 관측해서 분석한다.

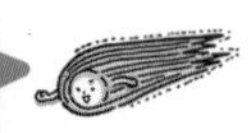

세 가지만 알면 나도 우주 전문가!

우주에서 온 메시지

우리는 우주에서 메시지를 받고 있다. 그중 하나가 빛(전자파)이다. 전파, 가시광선, 적외선, 자외선, X선 등으로 빛 사진을 촬영하거나 천체의 형태와 크기, 빛의 세기, 분포 등을 분석한다.

메시지를 어떻게 수신할까?

지상과 우주에서 빛을 수신하는 장치를 활용해서 우주를 관측한다. 장치를 망원경에 연결해서 수집한 빛을 분석한다. 이런 관측에는 광학 망원경과 전파 망원경을 사용하고 지상에 잘 도달하지 않는 빛에는 우주 망원경 등을 활용한다. 빛 외에 중성미자(neutrino)와 중력파를 분석하는 장치도 있다.

【관측 대상과 관측 장치】

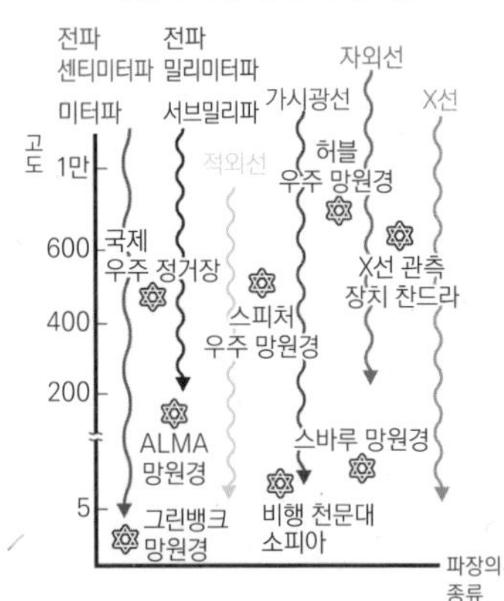

슈퍼컴퓨터가 해독!

수수께끼에 싸인 우주를 관측해서 모아들인 데이터를 어떻게 해명할지도 고려해야 한다. 우주에서 발생한 현상을 컴퓨터 시뮬레이션으로 재현하고 관측 결과를 비교한다.

망원경으로 어떻게 정보를 얻을까?

|우주 망원경 이야기|

우주를 탐사하는 망원경으로는 지상 망원경과 우주 망원경이 있다.

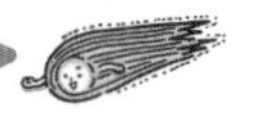

세 가지만 알면 나도 우주 전문가!

정보 수집법

우주가 너무 넓어 정보를 수집하기 어렵다. 우주 탐사선을 타고 직접 조사하러 갈 수도 있고, 우주에서 온 정보를 수집하는 망원경을 활용할 수도 있다.

지구상에서 우주를 바라보다

우주에서 도달한 가시광선과 적외선을 렌즈와 거울로 모으는 광학 망원경은 맨눈으로 볼 수 없는 전파도 관측할 수 있다. 빛을 받는 렌즈와 거울이 클수록 광학 망원경의 성능(시력)이 우수하다.

우주에서 포착

지구의 대기가 있으면 천체에서 오는 빛이 부옇게 흐려져 선명하게 보이지 않는다. 원적외선이나 X선처럼 대기가 방해해서 수집하기 어려운 빛도 있다. 그래서 대기 바깥에서 빛을 분석하는 방법을 가장 많이 활용한다. 현역 우주 망원경으로는 약 30년간 열심히 일한 허블 우주 망원경이 유명하다. 세계의 주요 대형 망원경은 미국의 하와이와 남아메리카의 칠레에 집중되어 있다.

하와이 마우나케아에 건설 예정인
초대형 망원경 TMT
© 일본 국립천문대

Day 068 우주 | 우주 관측

지상 망원경으로 어떻게 관측할까?

| 지상 망원경 이야기 |

날씨가 맑아 시야가 확 트인 날이 많고 조명이 없으며
공기가 희박한 곳이 지상 망원경을 설치하기에 최적의 장소다!

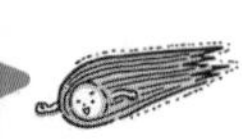

세 가지만 알면 나도 우주 전문가!

스바루 망원경

하와이섬 마우나케아(Mauna Kea)산 정상 4,207미터 지점에 일본이 건설한 지름 8.2미터의 망원경이 있다. 일곱 개의 장치를 보유하고 있는데, 그중에는 야간의 넓은 범위를 한 번에 관측할 수 있는 특별한 카메라와 대기의 흔들림을 보정해주는 '레이저 가이드 인공별을 사용한 188-요소 적응광학 시스템'도 있다.

ALMA 망원경

칠레 사막의 해발 고도 약 5,000미터 지점에 설치된 ALMA(Atacama Large Millimeter Array) 망원경은 66대의 안테나로 이루어져 있다. 미국, 캐나다, 한국, 일본, 대만, 유럽, 칠레가 공동으로 참여해 여러 대를 조합해서 만든 대형 망원경이다. 저온 가스를 관측하고 행성의 탄생 현장과 생명의 재료를 발견하는 연구를 수행하고 있다.

어느 정도 시력일까?

우리 시력을 1로 잡으면 가정용 망원경(지름 6센티미터)은 30, 스바루 망원경은 1200, ALMA 망원경의 최대(66대가 축구장 크기 부지에서 동시에 탐색) 시력은 6000이다!

모리타아레이 안테나들
X-CAM ALMA (ESONAOJNRAO)

망원경을 이용하면 어디까지 보일까?

| 관측 범위 이야기 |

지구에서 131억 광년까지 볼 수 있는데,
더 멀리까지도 관측 범위를 늘릴 수 있다!

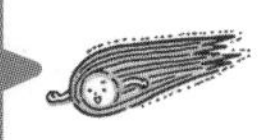

세 가지만 알면 나도 우주 전문가!

허블 우주 망원경(HST)

1990년에 발사된 지름 2.4미터의 허블 우주 망원경(Hubble Space Telescope, HST)은 자외선, 가시광선, 근적외선을 관측할 수 있다. 허블 우주 망원경이 심우주 관측으로 얻은 우주 초기 은하의 발견은 가장 유명한 성과 중 하나다.

우주의 가장 먼 곳까지 발견

2022년에 약 129억 광년(우주 탄생으로부터 9억 년) 떨어진 지점에 있는 항성의 희미한 빛을 포착했다고 발표했다. 또 더 먼 약 131억 광년에서 초거대 블랙홀로 성장할 수도 있는 천체를 발견했다.

가장 큰 별을 찾아라!

2022년 5월 조정을 마치고 관측에 들어간 제임스 웹 우주 망원경(James Webb Space Telescope, JWST)은 허블 우주 망원경의 차세대 망원경으로 여겨진다. 우주 탄생 직후에 생긴 최초의 항성과 은하를 관측할 것으로 기대된다. 하나의 망원경이 아니라 여러 개의 망원경 데이터를 조합해서 분석한다.

JWST가 관측할 수 있는
상태가 되었을 때의 이미지 그림

눈에 보이지 않는 빛까지 관측할 수 있을까?

|보이지 않는 빛 관측 이야기|

관측할 수 있다! 눈에 보이지 않는
정보(온도 등)를 가르쳐주는 중요한 열쇠가 된다.

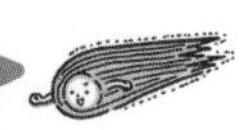

세 가지만 알면 나도 우주 전문가!

엑스레이 촬영에 사용되는 'X선'

X선은 1895년 독일의 물리학자인 빌헬름 콘라트 뢴트겐(Wilhelm Conrad Röntgen)이 발견한 빛(전자파)이다. 초고온 가스 등 초고에너지 천체 관측에 적합하다. 은하단과 블랙홀 등에서 X선이 검출된다.

난방기구와 조리용 그릴에 사용되는 '적외선'

미국 NASA의 스피처 우주 망원경(Spitzer Space Telescope)이 적외선 우주 망원경의 대명사다. 1940년대 우주 망원경 설치 계획을 최초로 제안한 라이먼 스피처(Lymann Spitzer, Jr.)의 이름에서 따왔다. 적외선 우주 망원경으로는 작은 티끌까지 관측할 수 있다.

일상 필수품으로 자리한 와이파이 '전파'

적외선으로 볼 때보다 온도가 낮은 먼지나 가스를 탐사할 수 있다. 눈(가시광선)으로 보이지 않는 깜깜한 우주에 대한 단서가 된다. 블랙홀에서 날아온 제트(jet, 밀집 천체의 회전축을 따라 방출되는 물질의 흐름)도 포착할 수 있다.

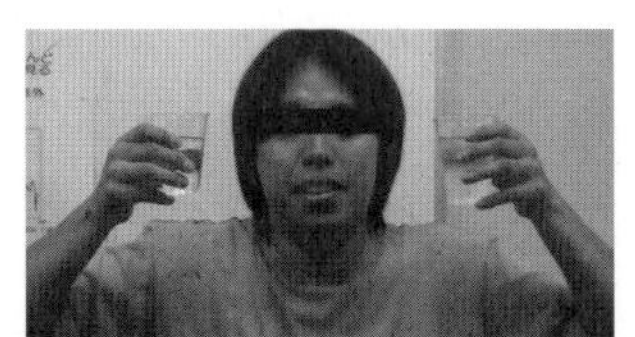

위는 가시광선으로, 아래는 적외선(파장 10마이크론)으로 본 모습.
오른손에는 찬물,
왼손에는 뜨거운 물을 들고 있다.
온도가 높을수록 적외선에서 밝게 보인다.
© 후지와라 히데아키(藤原英明)

Day 071 우주 | 우주 관측

허블 우주 망원경으로 무엇을 발견했을까?

|허블 우주 망원경 이야기|

약 30년간 허블 우주 망원경은
우주의 팽창 등 수많은 정보를 알려주었다.

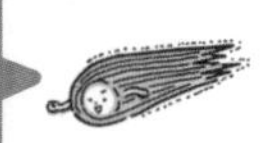

세 가지만 알면 나도 우주 전문가!

140만 회 이상 관측, 지금도 활약 중

허블 우주 망원경은 지금까지 지상 망원경으로는 상세히 알 수 없었던 우주에 대한 신비한 정보를 제공했다. 태어나서 죽어가는 별들의 반짝임은 물론 멀리 떨어진 어두운 천체까지 촬영해 선명한 사진을 전송했다. 2007년에는 은하 SDSSJ0946+1006을 관측하다가 이중 아인슈타인 고리를 포착했다. 아인슈타인 고리는 은하들이 일직선으로 되어 있을 때 보이는 고리 모양의 형상을 말한다. 물론 많은 성과를 거둔 허블 우주 망원경도 처음에는 초점이 맞지 않았다.

우주 공간에 펼쳐진 거대한 고리

은하단을 관측할 때 은하단의 강한 자력으로 공간이 왜곡되어 배경의 은하가 끌려들어가 렌즈 모양으로 보일 때가 있다. 그 '중력 렌즈' 모습이 암흑 물질(dark matter)의 존재와 공간적 확장(분포)을 일깨워주었다.

은하의 중심에 있는 거대한 블랙홀의 존재

허블 우주 망원경을 통해 우리은하(Milky Way Galaxy, 은하수은하)의 중심뿐 아니라 거의 모든 은하에 거대 블랙홀이 존재한다고 추정할 만한 근거를 발견했다.

아인슈타인 고리

지구는 어떻게 자전할까?

| 지구의 자전 이야기 |

지구는 지축 주위를, 북극성을 향해 오른쪽으로 하루에 한 번 돌며 자전한다.

세 가지만 알면 나도 우주 전문가!

지구의 자전축은 북극성을 가리킨다

어떠한 회전도 '자전축 방향', '회전 방향', '회전 속도'로 특징지을 수 있다. 아무리 회전해도 방향이 달라지지 않는 중심이 회전축이다. 지구의 자전축(지축)은 북극성을 가리킨다.

지구의 자전은 북극성을 향해 오른쪽으로 돈다

지축이 가리키는 북극성 쪽에서 지구를 바라보면 지구는 왼쪽, 즉 반시계 방향으로 자전한다. 반대로, 지구 쪽에서 보면 북극성을 향해 오른쪽, 즉 시계 방향으로 자전한다.

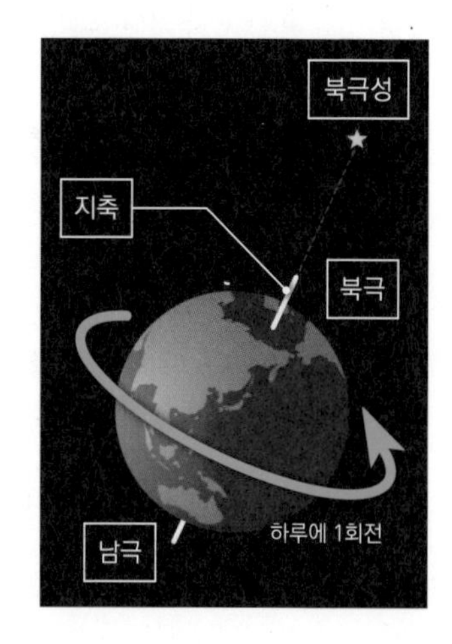

지구는 하루에 한 번 자전한다

하루의 길이는 태양이 진남(眞南)에 왔을 때부터 다시 진남에 갈 때까지의 시간을 말한다. 지구는 자전뿐 아니라 태양 주위를 도는 공전도 한다. 그래서 하루가 지나면 1회보다 약간 더 많이 자전하게 된다. 참고로, 3억 5,000만 년 전에는 1년이 약 400일로, 자전 속도가 지금보다 훨씬 빨랐던 것으로 추정된다.

Day 073

방위와 자전 방향이 관계있을까?

|방위와 자전 이야기|

지축이 가리키는 북극성을 기준으로 '동서남북'을
지평면 위에 정했다.

세 가지만 알면 나도 우주 전문가!

전후좌우와 달리 동서남북은 세계 공통

지구 위에서 생활하면 웬만해선 상하(수직) 방향이 헷갈릴 일은 없다. 하지만 전후나 좌우 방향은 사람에 따라 달라진다. 이러한 불편함을 개선해서 누구나 이해할 수 있도록 '동서남북' 방위를 정했다.

공통 기준에는 북극성이 적합하다

누구에게나 공통이 되는 기준을 정한다면 지축이 가리키는 북극성이 안성맞춤이다. 따라서 북극성이 보이는 방향을 지평선에서 '북'이라고 정했다. 북쪽 방향이 정해지면 나머지는 식은 죽 먹기다. 북쪽의 반대 방향이 '남', 북쪽을 향해 오른쪽이 '동', 왼쪽이 '서'가 된다.

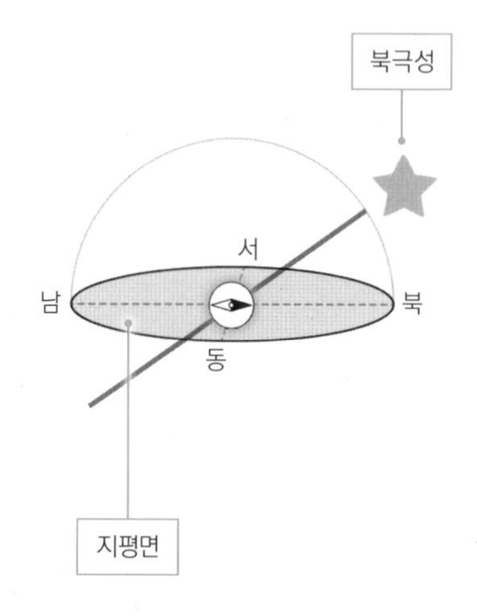

지구의 자전 방향은 서쪽에서 동쪽으로

지구는 북극성을 향해 오른쪽으로 자전한다. 즉, 서쪽에서 동쪽으로 돈다. 하지만 자전을 좀처럼 실감할 수 없다. 반대로, 태양은 동쪽에서 뜨고 서쪽으로 진다는 것을 눈으로 보고 알 수 있다.

자전축의 방향이 달라질 수 있을까?

| 지축의 방향 이야기 |

세차 운동 때문에 지축 방향이 약 2만 6,000년 주기로 변한다.

세 가지만 알면 나도 우주 전문가!

북극성을 가리키는 지구의 자전축은 23.4도 기울어 있다

지구는 자전하며 태양 주위를 1년에 걸쳐 돈다. 지구가 공전하는 면의 방향에서 23.4도 지구의 자전축이 기울어져 있다. 이 기울어진 자전축 너머에서 북극성이 빛나고 있다.

지구의 자전축은 북극성을 가리키지 않는다

팽이를 돌리면 팽이는 쓰러지기 전까지 회전축이 회전하는 세차 운동(precession)을 한다. 지구는 팽이처럼 쓰러지지 않지만, 지구의 자전축도 세차 운동을 한다. 그렇다면 북극성이 북쪽을 가리키는 길라잡이가 아니란 말일까?

【지구의 세차 운동】

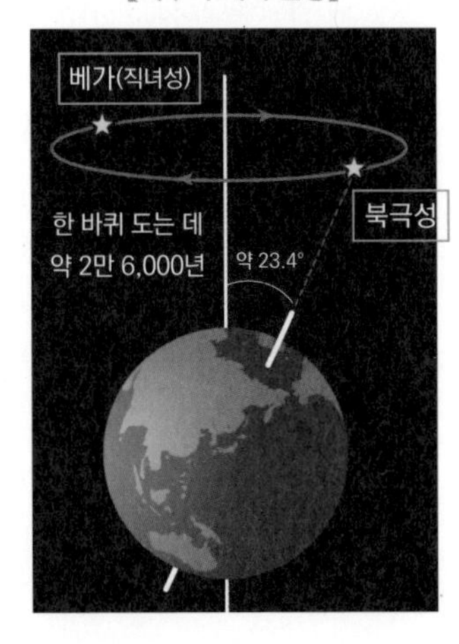

세차 운동의 주기는 약 2만 6,000년

북극성은 팽이의 세차 운동처럼 원래 위치로 돌아온다. 게다가 약 2만 6,000년 후의 이야기다. 이 주기로 보면 서기 14000년에는 거문고자리 베가(직녀성) 부근이 '북쪽'을 가리키는 길라잡이가 된다. 지축의 방향이 달라지면 사계절의 별자리도 변한다.

별 우주 지구 행성 태양 달 은하 우주개발

지구가 자전한다는 증거는 뭘까?

|자전의 증거 이야기|

'푸코의 진자' 실험으로 지구의 자전이 확인되었다.

세 가지만 알면 나도 우주 전문가!

외부에서 흐트러뜨리지 않는 한 진자의 진동면 방향은 바뀌지 않는다

회전하는 받침대 위에서 진자를 진동시켜보자. 회전대 밖에서 이 진동면을 보면 진동면이 변화하는 것처럼 보이지 않는다. 외부에서 진자를 건드려 진동면을 흐트러뜨리지 않는 한 안정적으로 운동한다.

자전하고 있으면 진동 면의 방향이 바뀐다

회전대에 타고 진자의 진동면을 보면 회전대와 반대 방향으로 회전하는 것처럼 보인다. 지구가 자전한다면 진자 진동면의 회전이 보여야 한다.

'푸코의 진자' 실험

장 베르나르 레옹 푸코(Jean Bernard Léon Foucault)는 1851년 파리의 판테온에서 공개 실험을 했다. 28킬로그램의 추를 67미터 청동 와이어에 매달고 흔들었다. 진동면이 지구가 자전한다고 예상된 만큼 회전을 보여주어 지구의 자전이 확인되었다! 참고로, 진동면은 북극점과 남극점에서 하루에 1회 도는데 적도에서는 변화가 없다.

푸코의 진자

왜 천구가 존재한다고 가정할까?

| 천구 이야기 |

천구는 별이 보이는 방향, 별끼리의 위치 관계를
생생하게 보여준다.

세 가지만 알면 나도 우주 전문가!

'천구'를 위아래로 나누는 면은 지면

'천구(天球)'란 중심에 움직이지 않는 지구를 두고, 반지름을 무한대로 해서 별과 태양을 배치한 구면을 말한다. '천구' 중심을 통과하는 평면을 위아래로 나누면 그 면은 자신이 서 있는 지면을 나타낸다고 볼 수 있다.

북극성을 배치하고 방위를 확인

'천구'와 지면이 교차하는 원주가 지평선이다. '천구'에 북극성을 배치하면 동서남북 방위를 정할 수 있다(Day 073 참고). 지평선에서 위로 가장 먼 점이 천정(天頂)이다. 천구 개념을 활용하면 천체의 위치를 방위와 높이로 편리하게 나타낼 수 있다.

별끼리의 위치 관계를 한눈에 알 수 있다

'천구'에서 별까지의 거리는 신경 쓸 필요가 없다. 별이 보이는 방향으로만 위치를 가늠하면 충분하다. 별의 위치는 구면의 한 점으로 표시된다. 따라서 구면에 배치된 별끼리의 위치 관계는 변하지 않아 이해하기 쉽다.

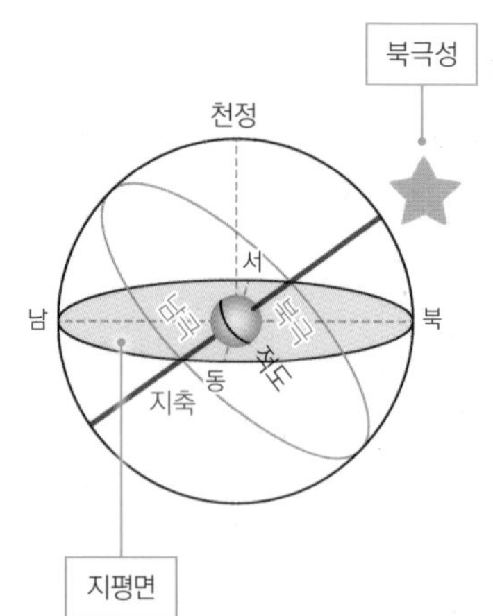

일주 운동이 뭘까?

|일주 운동 이야기|

지구의 자전으로, 천체가 지축 주위를 동쪽에서 서쪽으로 하루에 한 번 움직이는 운동이다.

세 가지만 알면 나도 우주 전문가!

태양의 일주 운동

태양은 아침에 동쪽 하늘에서 남쪽을 향해 올라가 남쪽 하늘을 동쪽에서 서쪽으로 이동한다. 정오 무렵 가장 높은 지점에 도달하고, 저녁에는 서쪽 하늘에서 북쪽을 향해 진다. 이것은 지구가 서쪽에서 동쪽으로 자전하기 때문이다.

북쪽 별의 일주 운동은 반시계 방향

북쪽 밤하늘에서는 북극성을 중심으로 큰곰자리의 북두칠성과 카시오페이아자리가 왼쪽(반시계 방향)으로 회전하는 모습을 볼 수 있다. 이러한 별의 움직임도 지구가 북극성을 향해 오른쪽(시계 방향)으로 돌며 자전하기 때문이다.

일주 운동은 자전으로 생기는 겉보기 일주 운동

지구는 지축 주위에서 북극성을 향해 오른쪽으로 돌며 하루에 한 번 자전한다. 이 움직임을 멈추면 반대로 '천구'가 지축 주위를 동쪽에서 서쪽으로 하루에 한 번 돌게 된다. 이것이 천구의 겉보기 일주 운동이다.

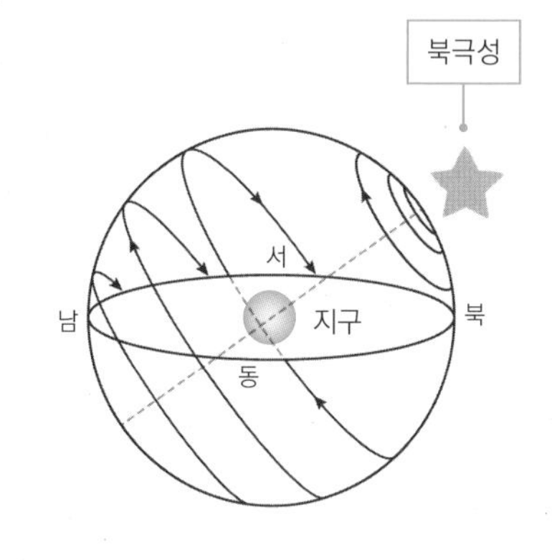

천체의 일주 운동

편서풍은 왜 불까?

| 편서풍과 자전 이야기 |

고압대에서 불기 시작한 바람이 지구의 자전 때문에
중위도 지역에서 편서풍이 된다.

세 가지만 알면 나도 우주 전문가!

바람은 기압이 높은 곳에서 불기 시작한다

바람은 기압이 높은 곳에서 낮은 곳을 향해 분다. 위도 30도 부근의 높은 지점에 지구를 아우르는 규모의 거대한 띠 모양으로 생긴 기압이 있다.

지구의 자전 때문에 바람의 방향이 달라진다

그런데 지구가 자전하면 바람이 부는 방향이 북반구에서는 오른쪽으로, 남반구에서는 왼쪽으로 쏠린다. 푸코의 진자 실험에서 관찰된 진동면의 방향을 바꾸는 그 힘이 바람에도 작용하기 때문이다 (Day 075 참고).

중위도 지역에서는 편서풍

북반구에서는 남쪽에서 북쪽을 향해 부는 바람의 방향이 오른쪽으로 쏠리면 동쪽으로 부는 바람, 즉 서풍이 된다. 남반구에서는 북쪽에서 남쪽을 향해 부는 바람의 방향이 왼쪽으로 쏠리면 동쪽으로 부는 바람, 역시 서풍이 된다. 이처럼 북반구와 남반구에서 모두 편서풍이 분다. 참고로, 자전의 영향으로 저위도 지역에서는 '무역풍'이라는 동풍이 분다.

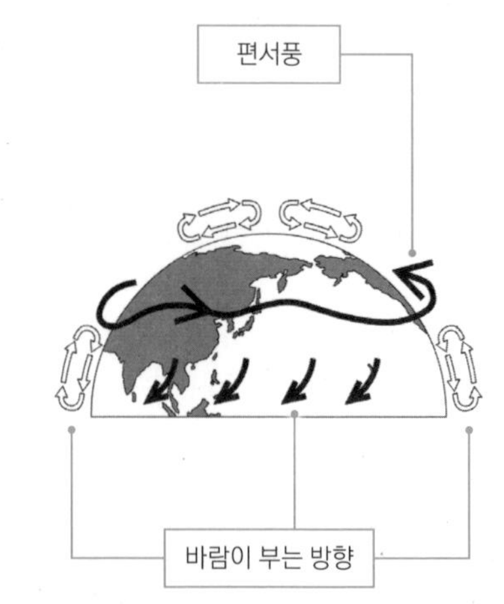

토성의 고리는 왜 벗겨지지 않을까?

| 토성의 고리 이야기 |

토성 주위를 도는 고리는 얼음 알갱이가 모여서 이루어진 것인데, 토성의 중력 때문에 고리가 벗겨지지 않고 유지된다.

세 가지만 알면 나도 우주 전문가!

고리는 얼음이 주성분이고 두께가 매우 얇다

토성의 고리는 물이 얼어서 만들어진 얼음이 주성분이다. 몇 센티미터에서 몇 미터 크기의 수많은 얼음 알갱이가 모여 이루어진 집합체로 추정된다. 고리는 토성의 중력에 의해 주위를 돌고 있다. 고리의 두께는 탐사선 보이저가 관측한 결과 몇십 미터밖에 안 될 정도로 매우 얇다.

망원경으로도 볼 수 있는 아름다운 고리

망원경으로 또렷하게 볼 수 있는 고리는 바깥에서부터 A 고리, B 고리라는 이름이 붙었다. 너비는 B 고리가 약 2만 5,000킬로미터로 가장 넓고, A 고리는 약 1만 5,000킬로미터다. B 고리 안쪽으로 반투명하고 옅은 C 고리가 있다.

지구에서 보면 고리가 때때로 사라진다

토성의 고리는 너비에 비해 두께가 매우 얇다. 그래서 지구에서 고리를 바로 옆에서 보기 전후로 며칠 간 고리를 볼 수 없다. 이를 '고리 소실 현상' 혹은 '고리 소실'이라고 한다.

고리가 있는 행성이 토성 말고 또 있을까?

|목성형 행성 이야기|

목성, 천왕성, 해왕성에도 고리가 있다.

세 가지만 알면 나도 우주 전문가!

토성 외에는 고리가 매우 얇아 관찰하기 어렵다

토성 외에 목성, 천왕성, 해왕성에서도 고리가 발견되었다. 하지만 토성의 고리만큼 발달하지 않아 가늘고 불완전한 형태다.

탄소를 대량 함유한 물질로 이루어진 고리

토성의 고리는 얼음 알갱이로 이루어져 있는데, 목성, 천왕성, 해왕성의 고리는 탄소를 대량 함유한 물질로 이루어져 있다. 그래서 지구상에서 관찰하기가 쉽지 않다.

탐사선이 발견한 목성의 고리

태양계에서 토성과 천왕성의 고리가 먼저 발견되었다. 그다음 1979년에 탐사선 보이저 1호가 목성의 위성을 발견했다. 그리고 1990년대에 탐사선 갈릴레오가 목성의 고리를 상세하게 관측했다. 천왕성과 해왕성의 고리는 보이저 2호가 1986년부터 1989년에 걸쳐 접근해 자세하게 조사했다. 지축이 크게 기울어져 있는 천왕성의 고리는 옆으로 누운 세로 방향이다.

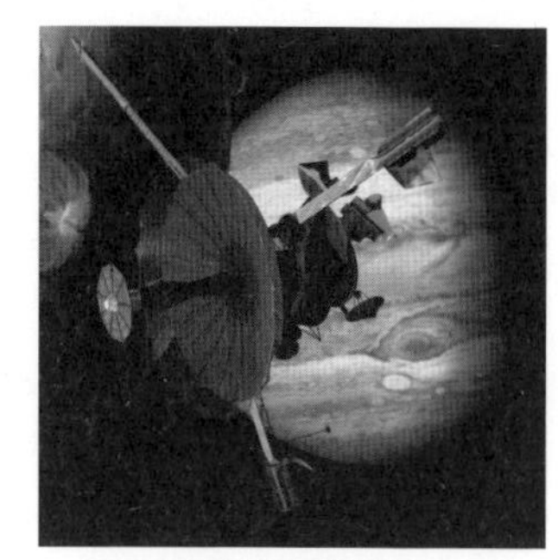

1995~2003년까지 목성의 궤도를 비행한 갈릴레오 탐사선의 이미지

Day 081

명왕성은 왜 행성이 아닐까?

| 명왕성 이야기 |

명왕성보다 큰 천체가 많이 발견되었기 때문이다.

세 가지만 알면 나도 우주 전문가!

명왕성은 다른 행성과 비교해 극단적으로 작다

명왕성은 1930년 미국의 천문학자 클라이드 톰보(Clyde Tombaugh)가 발견했다. 명왕성은 다른 행성과 비교해 공전 궤도가 극단적으로 원형이고, 황도면(黃道面, 지구의 공전 궤도면을 천구 위에 투영한 평면)에서부터 크게 기울어져 있으며, 지름이 작아 이질적인 부분이 있었다.

천체 에리스의 발견

2003년에 에리스(Eris)라는 천체(2003 UB313)가 발견되었는데, 지름이 명왕성과 거의 같거나 그 이상임이 판명되었다. 이후 에리스를 열 번째 행성으로 삼아야 할지 토론이 벌어졌다.

【왜행성인 명왕성】

행성의 기준 마련

2006년 국제천문연맹(IAU) 총회에서 '행성의 정의'를 내렸는데, '주위 천체를 중력으로 날려 보내 궤도 근처에 다른 천체가 없을 것' 등이 채택되었다. 명왕성과 에리스 주변에는 비슷한 천체가 다수 존재한다는 사실이 밝혀져 두 행성 모두 '왜행성'으로 구분되었다.

행성의 이름과 신화는 어떤 관계가 있을까?

|행성의 이름 이야기|

고대 그리스 신화와 로마 신화에 등장하는 신들의 인물에서 행성의 이름을 따왔다.

별 우주 지구 행성 태양 달 은하 우주개발

세 가지만 알면 나도 우주 전문가!

로마 신화는 그리스 신화를 계승했다

그리스 신화는 신들의 싸움이나 애증 이야기를 담고 있다. 별자리 사이를 움직이는 밝은 천체인 행성에 이 신들의 이름을 붙였다. 수성, 금성 등은 그리스 신화를 계승한 로마 신들의 이름이다.

수성, 금성, 화성, 목성, 토성의 이름 유래

태양의 주위를 움직이는 수성은 전령의 신(머큐리), 금성은 미의 여신(비너스), 붉게 빛나는 화성은 전쟁의 신(마스), 안정적으로 듬직하게 빛나는 목성은 신들의 왕자(주피터), 토성은 농경의 신(새턴)의 이름에서 유래했다. 수성과 금성, 화성이라는 이름은 고대 중국의 오행설에서 비롯되었다.

망원경으로 발견된 행성도 마찬가지

망원경 관측의 발달로 18세기에 접어들어 발견된 행성에도 마찬가지로 신들의 이름이 붙었다. 푸른빛이 나는 천왕성은 하늘의 신(우라노스), 마찬가지로 푸르게 보이는 해왕성은 바다의 신(넵튠)이라는 이름이 붙었다.

로마 신화에 등장하는 신 메르쿠리우스(머큐리)

지구에서 보이는 행성에는 어떤 것이 있을까?

|행성의 관측 이야기|

수성, 금성, 화성, 목성, 토성은 맨눈으로 볼 수 있고
천왕성과 해왕성은 망원경으로 볼 수 있다.

세 가지만 알면 나도 우주 전문가!

지구에서 가까운 행성은 고대부터 맨눈으로 관찰했다

여덟 개의 행성이 태양의 주위를 돈다. 그중에서 태양에 가까운 안쪽 다섯 개 행성(수성, 금성, 화성, 목성, 토성)은 지구와 가깝다. 지구에서 보아도 밝게 빛나 고대부터 맨눈으로 관찰했다. 지구보다 안쪽을 도는 행성을 '내행성', 바깥을 도는 행성을 '외행성'이라고 한다.

지구 안에 있느냐 밖에 있느냐에 따라 관측법이 다르다

수성과 금성은 지구보다 안쪽에서 공전하는 내행성이다. 지구에서 보면 태양 근처에 있어 보이는 시간대가 새벽이나 저녁나절로 한정되어 있다. 반면 외행성인 화성, 목성, 토성은 한밤중에도 관찰할 수 있다.

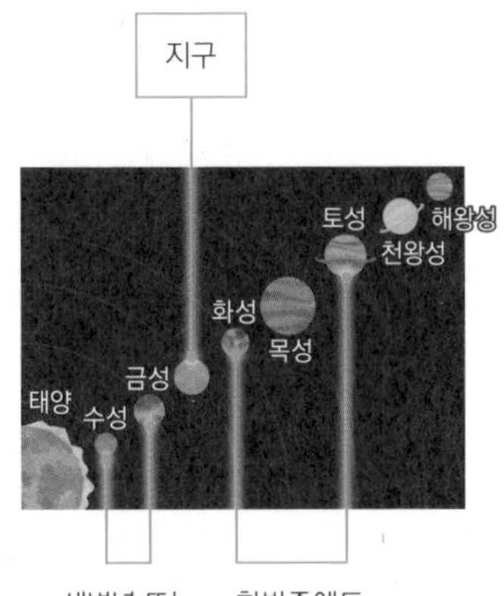

천왕성과 해왕성은 망원경으로 관찰해야 한다

다섯 개의 내행성은 일등성보다 밝다. 반면 태양에서 먼 천왕성의 밝기는 5.7등성, 해왕성은 7.8등성으로 어두워서 맨눈으로 보기 어렵다. 천왕성과 해왕성은 쌍안경이나 소형 천체 망원경을 사용해야만 제대로 볼 수 있다.

위성은 왜 행성 주위를 돌까?

|위성의 공전 이야기|

위성은 계속 아래로 떨어지려고 하지만
행성이 중력으로 끌어당기기 때문이다.

세 가지만 알면 나도 우주 전문가!

공을 잡아당기는 '중력'

지구 위에서 공을 던지면 반드시 땅바닥으로 떨어진다. 이는 중력에 의해 지구가 공을 계속 끌어당기기 때문이다.

위성은 행성의 '중력'에 의해 계속 잡아당겨진다

위성은 행성 주위에서 타원 궤도를 그리며 공전하는 천체를 말한다. 달은 지구의 위성이다. 달은 항상 지구의 중력에 의해 지구 쪽으로 끌려온다. 알고 보면 달은 계속 지구로 떨어지고 있는 셈이다.

인공위성은 초속 약 7.9킬로미터를 넘어야

공을 초속 약 7.9킬로미터(시속 약 2만 8,000킬로미터)가 넘는 속도로 던지면 공이 지상에 떨어지지 않고 지구를 돌기 시작한다. 그리고 공기의 저항이 없을 경우 줄곧 지구 주위를 돈다. 인공위성은 로켓을 이용해서 그 속도가 되도록 궤도에 발사하는 것이다. 인공위성이 되는 데 필요한 초속 약 7.9킬로미터를 '제1우주속도'라고 한다.

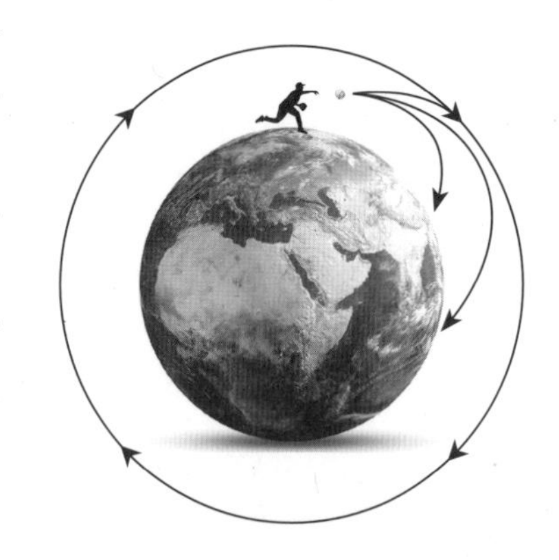

행성에는 반드시 위성이 있을까?

| 위성 이야기 |

수성과 금성에서는 위성이 발견되지 않았으나
다른 여섯 개 행성에는 위성이 존재한다.

세 가지만 알면 나도 우주 전문가!

태양계에서 총 200개가량의 위성이 발견되었다

태양계에서는 가장 안쪽을 공전하는 수성과 금성을 제외한 여섯 개 행성이 위성을 거느리고 있다. 수성과 금성은 중력이 작고 태양과 가까우므로 태양의 중력이 커서 위성이 형성되기 어렵다. 지구의 위성으로는 달이 유일하다. 화성은 포보스(Phobos)와 데이모스(Deimos)라는 두 개의 위성을 보유하고 있다. 2021년 기준으로 목성에는 80개, 토성에는 86개의 위성이 있다.

위성은 세 그룹으로 나뉜다

위성은 크기에 따라 반지름이 1,000킬로미터 이상인 대형 위성, 100킬로미터 이상인 중형 위성, 100킬로미터 이하인 소형 위성으로 나뉜다. 소형 위성은 중력이 작아 구형이 아니라 불규칙한 형태를 띠고 있다.

계속 발견되는 태양계의 위성들

탐사선 조사를 통해 위성이 꾸준히 발견되고 있다. 최근 발견된 새로운 위성은 모두 소형 위성이다. 또 최근 관측으로 왜행성과 소행성에도 위성이 존재한다는 사실이 밝혀졌다.

화성의 위성 '포보스'

Day 086

태양 표면에 보이는 흑점의 정체는 뭘까?

| 흑점 이야기 |

흑점은 세기가 지구의 1만 배 가까운 자기장이 있고 내부에서 나오는 열과 빛에 억눌려 거무스름하게 보이는 부분이다.

세 가지만 알면 나도 우주 전문가!

태양 흑점의 발견과 관측은 언제?

1128년 성베네딕트 수도회에서 파견한 영국인 수사의 연대기에 태양에 두 개의 검은 점이 나타났다는 기록이 있다. 이것이 흑점에 관한 최초의 기록이다. 그 후 1612년에 독일의 천문학자 크리스토프 샤이너(Christoph Scheiner)가 갈릴레이의 뒤를 이어 태양 흑점을 관측했다.

자기장의 영향으로 흑점이 생긴다

내부에서 나오는 자력선이 표면에 드러나는 지점에 흑점이 생긴다. 강한 자력선이 태양 내부로부터 나오는 에너지를 억제해 태양 표면보다 온도가 낮다. 흑점은 둥근 형태가 많다.

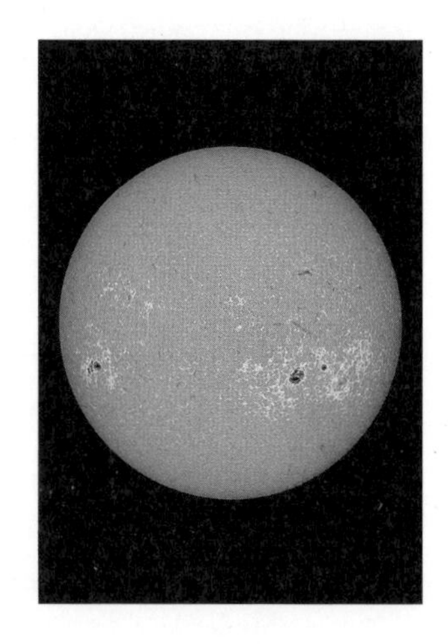

대형 흑점은 태양 활동기에 출현

태양의 활동기에는 흑점 수가 증가하고 대형 흑점이 나타난다. 태양의 활동이 억제되는 극소기에는 흑점이 없는 날도 있다. 활동기에는 암부(暗部)와 반(半)암부가 선명하게 구분되는 흑점이 나타나고, 매일 격렬하게 변화하며, 플레어 등의 폭발 현상도 발생한다.

태양의 내부는 어떤 모습일까?

|태양의 내부 이야기|

태양의 내부는 수소가 고밀도로 압축된
헬륨으로 바뀌는 섭씨 약 1,600만 도의 고온 세계다.

세 가지만 알면 나도 우주 전문가!

태양의 중심에서는 핵융합 반응이 일어난다

태양의 중심에서는 수소가 압축되어 고온이 되고, 수소 원자 네 개에서 헬륨 원자 한 개가 만들어지는 핵융합 반응이 일어난다. 태양의 중심핵은 반지름 10만 킬로미터가량으로 추정된다. 중심핵 바깥쪽 60만 킬로미터는 방사에 의해 에너지가 시간을 두고 운반된다.

중심에서 생성된 에너지를 전달하는 대류층

태양의 표면에서 10만 킬로미터까지를 '대류층'이라고 한다. 방사층에서 에너지를 받아 수소가 분리되어 빛을 방출한다. 핵 외부는 섭씨 약 800만 도이고, 대류층 바깥은 섭씨 약 70만 도다.

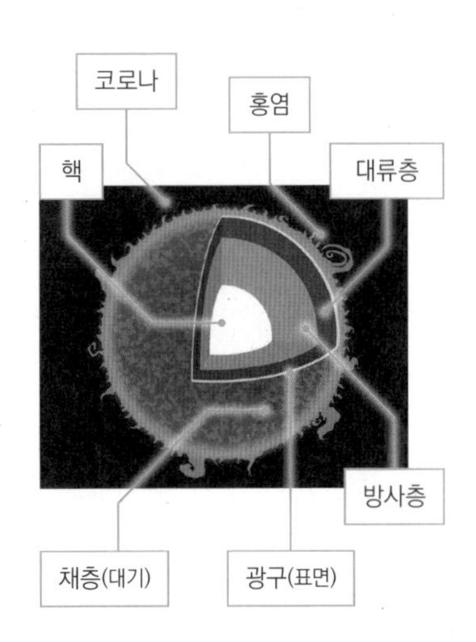

우리가 볼 수 있는 광구

맨눈으로 관찰할 수 있는 태양은 '광구(光球)'라고 부르는 층이다. 광구는 두께 500킬로미터가량으로, 온도는 섭씨 약 6,000도다. 광구에서 빛과 에너지가 우주로 방출된다.

태양에서는 어떤 반응이 일어날까?

|핵융합 이야기|

태양의 내부에서는 고온 고압으로 핵융합 반응이 일어나 막대한 에너지를 방출한다.

세 가지만 알면 나도 우주 전문가!

핵융합 반응이 일어난다

태양 중심의 핵에서는 수소가 핵융합 반응을 일으킨다. 중심은 약 2,500억 기압에 섭씨 약 1,600만 도의 고온으로, 상상조차 할 수 없는 세계다. 핵융합 반응으로 네 개의 수소 원자가 충돌을 일으켜 한 개의 헬륨 원자가 생성된다.

에너지는 긴 세월에 걸쳐 표면으로

중심부의 핵융합 반응으로 만들어진 에너지는 핵과 방사층이 고압이라서 서서히 전달된다. 대류층에서 부침을 거듭한 에너지는 십수만 년에 걸쳐 가까스로 빛이 되어 표면으로 나온다고 알려져 있다. 이 사실을 통해 태양의 규모가 얼마나 어마어마한지 짐작할 수 있다.

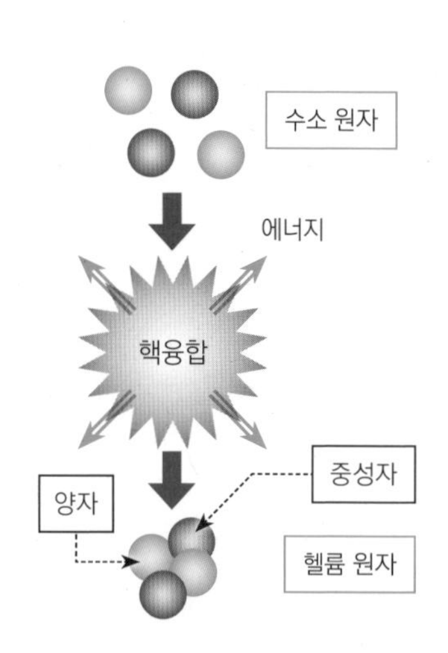

막대한 에너지를 만들어낸다

핵융합 반응에서는 질량이 에너지로 전환된다. 태양은 1초 동안 약 430만 톤의 질량을 38억 6,000만 메가와트의 1조 배에 상당하는 전력으로 바꾼다. 이는 수소 폭탄 수만 개 분량의 엄청난 에너지다.

태양의 수명은 어느 정도일까?

| 태양의 수명 이야기 |

항성은 질량으로 수명이 결정되며, 태양의 수명은 약 100억 년이다. 앞으로 약 50억 년 남았다.

세 가지만 알면 나도 우주 전문가!

핵융합 반응이 끝날 때까지 약 50억 년

태양은 수소의 핵융합 반응으로 계속 빛을 낸다. 필요한 수소가 헬륨으로 전환되고, 그 후 헬륨이 핵융합 반응을 일으켜 수명이 정해진다. 태양 정도의 질량을 가진 항성은 수명이 약 100억 년으로 추정된다.

수명은 계산으로 구할 수 있다

태양의 수명은 태양의 질량과 수소의 소비량으로 계산할 수 있다. 태양의 질량 중 쓸 수 있는 수소의 양을 1초 동안 핵융합으로 어느 정도 사용하는지 나누어 그 수치가 얼마 만에 소진되는지 구할 수 있다.

태양의 수명이 소진되는 시기는?

태양은 1억 년에 1퍼센트씩 밝아진다는 연구 보고가 있다. 5억 년이 지나면 지구의 기온이 상당히 상승하고 바닷물이 증발해 생물이 멸종한다. 그리고 약 50억 년 후에는 거대해진 태양이 지구를 집어삼킨다. 태양의 최후는 폭발하지 않고 가스를 방출한 행성상 성운이 된다.

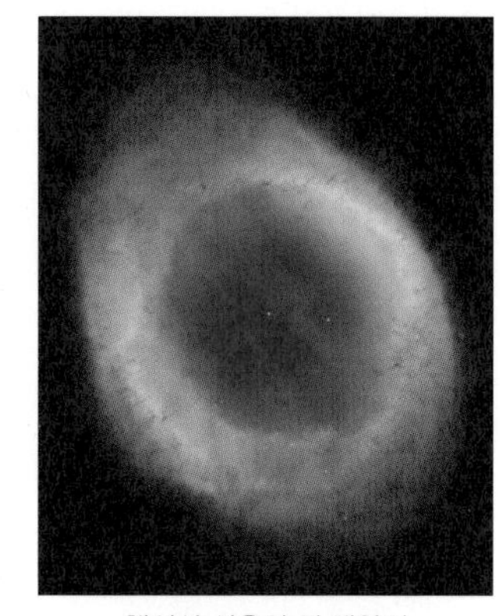

행성상 성운이 된 태양의
최후 모습 이미지

홍염이 뭘까?

|홍염 이야기|

태양의 표면 바로 바깥에서 각각 변화하는
밝은 불기둥 형상을 '홍염'이라고 한다.

세 가지만 알면 나도 우주 전문가!

개기 일식 때 발견된다

홍염(prominence)은 개기 일식 때 발견되어 태양 가장자리의 신기루로 여겨졌다. 1860년 일식 때 사진으로 관측되어 태양에서 기원한 현상임을 알게 되었다. 그 후 분광 관측을 통해 주로 수소 원자의 빛으로 빛난다는 것이 판명되었다.

수소 원자가 방출하는 붉은빛

홍염은 태양 대기 하층의 채층 일부가 태양 내부에서 나온 자력선을 따라 태양 대기 중으로 돌출한 플라스마(plasma)다. 주로 수소 원자 특유의 붉은빛을 내뿜는다. 특수 필터를 사용해야만 관측할 수 있다.

형태와 보이는 기간이 다양

변화무쌍해 몇 시간 안에 소멸하는 활동형 홍염도 있고, 벽처럼 보이며 몇 개월씩 존재하는 정온형 홍염도 있다. 상황에 따라 지구 지름의 20배 높이로 솟아오르기도 하고, 광구 면에서 빛이 홍염에 흡수되어 암조(dark filament)로 나타나기도 한다. 길이가 태양의 4분의 1바퀴가 넘는 거대한 홍염도 있다.

활동형 홍염

별 우주 지구 행성 태양 달 은하 우주개발

채층과 플레어가 뭘까?

|채층과 플레어 이야기|

태양의 광구 바로 바깥을 '채층'이라 하고, 자기장 에너지로 발생하는 태양 표면의 폭발 현상을 '플레어'라고 한다.

세 가지만 알면 나도 우주 전문가!

채층은 태양의 대기와 같은 현상

지구의 대기처럼, 태양 바깥에도 두께 2,000~3,000킬로미터의 가스층이 존재하는데, 이것을 '채층(chromosphere)'이라고 한다. 수소 원자가 방출하는 붉은빛을 강하게 내뿜어 개기 일식이 일어날 때는 선명한 붉은빛을 볼 수 있다. 광구보다 자기장의 영향을 쉽게 받아 격렬한 변화를 일으킨다.

태양 플레어는 대기 중에서 일어나는 폭발 현상

태양 플레어(flare)는 태양 표면의 강력한 자력선이 결합하거나 조각조각 찢어질 때 큰 에너지가 빛으로 관측되는 현상이다. 태양 플레어로 태양 대기 가장 바깥 부분의 코로나 플라스마가 우주 공간으로 대량 방출되기도 한다.

거대한 플레어는 지구에 영향

태양 플레어로 방사선과 에너지가 높은 전기를 지닌 입자가 발생해 우주 공간으로 방출된다. 이 플레어가 지구 방향으로 방출되면 지구의 전리층이 교란되어 통신 장애와 대규모 정전 사태를 일으킬 수도 있다.

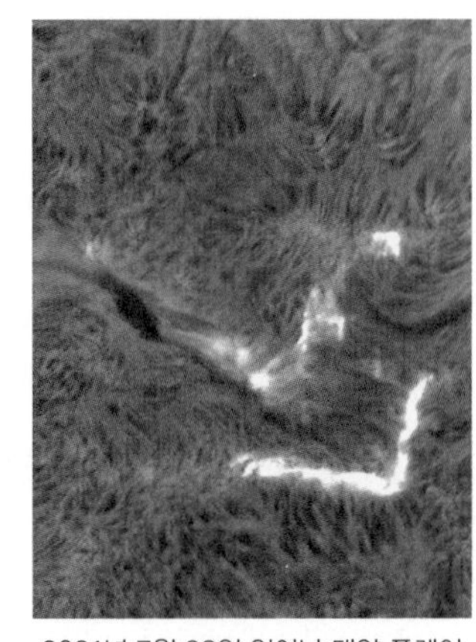

2021년 7월 28일 일어난 태양 플레어

Day 092

코로나가 뭘까?

|코로나 이야기|

개기 일식 때 발견된, 태양 주위에 있는 매우 옅은 대기다.

세 가지만 알면 나도 우주 전문가!

개기 일식 때 발견된다

코로나(corona)란 개기 일식 때 검은 태양 주위에 희미하게 빛나는 채층 바깥 대기를 말한다. 밝기는 태양의 약 100만분의 1 수준이다. 크기와 형태는 태양 활동기와 밀접하게 연관되어 있다. 태양의 표면 온도는 섭씨 6,000도, 코로나의 온도는 섭씨 100만 도 이상이므로, 특별한 장치를 사용하지 않는 한 개기 일식 때만 관측할 수 있다.

자기장의 영향으로 방사상으로 보인다

태양 대기라 해도 코로나는 구체가 아니고, 밝기도 균일하지 않으며, 자력선과 같은 가느다란 줄무늬가 보인다. 태양 활동 주기가 활발할 때는 둥글고 잠잠할 때는 적도 방향으로 뻗어나가는 형태를 띤다.

개기 일식과 코로나
©·시오다 가즈오(塩田和生)

코로나는 플라스마가 빛을 낸다

코로나는 수소 원자가 원자핵(양이온)과 전자가 제각각 분리된 상태로 고온의 '플라스마'로 존재하며 빛을 낸다. 기압은 지구의 1억분의 1인데, 전자가 거세게 날아다녀 고온이 된다.

행성은 어떻게 움직일까?

|행성의 움직임 이야기|

별자리 안에서 날마다 위치를 바꿔 움직인다.

세 가지만 알면 나도 우주 전문가!

행성은 태양 주위를 돈다

밤하늘에 빛나는 별은 대부분 엄청 멀리 떨어져 있어 위치 관계가 변하지 않는다. 수성과 금성은 지구 안쪽을 돌고, 화성과 목성, 토성 등은 지구 바깥을 돈다. 그래서 행성이 별 사이를 움직이며 보이는 것이다.

'샛별', '개밥바라기별' 등 다양한 별명으로 불린 금성

저녁나절 서쪽 하늘과 새벽녘 동쪽 하늘에 또렷하고 밝게 빛나는 별을 찾았다면 금성일 가능성이 크다. 금성이 태양 왼쪽에 있을 때는 태양보다 늦게 저물어 '저녁샛별'이 되고, 태양 오른쪽에 있을 때는 태양보다 일찍 떠 새벽녘에 보인다.

바깥을 도는 행성은 지구에 추월당한다

지구가 태양을 한 바퀴 돌려면 1년이 걸린다. 지구보다 바깥을 도는 별은 시간이 더 걸려 지구는 약 2년 2개월마다 화성을 추월한다. 추월을 전후해 별자리 안에서 왼쪽으로 움직이던 화성이 오른쪽으로 움직이고, 다시 왼쪽으로 움직이는 것처럼 보인다.

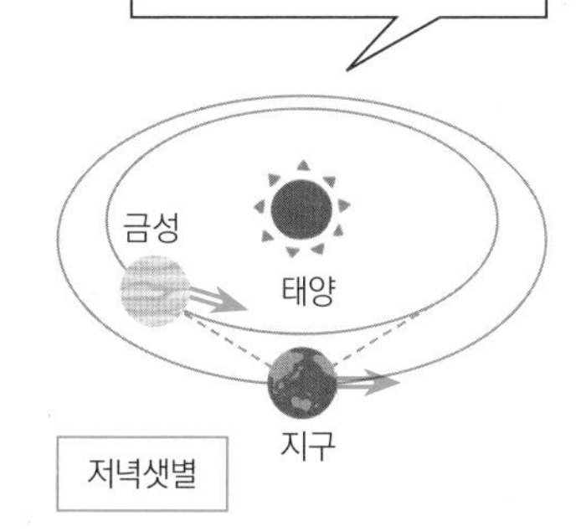

행성과 항성을 어떻게 구분할까?

|행성과 항성의 구분법 이야기|

별자리 조견반에 없는 별이냐, 깜빡이는 별이냐 등 기준이 있다.

세 가지만 알면 나도 우주 전문가!

별자리 조견반에 없는 밝은 별

모든 행성은 태양의 빛을 반사해서 빛나기 때문에 지구와의 위치 관계에 따라 밝기가 달라진다. 맨눈으로 관찰할 수 있는 수성, 금성, 화성, 목성, 토성은 모두 밝다. 매일 위치를 바꿔 별자리 조견반에 없는 밝은 별은 대부분 행성이다.

깜빡이는 별과 깜빡이지 않는 별

반짝반짝 빛나는 별이 깜빡깜빡하는 모습으로 보이는 것은 흔들리는 대기의 영향 때문이다. 맨눈으로는 구별하기 어렵다. 행성은 항성보다 크기 때문에 깜빡이는 모습으로 보인다. 하지만 대기가 안정되어 별이 깜빡이지 않는 날에는 이 방법을 사용할 수 없다.

천문 잡지와 인터넷 정보

행성은 밝아서 위치를 알면 표식으로 삼아 별자리 찾기에 활용할 수 있다. 스마트폰과 태플릿PC의 천문 애플리케이션을 이용하는 방법도 있다. 천문 잡지와 각국 천문연구원 홈페이지 등에 들어가면 행성의 위치 정보를 비롯해 다양한 천문 관련 자료를 얻을 수 있다.

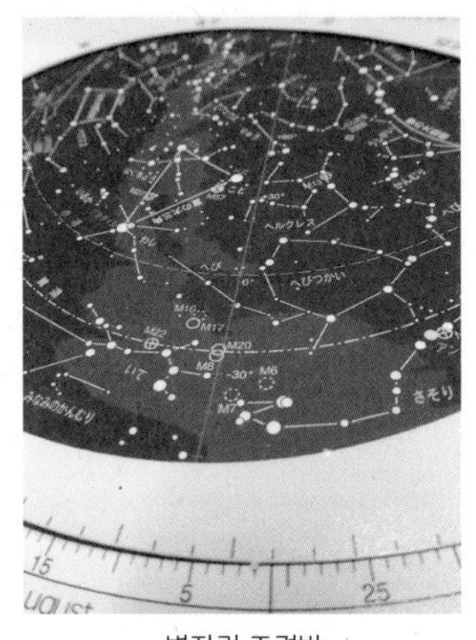

별자리 조견반

낮에는 왜 별이 보이지 않을까?

|낮의 별 이야기|

별은 낮에도 빛나지만 하늘이 밝아서 보이지 않는다.

세 가지만 알면 나도 우주 전문가!

주위가 밝으면 어두운 대상은 보이지 않는다

구름 등이 가리지 않으면 낮이나 밤이나 별빛은 지상에 도달한다. 그러나 낮에는 햇빛으로 인해 너무 환해 가냘픈 별빛이 보이지 않는다. 밤에도 달빛이나 가로등 등으로 하늘 주위가 희뿌하게 밝으면 볼 수 있는 별의 수가 줄어든다.

낮에도 보이는 별이 있다

일등성처럼 밝은 별은 망원경으로 별 주위를 확대하면 푸른 하늘에 오도카니 빛나는 모습을 볼 수 있다. 극도로 밝은 별은 낮의 달처럼 맨눈으로도 볼 수 있다.

【낮의 금성】

ⓒ 일본 국립천문대

낮에 금성 찾기에 도전해보자

한국의 경우, 한국천문연구원에서 운영하는 천문우주지식정보에 접속해 지도를 클릭하면 전국 각 지역의 월별 해와 달 출몰 시각을 확인할 수 있다. 또 월별 주요 천문 현상을 정리한 달력 등을 활용해 금성이 태양과 어느 정도 떨어져 있는지 확인한 뒤, 건물 등 차폐물을 활용해 햇빛을 가려가면서 낮에 금성을 찾아보자.

별의 움직임이 북쪽과 남쪽 하늘에서 같을까?

| 별의 움직임 이야기 |

별의 움직임은 보는 각도에 따라 달라지는데, 모두 규칙적으로 움직인다.

세 가지만 알면 나도 우주 전문가!

남쪽 하늘에서는 별이 동쪽에서 서쪽으로 움직인다

하나의 별에 초점을 맞춰 집중적으로 관찰하면 동쪽 지평선에서 떠오른 별이 남쪽으로 움직이는 것을 확인할 수 있다. 그리고 남쪽 하늘에서는 동쪽에서 서쪽으로 움직여 서쪽 지평선으로 저문다. 정동에서 떠오른 별은 정서로 지고, 남동에서 떠오른 별은 남서로 진다. 정동에서 떠오른 별이 정서로 지는 데는 12시간이 걸린다.

북쪽 하늘의 움직임은 남쪽 하늘과 다르다

북쪽 하늘에서도 동쪽보다 지평선에서 뜬 별은 남쪽으로 움직인다. 그런데 북극성 주위를 돌듯이 움직여 서쪽보다 지평선으로 진다. 그리고 북동에서 뜬 별은 북서로 진다. 북극성과 가장 가까운 별은 저물지 않고 북극성 주위를 돈다.

【전체 천구에서 별의 움직임】

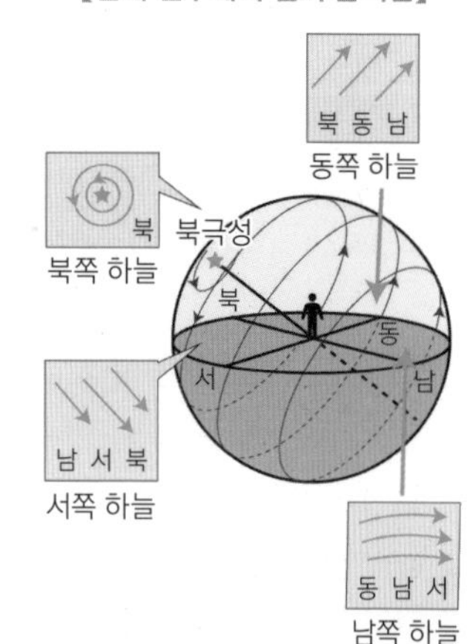

별의 배치는 달라지지 않는다

북쪽 하늘이든 남쪽 하늘이든 별이 움직여도 별의 배치는 바뀌지 않는다. 따라서 별자리 형태도 달라지지 않는다.

왜 붉은 별과 푸른 별이 있을까?

|별의 색깔 이야기|

항성의 색깔은 표면 온도와 관계있고,
행성의 색깔은 행성의 대기와 지표의 양상으로 달라진다.

세 가지만 알면 나도 우주 전문가!

별에는 색깔이 있다

사람의 눈은 밝을 때 색을 감지한다. 예를 들어, 전갈자리의 안타레스와 오리온자리의 베텔게우스는 붉은색, 거문고자리의 베가는 흰색, 처녀자리의 스피카와 오리온자리의 리겔은 청백색이다. 밝은 별은 색깔 차이를 알기 쉽다.

항성의 색깔은 표면 온도 차이 때문

항성의 색깔이 차이 나는 이유는 표면 온도 때문이다. 붉은 별은 온도가 낮고 온도가 높아짐에 주황색, 노란색, 흰색, 청백색으로 달라진다. 안타레스의 표면 온도는 섭씨 약 3,500도이고 베가는 섭씨 약 9,500도, 태양은 노란색 별로 섭씨 약 6,000도다. 화성이 붉은 별인 이유는 화성의 흙이 적갈색이기 때문이다.

【대표적인 일등성의 색깔과 온도】

색	표면 온도(K)	예
빨간색	~3,500℃	안타레스 (전갈자리)
주황색	3,500 ~6,000℃	아크투루스 (목동자리)
		폴룩스 (쌍둥이자리)
노란색	6,000℃	태양
		카펠라 (마차부자리)
연노란색 (담황색)	6,000 ~7,000℃	프로키온 (작은개자리)
하얀색	7,000℃ ~1만℃	시리우스 (큰개자리)
파란색	1만℃~	스피카 (처녀자리)

대기의 장난

마차부자리의 노란색 별 카펠라는 초겨울에 북동쪽 지평선에서 떠오른다. 빨간색, 초록색, 보라색 등으로 순식간에 빛이 변해 무지개 별이라는 별명이 붙었다.

별
우주
지구
행성
태양
달
은하
우주개발

별이 총총한데 밤하늘은 왜 깜깜할까?

|우주의 넓이 이야기|

별의 수는 유한한데, 138억 광년보다 먼 별의 빛은 지구에 도달하지 않기 때문이다.

세 가지만 알면 나도 우주 전문가!

무한한 우주에서 별이 무한하다면 밤하늘은 별처럼 환히 빛나야 한다

멀리 떨어진 별빛은 약하지만 멀어지면 별의 수도 늘어난다. 그래서 밤하늘의 별빛으로 낮보다 수만 배 밝아진다는 계산이 성립한다. 하지만 현실의 밤하늘은 깜깜하다. '올베르스의 역설(Olberssches Paradoxon)'로 일컬어지는 이 문제는 천문학자들의 골머리를 썩이는 난제다. 참고로, 만약 지구에 대기가 없다면 태양이 나온 낮에도 하늘이 깜깜할 것이다.

우주의 나이는 약 138억 년

20세기에 미국 천문학자 에드윈 허블(Edwin Hubble)의 관측으로 우주가 팽창한다는 사실이 발견되었다. 빅뱅이라 불리는 우주의 탄생 순간도 밝혀졌다. 우주의 나이는 약 138억 년이나 된다. 즉, 약 138억 광년보다 먼 곳의 빛은 아직 지구에 도달하지 않는다.

【올베르스의 역설】

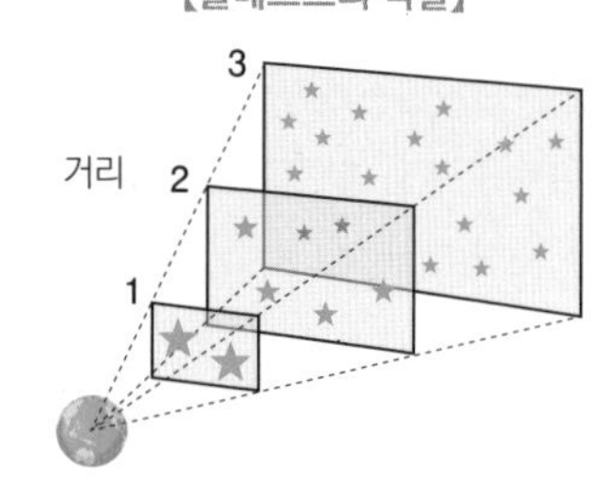

겉보기 밝기	1	1/4	1/9
별의 수	1	4	9

별은 무한하지 않다

허블 우주 망원경으로 관측한 사진을 통해 우주에 존재하는 은하의 수가 약 2조 개임을 알게 되었다. 별은 무한하지 않다.

우주 개발은 어떻게 진행되고 있을까?

|세계의 우주 개발 이야기|

미국은 NASA, 일본은 JAXA, 한국은 ALIO가
우주 개발 산업을 주도하고 있다.

세 가지만 알면 나도 우주 전문가!

처음에는 다양한 기관에서 우주 개발에 착수했다

일본은 우주과학연구소에서 일본 최초의 인공위성 '오스미(Ōsumi)' 등 다수의 과학 위성을 발사했다. 한국은 1999년 과학 위성 우리별 3호를 비롯해 다양한 과학 기술 위성을 여러 정부 기관과 기업에서 발사했다.

국제 경쟁 입찰과 행정 개혁

미국 무역 정책의 영향으로 각국의 실용 위성은 비용이 저렴한 국가에서 발사하게 되었다. 일본에서는 정부가 행정 개혁에 나서 우주과학연구소와 우주개발사업단, 차세대 항공기를 연구하는 항공우주기술연구소를 통합해 우주항공연구개발기구(JAXA)가 발족되었다. 한국에서는 한국항공우주연구원(ALIO)의 주도하에 '아리랑' 1~7호가 발사되었다.

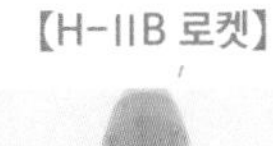

【H-IIB 로켓】

각국에 우주 관련 법령 존재

1957년 소련이 세계 최초 인공위성인 스푸트니크(Sputnik) 1호를 발사하자 미국 의회는 우주법을 통과시켜 미국항공우주국(NASA)을 창설했다.

최초의 펜슬 로켓은 뭘까?

|펜슬 로켓 이야기|

일본 이토가와 히데오 교수 연구팀이 개발한 소형 로켓이다.

세 가지만 알면 나도 우주 전문가!

새로운 도전

일본 도쿄 대학교 이토가와 히데오(糸川英夫) 교수 연구팀은 뒤처진 항공기술을 따라잡기보다 세계적으로 개발이 시작된 로켓에 도전하기로 했다. 국제 지구 관측년(International Geophysical Year, IGY)에 우주 관측을 위해 로켓을 발사한다는 개발 목표로 연구에 착수했다.

처음에는 작은 로켓

최초로 발사한 로켓은 길이 23센티미터, 무게 200그램이었다. 예산도 적고 소량의 화약밖에 입수하지 못해, 대형 로켓을 제작할 수 없었다. 그러나 소형 로켓으로 대량의 기초 데이터를 수집했다.

수평으로 발사

발사한 로켓을 추적할 레이더가 없어 수평으로 발사했다. 로켓은 도선을 감은 종이 스크린을 연달아 찢으며 날아갔다. 종이를 감은 도선이 찢어지는 시간차를 전기적으로 기록해 속도 변화를 분석했다.

【펜슬 로켓 수평 발사 실험 장치】

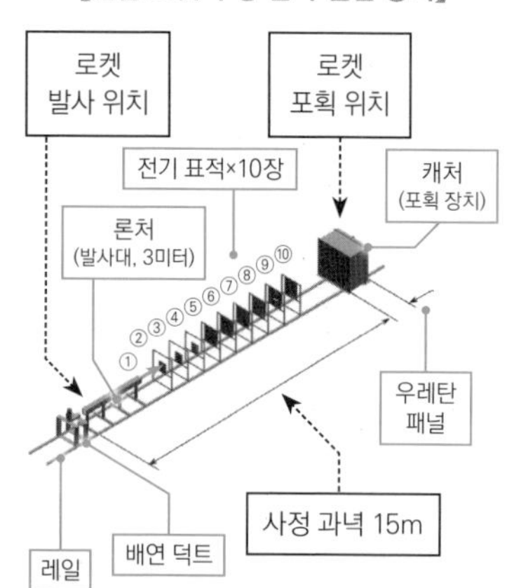

Day 101

갓파 로켓이 뭘까?

|갓파 로켓 이야기|

일본이 IGY를 목표로 개발한 기상 관측 로켓이다.

세 가지만 알면 나도 우주 전문가!

IGY 기간은 1957년 7월부터 1958년 12월까지

일본은 1955년 4월 펜슬 로켓을 발사한 지 몇 년 만에 고층 대기 관측 로켓을 제작했다. 로켓은 펜슬 로켓에서 베이비 로켓, 갓파 로켓으로 이름을 바꾸며 점점 덩치를 키워 대형 로켓으로 발전했다.

갓파 로켓은 고체 연료 로켓

세계적으로 목표 고도 100킬로미터를 달성한 로켓은 액체 연료 로켓뿐이었다. 고체 연료는 로켓의 구조가 단순하지만 한 번 점화하면 점화 장치를 끄기 어려워 제어하기 까다롭다. 하지만 난관을 극복하고 1958년 9월 고도 50킬로미터의 바람과 기온 등을 관측하는 데 성공했다.

IGY에 자국 로켓으로 참가할 수 있는 국가

1957년에 구소련이 최초로 스푸트니크 1호를 발사한 이후 미국, 프랑스, 일본, 중국 등도 우주 개발에 뛰어들었다. 한국은 스푸트니크 1호가 발사된 지 35년 만인 1992년에 첫 위성인 우리별 1호를 발사했다.

갓파 6형인 K-6 로켓 발사 순간

Day 102

M-V 로켓이 뭘까?

| M-V 로켓 이야기 |

일본은 과학 위성 발사용 로켓 하야부사(はやぶさ)를 발사했다.

세 가지만 알면 나도 우주 전문가!

독자적인 고체 연료 로켓을 개발하고 발사

M-V 로켓은 일본이 대기를 관측하는 갓파 로켓, 일본 최초의 인공위성을 발사한 람다(Lambda) 4S 로켓에 이어 개발한 고체 연료 로켓이다. '하루카', '노조미', '하야부사', '스바루' 등 여섯 개의 위성과 탐사선을 궤도에 올렸다.

지구의 중력권을 탈출하는 탐사선

고체 연료 로켓으로 행성 탐사선을 발사하는 작업은 불가능하다는 것이 국제적인 상식이었다. 그러나 일본 과학자는 연구를 거듭해 까다로운 로켓 제어 작업에 성공해 보조 로켓을 활용하고 지구의 중력권 밖으로 탐사선을 발사했다.

고체 연료로는 세계 최고 성능 로켓

일본 정부가 주도하는 M-V 로켓은 1989년에 지름 1.4미터까지라는 제한이 해제되어 크기와 발사 능력이 향상된 세계적 수준의 로켓으로 개발되었다. 참고로, 2020년 한국과 미국은 우주발사체(로켓)에 대한 고체 연료 사용 제한을 해제하는 '새 미사일 지침'에 합의했다.

하야부사를 발사한
M-V 로켓 5호기

대형 로켓 개발은 어떻게 추진되고 있을까?

| 액체 연료 로켓 이야기 |

액체 연료를 사용한 대형 로켓을 개발해 실용 위성을 발사하고 있다.

세 가지만 알면 나도 우주 전문가!

미국의 기술을 이용한 최초의 대형 로켓 발사

고체 연료로는 대형화하기가 어렵다. 액체 연료 로켓을 개발하기 위해 일본 정부는 1969년에 우주개발사업단을 설립했다. 미국의 기술을 도입해 N-II 로켓으로 기술이 단숨에 발전했다. 한국은 러시아와 국제협약을 맺고 1단 액체 추진제와 2단 고체 추진제로 구성된 2단형 우주발사체 나로호를 개발해 2013년 발사에 성공했다.

발사에 성공한 N-I 로켓

1단 로켓은 N-II와 마찬가지로 미국 기술을 사용했으나 2단과 3단 로켓은 일본 독자 기술로 개발한 N-I 로켓을 1986년에 발사했다.

실용 위성 발사

일본은 N-I 로켓으로 기상 위성 '히마와리'와 방송 위성 '유리', 지구 자원 위성 '후요' 등 실용 위성을 발사해 일기예보와 위성방송 등 우리 생활과 밀접한 우주 개발이 이루어졌다. 참고로, 미국, 구소련, 영국, 일본 등은 정지 위성 발사에 성공했다.

일본 최초로 정지 위성을 발사한 N-I 로켓 3호기

H-ⅡA는 어떤 로켓일까?

| H-ⅡA 로켓 이야기 |

H-II 로켓의 신뢰성을 높여
생산 비용을 절반 이하로 절감한 로켓이다.

세 가지만 알면 나도 우주 전문가!

H-II 로켓을 재설계

산업 로켓 개발의 국제 경쟁이 시작된 상황에서 고성능으로 신뢰성이 높으며 비용이 적게 드는 로켓을 목표로 재설계해 2001년에 H-ⅡA 1호기가 발사되었다.

20년 동안 발사 성공률 97.8퍼센트

H-ⅡA 로켓은 2001년부터 2021년까지 45회 발사됐으며, 2003년에 딱 한 차례 실패했다. 성공률이 높아 세계적으로 신뢰를 얻고 있다. H-ⅡA 로켓은 50호기까지만 운용할 예정이다. 한국은 2010년부터 2018년에 걸쳐 한국형 발사체 개발 계획을 3단계로 추진하고 있다.

민간 기업의 우주 진출

최근에는 일론 머스크(Elon Musk)의 미국 민간 우주 기업 스페이스 X(Space X)의 혁신적인 재사용 발사체가 등장하면서 유럽, 일본 등 여러 나라가 저비용·고효율 발사체 개발을 추진하고 있다. 또한 세계 여러 스타트업 기업에서는 초소형 위성 발사가 가능한 초소형 발사체를 개발 중이다.

고체 로켓 부스터를 4기 사용한
H-IIA 29호기

기간 로켓이 뭘까?

|기간 로켓 이야기|

우주에 물체를 쏘아 올리고 싶을 때
다른 나라의 영향을 받지 않고 발사하기 위한 로켓이다.

세 가지만 알면 나도 우주 전문가!

다른 나라의 영향을 받지 않고 발사할 수 있는 로켓

외국의 기술을 활용한 로켓에는 관측 위성밖에 사용할 수 없는 등 개발국마다 제한이 설정되어 있다. 기간(基幹) 로켓이란 다른 나라의 영향을 받지 않고 우주에 물체를 올리는 운송 시스템이다. 일본에서는 H-ⅡA/B 로켓, 엡실론 로켓이 기간 로켓으로 지정되었다.

엡실론 로켓

일본은 M-V와 H-ⅡA의 고체 연료 로켓 기술을 활용해 2013년에 1호기를 발사했다. 소규모 인원으로 발사 관제 등의 발사 운용과 복수 위성 동시 발사 등 많은 성과를 거두었다.

H3 로켓

H3 로켓은 H-ⅡA/B 로켓이 보유한 고도의 기술과 높은 신뢰성을 그대로 계승하고 저비용으로 사용하기 편리한 로켓을 목표로 개발되었다. 1단 엔진과 고체 로켓 부스터의 수를 바꿔 다양한 크기와 궤도 위성을 발사할 수 있다.

【다양한 H3 로켓 기체】

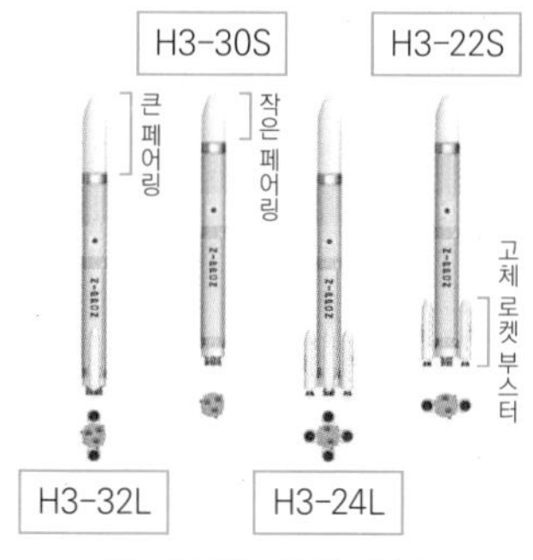

32L의 '3'은 1단 엔진의 수,
'2'는 고체 로켓 부스터의 수,
S·L은 페어링의 크기를 나타낸다.

별 우주 지구 행성 태양 달 은하 우주개발

Day 106

지구의 공전에는 어떤 특징이 있을까?

|지구의 공전 이야기|

지구의 공전으로 지구와 태양의 관계가 주기적으로 변한다.

세 가지만 알면 나도 우주 전문가!

지구의 공전 궤도는 원형이 아니라 약간 타원형

지구는 약 1억 5,000만 킬로미터 떨어진 태양 주위를 공전한다. 지구가 공전하는 이 길을 '공전 궤도'라고 한다. 공전 궤도는 태양을 중심으로 약간 타원형을 이루고 있다. 그래서 태양과 지구의 거리가 가까워지기도 하고 멀어지기도 한다.

지구의 공전 주기는 1년?

지구가 태양 주위를 한 바퀴 도는 데 걸리는 시간을 '공전 주기'라고 한다. 지구의 공전 주기는 1년이다. 그렇지만 정확히 말하면 365.24일이다. 그로 인해 달력의 1년과 지구의 공전 1년에 약간의 차이가 발생한다. 따라서 그 차이를 조정하기 위해 4년에 한 번씩 윤년을 설정했다.

지축은 공전면에 대해 기울어진 상태

공전 궤도가 만드는 평면을 '공전면(公轉面)'이라고 한다. 지구는 이 공전면에 대해 지축이 일정한 방향으로 기울어진 채 공전한다. 그래서 태양의 높이가 1년을 기준으로 주기적으로 변해 계절의 변화가 나타난다.

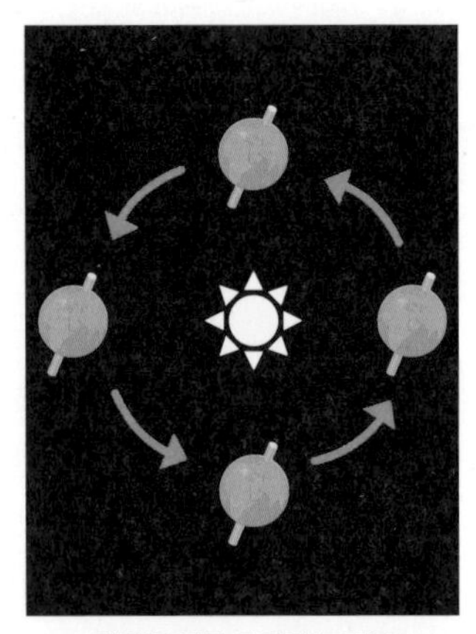

태양 주위를 공전하는 지구

별의 연주 운동이 뭘까?

|별의 연주 운동 이야기|

날이 지남에 따라 별들의 움직임이 달라 보이는 현상이다.

세 가지만 알면 나도 우주 전문가!

매일, 전날과 같은 밤하늘이 보이는데?

별의 연주 운동으로 오늘 밤에도 어제와 같은 시각에 같은 밤하늘을 볼 수 있다. 하지만 1개월 전과 비교하면, 별들이 보이는 각도가 약간 서쪽으로 치우쳐 있다. 날이 가고 달이 지남에 따라 별들의 움직임이 변화하는 이러한 현상을 '별의 연주 운동'이라고 한다.

별의 연주 운동 관측법

별의 일주 운동은 24시간에 360도 돌지 않고 361도를 돈다. 다시 말해, 밤하늘은 매일 1도씩 서쪽으로 이동한다. 1도 차이 나는 회전이 바로 별이 연주 운동을 하는 원인이다. 1도의 회전을 365일(1년) 동안 반복하면 1년 전과 같은 밤하늘로 돌아온다.

【별자리의 연주 운동】

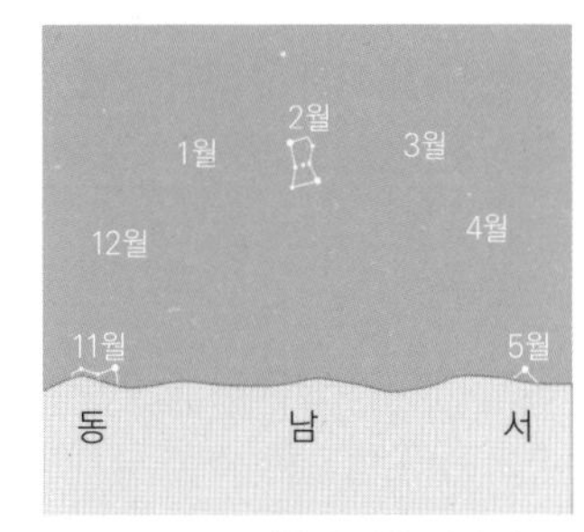

별자리는 1개월 후 같은 시각에 약 30도 서쪽으로 이동해서 보인다. 또 같은 위치에서 보이는 시각은 1개월에 약 2시간씩 빨라진다.

별의 연주 운동은 지구의 공전에서 비롯된다

지구는 1년(365일)에 태양 주위를 한 바퀴 돈다. 즉, 지구는 공전 궤도를 하루에 1도씩 이동한다. 이처럼 별의 연주 운동은 지구의 공전으로 생긴다.

황도가 뭘까?

|황도 이야기|

지구상에서 태양이 지나는 길을 말한다.

세 가지만 알면 나도 우주 전문가!

별자리를 배경으로 이동하는 것처럼 보이는 태양

태양은 일출에서 일몰까지 낮에만 모습을 볼 수 있다. 밝은 낮에는 별자리가 보이지 않는다. 하지만 낮에도 별자리는 제자리를 지키고 있다. 다만 보이지 않을 뿐이다. 태양이 보이지 않는 밤하늘을 배경으로 하늘을 이동하는 모습을 상상해보자.

태양의 배후에 있는 별자리

해가 뜨기 약 50분 전까지는 하늘이 아직 어둑해서 별자리를 볼 수 있다. 그 무렵 동쪽 지평선 부근에 보이는 별자리 뒤쪽에 태양이 있을 것이다. 이렇게 생각하면서 일출 전에 꾸준히 별자리를 관찰하면 태양 뒤에 있는 별자리의 존재를 느낄 수 있다.

【지구를 중심으로 한 천구도】

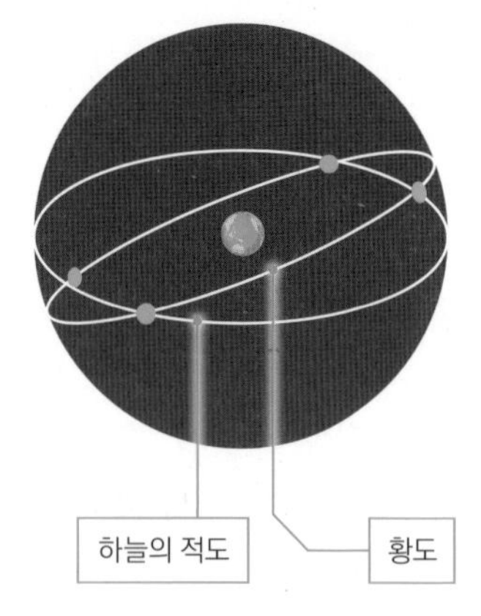

배후의 별자리는 매일 조금씩 어긋난다

일출 전의 별자리를 한 달가량 관찰하면 태양과 그 뒤에 있는 별자리의 위치가 조금씩 어긋난다는 사실을 알 수 있다. 이 차이는 지구의 공전으로 인한 별의 연주 운동 때문이다.

황도 12궁이 뭘까?

| 황도 12궁 이야기 |

천체상에서 황도가 지나는 12개의 별자리를 말한다.

세 가지만 알면 나도 우주 전문가!

황도 12궁의 기원

우리가 사는 지구에 계절 변화를 가져오는 태양의 움직임을 아는 것은 고대부터 중요한 지식이었다. 동트기 전에 보이는 별의 배치로 태양의 위치를 확인하면서 12개 별자리의 원형이 만들어졌을 것으로 추정된다.

크기가 제각각 다른 황도 12궁

12개 별자리의 원형을 형성하는 별의 배치는 마침내 신화와 결합하면서 별자리로 완성되었다. 하지만 별의 배치를 중시하다 보니 각 별자리의 크기가 들쭉날쭉해졌다.

황도상 13개의 별자리

1928년에 국제천문연맹(IAU)이 별자리 구획을 정리했다. 이에 따라 뱀주인자리도 황도상에 위치하게 되어 황도가 가로지르는 별자리는 모두 13개가 되었다. 그리고 1930년에는 IAU가 88개 별자리 사이의 경계를 정하고 라틴어 이름과 약자를 결정했다.

【황도상의 별자리】

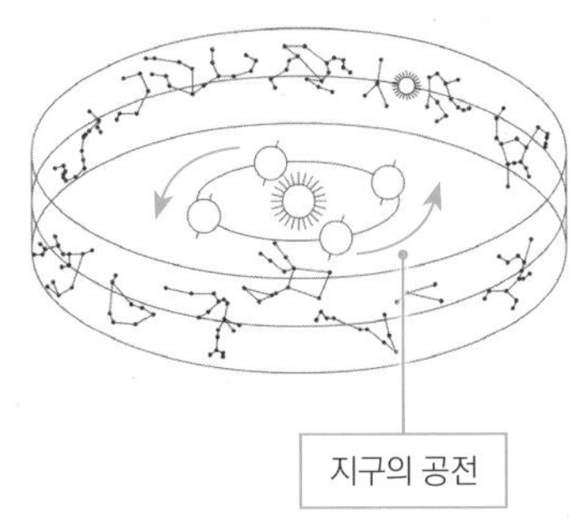

지구의 공전으로 태양은 황도상의 별자리를 지나 이동하는 것처럼 보인다.

별 우주 지구 행성 태양 달 은하 우주개발

점성술과 황도 12궁은 관계가 있을까?

| 점성술 이야기 |

점성술과 별자리의 황도 12궁은
다른 개념이어서 서로 관련이 없다.

세 가지만 알면 나도 우주 전문가!

점성술의 시작

약 5,000년 전 메소포타미아에서는 행성, 달과 태양 등을 신이라 믿고 관찰해 정치와 농경(날씨) 등을 점쳤다. 이 메소포타미아의 점성술이 그리스로 전해져 황도를 12등분한 황도 12궁을 인간의 생일과 관련지어 개인의 운세를 점치는 점성술이 만들어졌다.

점성술과 황도 12궁

점성술에서도 황도 12궁에 별자리 이름을 붙이긴 했지만, 단순한 황도의 구획일 뿐 황도 12궁에 대응하는 개념은 아니다. 점성술에서 '양자리(백양궁, Aries)' 사람이 태어났을 때 태양은 '물고기자리'에 있다.

【태양이 통과하는 황도 12 별자리】

별자리 이름	통과 시기
물고기자리	3/13~4/19
양자리	4/20~5/14
황소자리	5/15~6/21
쌍둥이자리	6/22~7/20
게자리	7/21~8/10
사자자리	8/11~9/16
처녀자리	9/17~10/31
천칭자리	11/1~11/23
전갈자리	11/24~11/30
궁수자리	12/19~1/19
염소자리	1/20~2/16
물병자리	2/17~3/12

점성술에 과학적 근거는 없다

점성술은 정확한 별자리 관측과 지구상에서의 자연 현상, 사회 현상, 개인의 운세 등을 연관 지어 미래를 예언한다. 정확한 별자리 관측이 토대가 되었다는 점에서 과학적이라고 느껴질 수도 있으나 과학적 근거는 없다.

1월이 왜 가장 추울까?

|가장 추운 시기 이야기|

지표 부근의 공기는 태양 빛이 아니라
지면과 해수면의 열로 데워지기 때문이다.

세 가지만 알면 나도 우주 전문가!

지구를 데우는 햇빛

우리는 햇빛을 받으면 온기(더위)를 느낀다. 지구도 마찬가지다. 낮이 긴 여름은 기온이 높고 낮이 짧은 겨울은 기온이 낮다. 태양이 지평선 아래로 지는 밤에는 낮과 비교해 기온이 낮다.

태양의 빛은 공기를 그대로 통과한다

지표 부근의 공기에 태양의 빛이 닿아도 공기의 온도는 오르지 않는다. 공기는 태양의 빛으로 달구어진 지면과 해수면의 열로 간접적으로 데워진다. 그래서 낮 시간과 기온의 변화에 시간차가 발생한다.

【1년간 기온 변화 그래프】

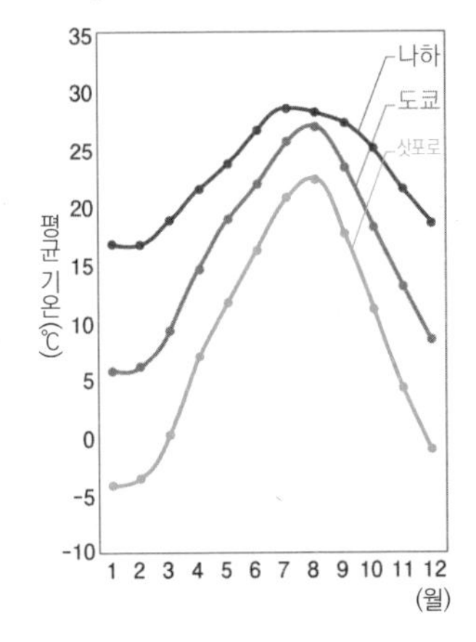

지면과 해수면은 열을 저장한다

태양 빛에서 받아들인 열을 지면과 바닷물은 서서히 방출한다. 그래서 1일 최저 기온은 일몰 직후가 아닌 동트기 전에 기록된다. 마찬가지로 동지가 와도 지면과 바닷물은 열을 저장하고 있어 1월 하순에야 매서운 추위가 찾아온다.

Day 112

계절과 자전·공전은 어떤 관계가 있을까?

|지구의 운동과 계절 변화 이야기|

계절의 변화는 지구가 자전축이 기울어진 채 자전과 공전을 하기 때문에 나타난다.

세 가지만 알면 나도 우주 전문가!

계절의 변화와 태양과의 거리

지구의 공전 궤도가 타원형이라서 지구는 태양에 가까워지거나 멀어진다. 그런데 그 거리 변화는 계절의 변화에 그다지 영향을 주지 않는다. 북반구가 여름일 때는 태양이 멀고, 겨울일 때는 태양이 가깝기 때문이다.

기온과 밤낮의 시간

북반구가 여름일 때는 북극이 태양을 향해 자전하고 있다. 이때 북반구에서는 태양 고도가 높아 태양의 빛을 많이 받아 기온이 상승하며 낮 시간이 길어진다. 그리고 남반구에서는 그 반대 현상이 나타난다.

지축이 기울어진 상태로 공전하는 지구 (여름과 겨울)

기울어진 자전축

지구는 자전축이 황도면에 대해 항상 같은 방향, 같은 각도(66.6도)로 기울어진 채 태양 주위를 공전한다. 그런데 북극과 남극이 주기적(1년마다)으로 태양을 향해 계절(기온과 낮 길이)의 변화가 발생한다. 참고로, 지축의 방향과 기울기는 몇만 년 주기로 변화하며 계절의 변화에 영향을 준다.

유성은 무엇으로 이루어져 있을까?

|유성의 정체 이야기|

유성은 우주를 떠도는 모래 입자와 같은 물질이
지구의 대기에 돌입해 빛을 내는 현상이다.

세 가지만 알면 나도 우주 전문가!

유성은 별이 아니다

밤하늘에서 갑자기 하얀 빛줄기를 끌며 떨어지는 것을 흔히 '유성(流星)' 또는 '별똥별'이라고 한다. 그렇다면 유성도 우주에 있는 별의 한 종류일까? 유성은 지구 대기 중에서 발생하는 현상일 뿐 별이 아니다. 유성은 대기와의 마찰열로 고온이 되지 않고 대기를 단열 압축하기 때문에 빛이 난다.

유성의 정체

지구의 공전 궤도 부근을 떠도는 입자가 지구에 떨어져 지구 대기와 충돌하면 대기는 원자핵과 전자로 흩어지며 플라스마가 되어 빛을 낸다. 이 빛은 대부분 대기 중에서 소멸하는데, 이것이 유성의 정체다. 특히 밝은 유성을 '화구(火球)' 또는 '불꽃별똥'이라고 한다.

【고도 100킬로미터의 유성】

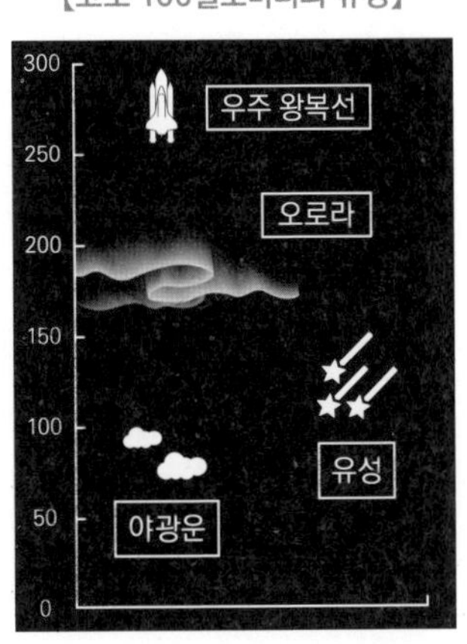

유성은 매일 밤 볼 수 있다

유성을 보고 싶다면 달빛이 없는 시간에 최대한 어두운 장소에서 한 시간 정도 집중해서 밤하늘을 바라보라. 그러면 2~3개 정도 발견할 수 있다.

Day 114 별 | 유성

유성은 어디에서 왔을까?

| 유성 물질의 기원 이야기 |

유성이 되는 입자는 대부분 태양계 내의 소천체에서 온다.

세 가지만 알면 나도 우주 전문가!

유성 물질(입자)을 가져오는 혜성

유성이 되는 유성 물질(입자)의 부모 중 하나가 태양계 내의 혜성(comet)이다. 태양에 가까워진 혜성에서 지름 1~10밀리미터가량의 모래와 자갈 같은 입자가 방출된다. 이런 입자가 혜성의 궤도 부근을 대규모로 떠돌아다닌다.

소행성도 유성 물질을 낳는다

태양계 내에는 소행성이 대거 분포한다. 이 소행성들이 딱딱한 물체와 충돌하면서 생긴 파편들이 다양한 유성 물질이 된다.

황도면을 떠도는 유성 물질은 일출 전 동쪽 하늘과 일몰 후 서쪽 하늘에 원뿔 모양의 희미한 황도광(黃道光)으로 볼 수 있다.

성간 천체도 유성 물질을 낳는다?

태양계 밖에서 유입된 천체를 '성간 천체'라고 한다. 2017년에 최초로 태양계 내에서 확인된 성간 천체 오우무아무아(Oumuamua)는 입자와 가스를 방출해 가속한다고 추정되었다. 관측 결과, 이런 입자에서 성간 천체의 기원이 되는 유성이 발견되고 있다.

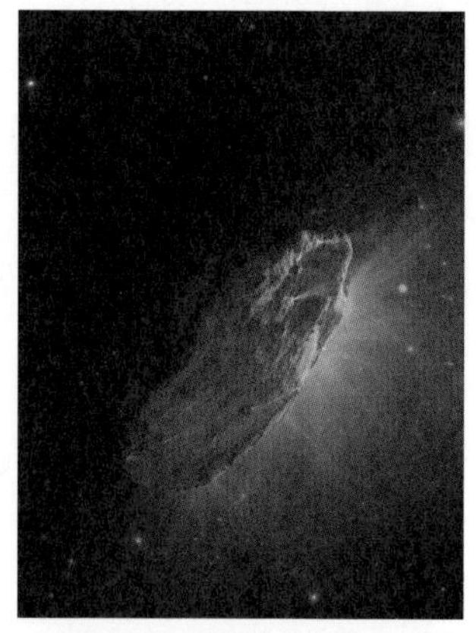

성간 천체

유성에도 색깔이 있을까?

|유성의 색깔 이야기|

대다수 유성이 흰색으로 보이지만 사실은 다양한 색깔이 섞여 있다.

세 가지만 알면 나도 우주 전문가!

유성은 대개 흰색으로 보인다

우리가 맨눈으로 관찰할 수 있는 유성은 대개 가늘고 하얀 빛줄기밖에 보이지 않는다. 유성의 빛은 색깔을 느끼는 시세포(visual cell)에 약하게 보이고 순간적으로 사라져 색깔을 식별할 수 없다. 하지만 밝은 유성이나 사진으로 찍은 유성을 보면 색깔을 알 수 있다.

유성에 왜 색깔이 있을까?

유성의 빛은 지구의 대기와 유성 물질의 충돌로 발생한 고온의 플라스마가 발하는 현상이다. 플라스마가 된 원소의 종류에 따라 색깔이 달라진다. 유성 물질에 포함된 마그네슘은 녹색, 철은 보라색, 대기 중의 질소는 빨간색, 산소는 녹색이 된다.

【유성의 색깔】

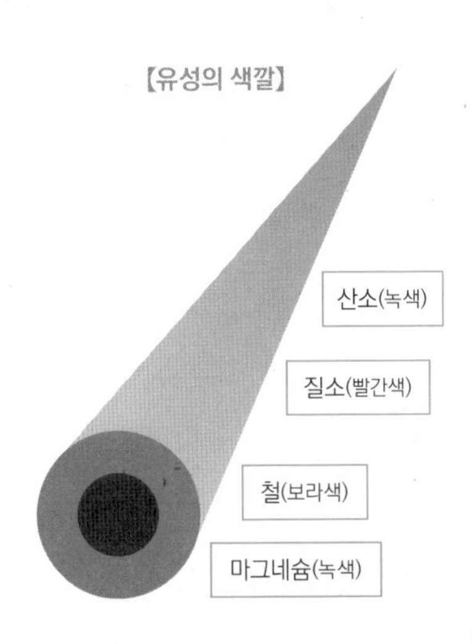

분광 관측으로 유성 물질의 성분을 알 수 있다

카메라 렌즈에 분광 프리즘을 붙여 유성을 촬영하면 유성의 빛에 포함되어 있는 색깔을 알 수 있다. 그 색깔로 유성 물질(입자)과 출생 환경을 제공한 소천체의 성분도 추정할 수 있다.

유성이 낙하하는 데 얼마나 걸릴까?

|유성의 낙하 시간 이야기|

유성에는 긴 빛과 짧은 빛이 있는데,
우리 눈에 빛나 보이는 순간은 모두 1초 남짓이다.

세 가지만 알면 나도 우주 전문가!

유성 물질의 낙하 속도

지구에 떨어지는 유성 물질(입자)의 속도는 대략 초속 40~60킬로미터다. 유성이 빛나는 상공(지상 고도 85~115킬로미터)을 지평선에 30~90도 각도로 통과하는 시간은 0.5~1.5초다. 참고로, 사자자리 유성우의 유성 물질 낙하 속도는 매우 빨라 시속 70킬로미터 정도 된다.

빗줄기처럼 떨어지지 않는 유성도 있다

만약 유성이 관찰자를 향해 떨어진다면 유성의 겉보기 경로는 선이 아니라 점이 된다. 밤하늘에 아무것도 보이지 않을 무렵 느닷없이 빛이 나타났다가 바로 사라진다면 관찰자를 향해 떨어지는 유성을 본 것이다.

우리에게 보이는 건 겉보기 속도

지구에 떨어지는 유성과 우리의 위치 관계에 따라 유성의 겉보기 길이가 정해진다. 긴 유성도 짧은 유성도 각각 빛나는 시간은 1초 남짓으로, 길게 보이는 유성은 빠르게 날아가는 것처럼 보인다.

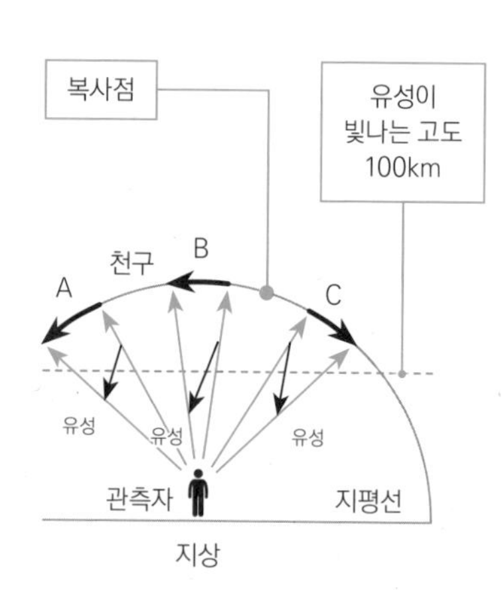

A~C는 밤하늘(천체)에서 보는 방법

유성우는 왜 발생할까?

|유성우의 발생 이야기|

혜성이 방출한 대량의 유성 물질 속으로 지구가 돌입하기 때문이다.

세 가지만 알면 나도 우주 전문가!

유성우가 되는 입자는 혜성이 방출한 물질

특정한 날 많은 유성이 비처럼 쏟아지는 천문 현상을 '유성우(流星雨, meteor shower, 유성군)'라고 한다. 혜성이 태양에 가까워지면 꼬리가 늘어나거나 대량의 입자를 방출한다. 그 입자는 혜성 궤도 위를 띠 모양으로 연결해서 날고 있다. 유성우의 부모 격인 혜성을 '모천체(모혜성parent comet)'라고 한다.

유성우의 주기성

모혜성은 태양계의 행성과 마찬가지로 태양 주위를 공전한다. 모혜성이 태양 근처에 올 때마다 유성 물질(입자)이 방출되어 모혜성의 공전 주기마다 유성 출현 빈도가 높아진다.

유성우 관측법

유성우의 입자는 모혜성의 궤도 위를 같은 방향으로 날고 있다. 평행으로 지구에 충돌·낙하하면 밤하늘의 어느 한 점(복사점radiant)에서 사방팔방으로 유성이 날아다니는 것처럼 보인다. 평행한 두 선로가 멀리서 한 점으로 모여 보이는 현상과 같다.

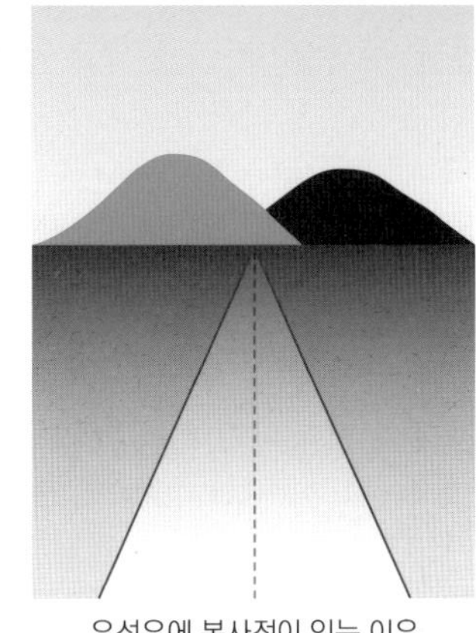

유성우에 복사점이 있는 이유

별 우주 지구 행성 태양 달 은하 우주개발

어떻게 유성우를 매년 볼 수 있을까?

|유성우의 관측 이야기|

모혜성과 지구, 각각의 공전 궤도가 교차하기 때문이다.

세 가지만 알면 나도 우주 전문가!

모혜성과 지구의 공전 궤도

길쭉한 타원형을 이루는 모혜성의 공전 궤도와 거의 원형을 이루는 지구의 공전 궤도가 교차하는 순간을 지구가 매년 같은 시기에 통과해 매년 유성우를 볼 수 있다. 그러나 유성우는 입자의 불균일한 분포와 유성우가 펼쳐지는 순간 월령(달의 위상을 1일 단위로 표시한 개념)이 달라 매년 다른 모습을 보여준다.

하나의 모혜성이 두 개의 유성우를 낳는다

5월 초순에 볼 수 있는 물병자리 에타 유성우와 10월 하순에 볼 수 있는 오리온자리 유성우는 쌍둥이다. 그 유명한 핼리 혜성이 쌍둥이 유성우의 모혜성이다. 지구와의 충돌 각도가 각기 달라 다른 방식으로 장관을 연출한다.

ⓒ 일본 국립천문대

매년 똑같은 일시에 볼 수 있는 것은 아니다

혜성은 태양에 가까워지며 모양과 크기가 변화하거나 목성과 토성 등의 근처를 통과하면 공전 궤도가 일그러지기도 한다. 방출하는 입자의 양도 그때마다 달라져 유성우가 활발한 시기가 매년 정확히 똑같지는 않다.

유성우는 몇 개나 있을까?

|유성우의 개수 이야기|

유성우는 지구의 공전 궤도와 교차하는 혜성의 수만큼 존재한다.

세 가지만 알면 나도 우주 전문가!

유성우는 생각보다 많다

태양계 내에는 혜성이 약 4,000개 있다. 그중 지구 공전 궤도 부근을 통과하는 혜성만 약 2,000개다. 이 혜성이 모두 유성우의 모천체라면 매일 수많은 유성우를 볼 수 있겠지만 알려진 유성우의 수는 112개(2021년 기준)다.

특히 유성이 많이 보이는 3대 유성우

맑고 달빛이 없으며 복사점이 높은 이상적인 관찰 조건일 때 1시간당 100개 정도의 유성을 볼 수 있는 유성우를 '3대 유성우'라고 한다. 1월의 사분의자리 유성우는 어두운 유성이 많고, 8월의 페르세우스자리 유성우는 밝은 유성이 많다. 12월의 쌍둥이자리 유성우는 매년 안정적으로 관측할 수 있다.

매년 정기적으로 볼 수 있는 유성우

이상적인 관측 조건에서 1시간당 유성우가 15개 이상인 유성우는 4월의 거문고자리 유성우, 5월과 7월의 물병자리 유성우, 10월의 용자리 유성우와 오리온자리 유성우, 11월의 사자자리 유성우다.

【주요 유성우】

유성우	활발한 날	출몰 수 (1시간)
사분의자리	1월 4일	120
거문고자리	4월 22일	18
물병자리 에타	5월 6일	40
물병자리 델타	7월 30일	16
페르세우스자리	8월 13일	100
용자리	10월 8일	20
황소자리(남군)	10월 10일	5
오리온자리	10월 21일	15
황소자리(북군)	11월 12일	5
사자자리	11월 18일	15
쌍둥이자리	12월 14일	120

ⓒ 일본 국립천문대

우주에는 어떤 원자가 가장 많을까?

|우주 원자의 종류 이야기|

원자 중에서 가장 단순한 구조를 지닌
수소와 헬륨 원자가 대부분이다.

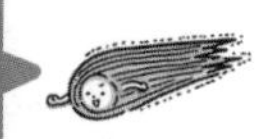

세 가지만 알면 나도 우주 전문가!

초기 우주는 수소 원자와 헬륨 원자만으로 이루어져 있었다

우주 탄생 후 우주가 식으면서 원자가 만들어지기 시작했다. 생성된 원자 중 구조가 가장 단순한 수소 원자와 그다음 헬륨 원자가 주를 이루었다. 우주는 몇억 년 동안 질량비를 기준으로 수소 원자가 76퍼센트, 헬륨 원자가 24퍼센트로 이루어져 있었다.

수소 원자와 헬륨 원자의 구조

원자핵은 양자와 중성자로 이루어져 있고, 원자핵 주위에 전자가 존재한다. 수소는 원자핵이 양자 1개와 양자 1개+중성자 1개이고 전자는 1개인 원자다. 헬륨은 원자핵이 양자 2개+중성자 2개이고 전자는 2개다.

지금은 수소와 헬륨이 98퍼센트

우주 원자의 종류와 그 비율에 대해 견해가 다양하다. 그러나 오늘날 학자들은 죽어가는 항성 내부에서 생겨난 원자들까지 합해 수소 75퍼센트, 헬륨 23퍼센트, 산소 1퍼센트, 탄소 0.4퍼센트, 네온 0.4퍼센트, 철 0.1퍼센트, 질소와 기타 원소 0.1퍼센트로 본다.

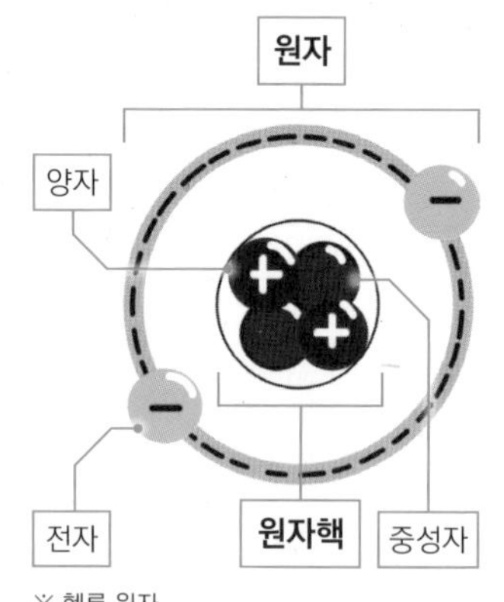

※ 헬륨 원자

철 원자는 어디서 만들어졌을까?

|철 원자의 생성 이야기|

죽어가는 항성 내부의 헬륨 원자에서 잇달아
핵융합 반응이 일어나면서 생성되었다.

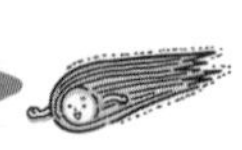

세 가지만 알면 나도 우주 전문가!

젊은 항성도 안정기가 있다

항성은 핵융합 반응으로 열과 빛을 생성한다. 어떤 젊은 항성도 일정하게 빛나는 안정기가 있다. 그러나 모든 항성은 언젠가 핵융합 반응 재료가 소진되어 죽음을 맞이한다(수명이 다한다). 어떤 식으로 죽음을 맞이할지는 항성의 크기에 달려 있다.

소형 항성은 조용히 사라진다

대다수 항성은 조용히 사라진다. 가령 질량이 태양의 절반 이하인 항성은 핵에 있는 수소를 핵융합으로 사용하며 아주 천천히 타들어가서 재(흑색 왜성)가 된다.

거대한 항성이 죽으면 무거운 원자가 만들어진다

태양 크기의 중형 항성과 대형 항성은 핵의 수소 원자를 소진하면 헬륨의 핵융합이 시작되며 철만큼 무거운 원자가 만들어진다. 예를 들어, 세 개의 헬륨 원자가 핵융합해서 탄소 원자가 만들어지고 탄소와 네 개의 헬륨 원자가 핵융합해서 산소가 만들어진다.

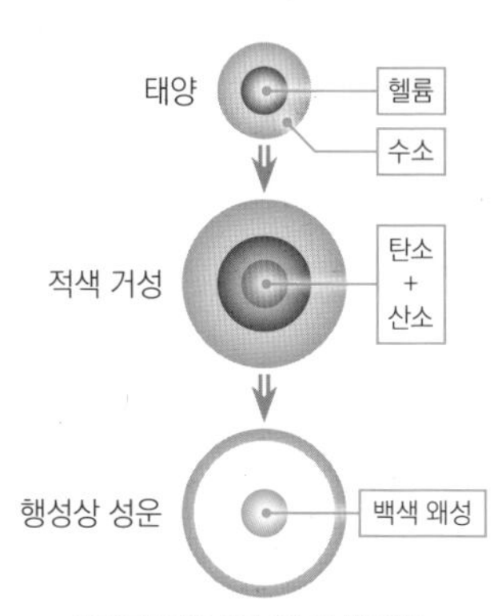

태양과 같은 항성은 적색 거성, 행성상 성운, 마지막에 백색 왜성으로 남았다가 최후에는 싸늘하게 식어 흑색 왜성이 된다.

Day 122

금 원자는 어디서 만들어졌을까?

철보다 무거운 원자 이야기

철보다 무거운 원자는 초신성 폭발로 만들어졌다.

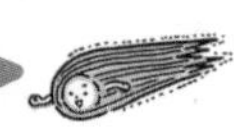

세 가지만 알면 나도 우주 전문가!

철 원자가 만들어지기까지 우주의 역사

약 138억 년 전 빅뱅이 일어나면서 우주 탄생 → 수소 원자와 헬륨 원자 생성 → 중력으로 별 생성 → 스스로 빛나는 항성 생성 → 항성 내부의 핵융합으로 원소가 생성되어 철 원자까지 만들어졌다.

대형 항성은 초신성 폭발을 일으킨다

질량이 태양의 8배 이상인 거대한 항성이 되면 격렬한 최후를 맞이한다. 적색왜성이 되어 다시 태양보다 10배 이상 밝은 초신성 폭발을 일으킨다. 밤하늘에 갑작스럽게 밝은 별이 빛나며 새로운 별이 탄생하는 모습처럼 보인다고 해서 '초신성(超新星, supernova)'이라고 한다.

초신성이 폭발하면 철보다 무거운 원자 탄생

우리은하 안에서는 100~200년에 한 번 정도 초신성 폭발이 일어나는 것으로 추정된다. 초신성 폭발 당시 철보다 무거운 원자, 예를 들어 금 원자 등이 탄생한다. 생성된 원자는 우주로 흩어진다. 원자의 종류를 '원소'라고 하는데, 같은 원소의 원자는 원자핵 내 양자의 수가 같다.

【초신성】

밤하늘에 갑자기 밝은 별이 빛나며 새로운 별이 탄생하는 것처럼 보여 '초신성'이라는 이름이 붙었다.

지구를 만든 원자의 종류에는 어떤 것이 있을까?

| 지구를 만든 원자의 종류 이야기 |

우주와 마찬가지로, 지구는 92종류의 원자로 만들어졌다.

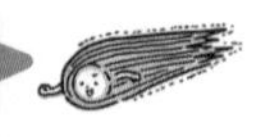

세 가지만 알면 나도 우주 전문가!

항성과 초신성 폭발로 우주에 흩어진 원자들

서서히 수명을 다한 항성과 극적인 초신성 폭발 당시 흩어지며 날아간 원자들에서 다음 세대를 이어갈 새로운 별이 탄생한다. 수명을 다한 항성이 새로 탄생하는 별에 재료를 제공하는 셈이다.

지구를 포함한 태양계도 재료는 같다

태양계는 약 46억 년 전 가스와 먼지로 이루어진 거대한 구름에서 탄생했다. 태양계는 빅뱅으로 생성된 수소와 헬륨, 항성과 초신성 폭발로 우주에 흩어진 분자들로 이루어져 있다. 지구는 태양에 어느 정도 가까워 기체가 되기 어려운 원자와 화합물이 재료가 되었다.

우주와 지구를 만드는 원자의 종류는 92가지

원자의 종류(원소)는 주기율표(periodic table)에 정리되어 있다. 현재 정식으로 이름이 붙은 원소는 118종이다. 다만 원자 번호 93 넵투늄(Neptunium, Np) 이후의 원소는 천연에 존재하지 않고 가속기 안에서 충돌시켜 인간이 만들어낸 것이다.

초신성 폭발 당시 흩어진 원자 등이 모여 새로운 별이 탄생한다.

인체는 어떤 원자들로 이루어져 있을까?

|인체의 원자 이야기|

지구상의 생물은 모두 지구의 원소에서 왔다.
기원을 거슬러 올라가면 우주의 원소에서 비롯되었다.

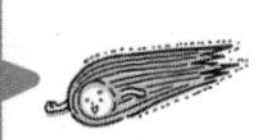

세 가지만 알면 나도 우주 전문가!

지구상의 생물은 우주의 원소로 이루어져 있다

빅뱅 이후 수소와 헬륨, 항성의 최후와 초신성 폭발로 만들어진 약 90가지의 원소로 우주와 지구를 포함한 태양계가 만들어졌다. 원시 생명이 탄생하고 생물이 진화하면서 각양각색의 생물이 등장했다. 생물은 모두 우주의 원소로 이루어져 있다.

인체를 구성하는 대표 원소는 산소, 탄소, 수소, 질소

질량을 기준으로 할 때 인체의 약 60퍼센트는 물이다. 물은 수소와 산소의 화합물(H_2O)이다. 물 외에 중요한 단백질은 산소, 탄소, 수소, 질소 원자가 결합한 물질이다.

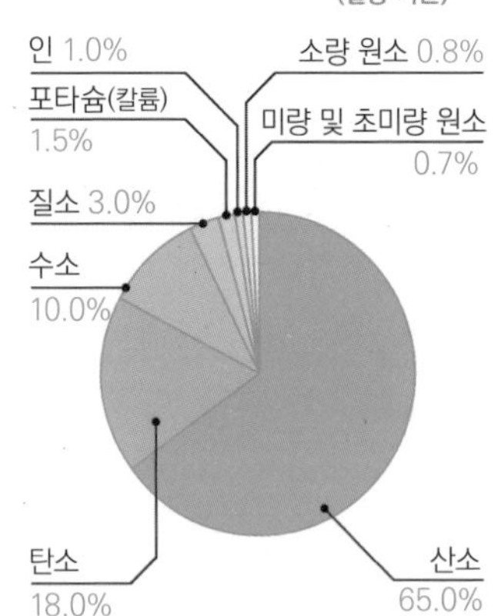

인체를 구성하는 원소는 변화 과정을 거쳤다

우리 몸을 구성하는 원소의 원자들은 우주에서 태어나 다양한 변화 과정을 거쳐 현재 상태에 이르렀다. 예를 들어, 탄소는 음식에서 왔는데 음식의 탄소를 거슬러 올라가면 식물의 광합성 당시 이산화탄소를 받아들이며 생성되었다.

암흑 물질이 뭘까?

|암흑 물질 이야기|

별과 은하 등에 영향을 주고
'눈에 보이지 않는 중력을 지닌 미지의 물질'을 일컫는다.

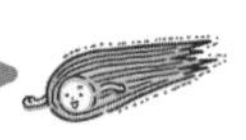

세 가지만 알면 나도 우주 전문가!

프리츠 츠비키가 처음으로 주장

은하단 내 은하의 움직임을 관측하다 보면 서로의 중력뿐 아니라 다른 중력의 영향을 받을 때가 있다. 중력을 지닌 그 미지의 물질을 '암흑 물질(暗黑物質)'이라고 한다. 스위스의 천문학자 프리츠 츠비키(Fritz Zwicky)가 암흑 물질의 존재를 처음으로 주장했다.

중력 렌즈 효과를 이용해서 조사

알베르트 아인슈타인(Albert Einstein)의 일반 상대성 이론에서 도출된 현상 중에 중력 렌즈 효과가 있다. 거대한 중력을 지닌 천체가 빛의 경로를 휘어지게 만들어 렌즈와 같은 작용을 하는 것을 말한다. 이 중력 렌즈 효과를 이용해서 전자파로 포착할 수 없는 암흑 물질의 양과 너비를 연구하고 있다.

암흑 물질에 둘러싸인 지구 상상도

미지의 소립자일 가능성

암흑 물질은 우주에 있는 일반적인 원자로 이루어진 물질의 5~6배 존재하는 것으로 추정된다. 하지만 미지의 소립자일 수도 있다.

암흑 에너지가 뭘까?

|암흑 에너지 이야기|

우주가 예상보다 훨씬 빠른 속도로 팽창하는 이유로
암흑 에너지가 제안되었다.

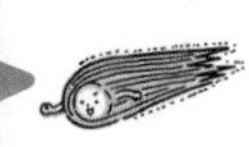

세 가지만 알면 나도 우주 전문가!

현재 우주의 팽창이 가속하고 있다

빅뱅 이후 우주는 계속 팽창하고 있다. 그런데 점차 중력에 제동이 걸리며 팽창이 약해지는 시기가 온다고 예상되었다. 1998년에 멀리 떨어진 초신성 폭발을 관측하는 과정에서 기존 이론의 예상보다 빠르게 멀어지고 있다는 사실이 발견되었다. 우주의 팽창이 예상보다 가속하고 있는 것이다.

우주 팽창의 가속 원인

우주의 팽창을 관측한 이후 우주에 중력을 거슬러 우주를 급속히 팽창시키는 힘이 존재한다는, 암흑 에너지(dark energy) 이론이 제창되었다.

정체는 전혀 밝혀지지 않았다

암흑 에너지의 존재를 보여주는 증거는 어느 정도 제시되었으나 그 정체는 여전히 수수께끼로 남아 있다. 이 수수께끼를 푸는 연구에는 천문학자뿐 아니라 소립자 등을 연구하는 물리학자들도 참여하고 있다. 한편, 암흑 에너지의 존재에 의문을 갖는 과학자도 있다.

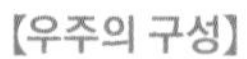
【우주의 구성】

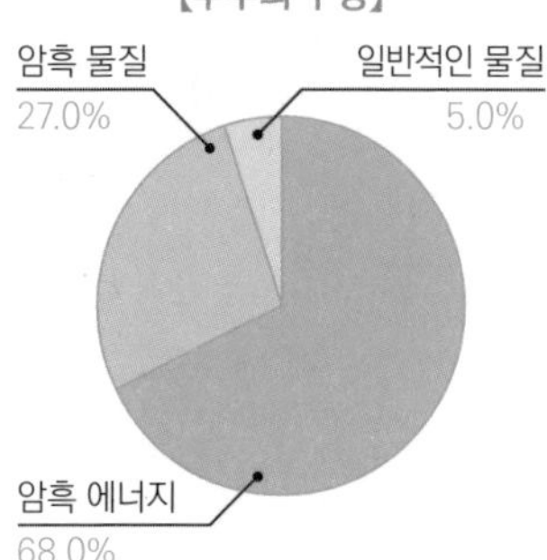

원자 번호 92번까지
일반적인 원자는 적고,
대다수가 암흑 물질과
암흑 에너지로 추정된다.

지구는 언제 탄생했을까?

|지구의 탄생 이야기|

약 46억 년 전 태양계 안에서
태양 주위를 회전하는 물질이 모여 지구가 탄생했다.

세 가지만 알면 나도 우주 전문가!

태양이 탄생한 후 태양 주위를 공전하는 물질이 모여 형성되었다

태양에서 수소와 헬륨이 뿜어져 나왔다. 우주 공간에 얇게 퍼져 있던 물질이 공전하며 원반처럼 모여들어 점차 식으면서 미행성을 형성하기 시작했다. 미행성들끼리 서로 끌어당기면서 충돌을 반복해 지구 등의 원시 행성이 탄생했다.

지구를 구성하는 물질은 어디서 왔을까?

수소와 헬륨은 태양에서 왔고, 가장 무거운 원소는 다른 항성의 초신성 폭발과 중성자별과 블랙홀 합체 등으로 생성된 우주 공간에 떠돌던 물질이 충돌하며 모였다. 이렇게 모여 무거워질수록 서로 잡아당기는 중력이 강해졌다.

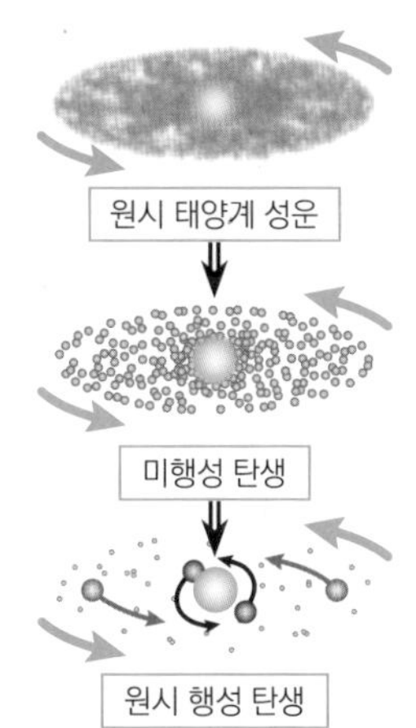

약 46억 년 전에 지구가 탄생했다는 증거

태양계에서 지구와 함께 태어난 오래된 달의 암석과 운석은 지구와 같은 재료로 이루어져 있다. 이를 방사성 연대 측정법으로 분석한 결과, 암석에 포함된 방사성 원소 우라늄과 붕괴하며 생성되는 납의 비율을 비교해 지구가 약 45.5억 년 전에 탄생했음을 알아냈다.

마그마 바다가 뭘까?

|뜨거웠던 지구 이야기|

지구 탄생 무렵, 너무 뜨거워
지구 표면이 모두 녹아 있는 상태를 말한다.

별
우주
지구
행성
태양
달
은하
우주개발

세 가지만 알면 나도 우주 전문가!

지구는 수많은 미행성 충돌로 형성되어 매우 뜨거웠다

미행성이 충돌해 합체할 때마다 가지고 있던 에너지로 뜨거워졌다. 열이 지구에서 우주 공간으로 도망치지만, 미행성에서 나온 이산화탄소와 수증기가 지구의 대기를 뒤덮어 열이 빠져나가지 않았다. 지구 표면은 암석이 녹을 정도로 고온이 되었고 마그마 바다(magma ocean)로 덮였다.

마그마 바다에서 지구 내부의 구조가 형성되었다

약 44억 년 전 지구와 화성 정도 크기의 천체가 대충돌을 일으키며 달이 탄생했다. 이 대충돌로 지구는 내부까지 녹았다.
마그마 바다 안에서 무거운 철 등의 금속은 가라앉고 가벼운 암석은 떠올라 지구 내부의 핵과 맨틀로 완전히 분리되었다.

마그마 바다가 식으면서 굳었다

마그마의 온도가 서서히 내려가면서 표면이 굳자 대기 중의 수증기도 식었다. 그로 인해 엄청난 양의 비가 내려 바다를 이루었다. 이산화탄소는 바다에 녹아 감소하고 열은 우주로 빠져나가 마그마가 굳었다.

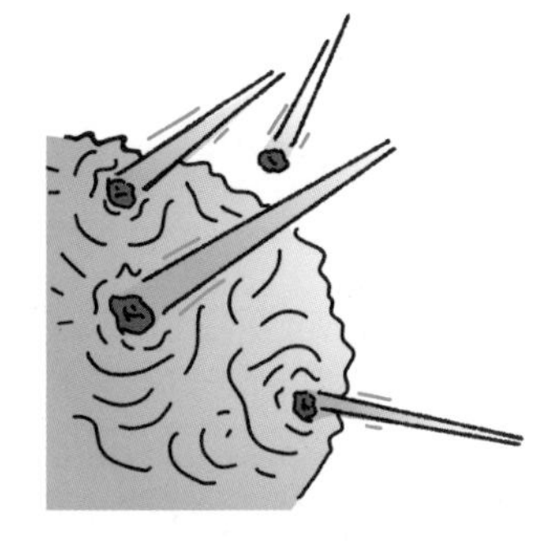

지구의 시작(마그마 바다)

눈덩이 지구가 뭘까?

| 추운 지구 이야기 |

지구 전체가 두꺼운 얼음에 덮여 눈덩이처럼 되는 현상을 말한다.
'지구 동결'이라고 부르기도 한다.

세 가지만 알면 나도 우주 전문가!

지구는 세 번 눈덩이가 되었다

약 22억 년 전, 약 7억 년 전, 약 6억 년 전에 눈덩이 지구(Snowball Earth) 현상이 일어났다. 당시 적도를 포함한 전 세계에서 빙하에 운반된 암석이 발견되며, 줄무늬 모양의 호상 철광층이 만들어진 이유를 설명할 수 있게 되었다.

어떻게 눈덩이가 되었을까?

약 27억 년 전, 육지 면적이 증가해 암석의 침식이 진행되었다. 바다로 흘러간 대량의 이온과 대기 중의 이산화탄소가 결합해 암석에 축적되었다. 대기의 이산화탄소가 감소해 온실 효과가 줄어들며 급격히 한랭화가 진행되었다. 얼음으로 덮인 지구는 태양의 빛을 반사했고, 수억 년에서 수천만 년 동안 눈덩이 상태가 지속되었을 것으로 추정된다.

두꺼운 얼음으로 하얗게 덮인 지구(이미지)

어떻게 따뜻해졌을까?

지구가 얼음으로 덮인 뒤에도 화산 활동이 멈추지 않아 대기 중에 이산화탄소가 증가해 온난화가 급격히 진행되었다. 얼음이 녹아 고온이 되자 이산화탄소는 암석 속에 갇혔다.

지구의 내부는 어떻게 생겼을까?

|지구의 내부 이야기|

지구의 내부는 삶은 달걀처럼 세 개의 층으로 나뉘어 있고 뜨겁다!

세 가지만 알면 나도 우주 전문가!

지각은 대륙에서는 두껍고, 해양에서는 얇아진다

지각은 지구의 지표를 형성하는 암석과 토양층으로, 두께는 약 5~70킬로미터다. 지각이 두꺼운 부분의 지구 반지름은 약 6,370킬로미터다. 비유하자면 달걀 껍데기와 같다. 지각의 암석은 주로 규소와 산소로 이루어져 있고, 소량의 철과 알루미늄 등이 포함되어 있다.

삶은 달걀의 흰자 부분이 맨틀

맨틀은 가장 두꺼운 층으로, 지하 약 2,900킬로미터까지를 말한다. 고온으로 흐물흐물 녹은 암석이 천천히 대류를 일으키며 순환한다. 지각은 상부 맨틀과 함께 잡아당겨지며 움직인다. 깊어질수록 압력과 밀도가 상승한다.

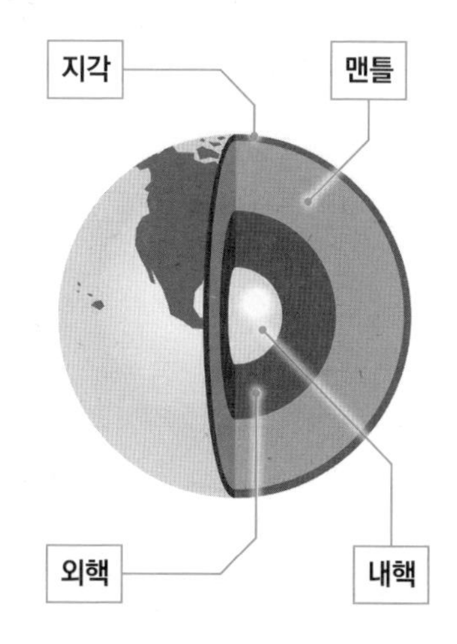

핵에는 무거운 금속이 밀집되어 있다

중심의 핵은 두 부분으로 나뉜다. 외핵은 지하 약 5,100킬로미터까지로, 녹은 액체 상태의 철과 니켈로 지자기를 형성한다. 내핵은 고체 상태의 철과 니켈로 이루어져 있다. 외핵보다 고온이지만 고압이라서 고체 상태다.

지구의 내부를 어떻게 탐사할까?

|지구 내부 탐사 이야기|

지구는 암석 덩어리라서 내부를 탐사하기가 쉽지 않다.

세 가지만 알면 나도 우주 전문가!

지구의 내부 차이는 지진파 전달 방식의 차이로 나타난다

지구는 지진의 전달 방식으로 관측한다. 지진파는 지구의 뒤편까지 도달한다. 지진파에는 두 종류가 있다. 최초로 전달되는 P파는 제1파(primary wave)이고, 후발대로 오는 흔들림이 큰 S파는 제2파(secondary wave)다.

두 파동의 전달 방식을 분석

P파는 액체나 고체에서 전달되지만 S파는 고체에서만 전달된다. 지진파는 반사하거나 굴절하기도 한다. 그러면 일정한 깊이에서 반사하거나 굴절한다는 사실을 알 수 있어 지구가 여러 층으로 이루어졌음을 추측할 수 있다.

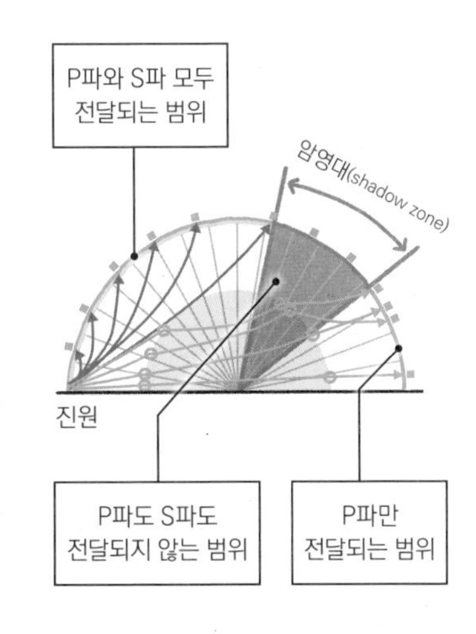

실험으로 압력과 온도를 재현한다면?

지진파가 전달되는 속도로 지구 내부의 물질과 성질을 가늠할 수 있다. 암석과 광물을 지구 내부의 초고압을 이용해 고온 상태로 만들면 어떤 일이 발생할지 실험하거나 시뮬레이션으로 내부 상태와 움직임 등에 관한 추가 정보를 알아낸다.

Day 132 지구 | 지구의 탄생

지구의 반지름과 지름은 얼마나 될까?

|지구의 크기 이야기|

우리가 살고 있는 지구의 반지름은 약 6,400킬로미터이고, 지구의 둘레는 약 4만 킬로미터다.

세 가지만 알면 나도 우주 전문가!

먼 옛날 그리스인이 측정한 지구 둘레는 약 4만 6,000킬로미터

고대 그리스의 천문학자이자 수학자였던 에라토스테네스(Eratosthenes)는 하짓날 정오 북쪽에 있는 알렉산드리아에서는 막대기에 그림자가 생기고, 정남에 있는 시에네에서는 깊은 우물 수면에 햇빛이 닿는다는 지식을 바탕으로 남중 고도 차와 두 도시의 거리로 지구의 크기를 구했다.

내비게이션으로 거리 측정

먼 옛날에는 낙타와 말 등에 짐을 싣고 다니던 대상(caravan)이 며칠 걸리는지 계산해 거리를 측정했다. 이제는 GPS를 이용하는 자동차 내비게이션으로 두 장소의 거리와 위도를 정확하게 측정할 수 있다.

인공위성을 활용해 정확히 측정

지금은 인공위성을 활용해 지구의 반지름을 측정한다. 인공위성은 지구의 중심에서 중력의 영향을 받아 궤도를 그린다. 지상에서 레이저 빛을 쏘아 인공위성이 반사하는 시간으로 지구의 반지름을 구한다.

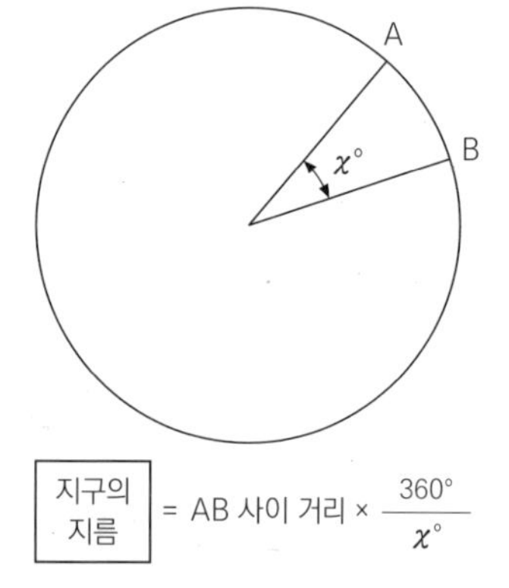

지구의 지름을 구할 때 사용한 식

지구는 정말 동그랄까?

|지구의 모양 이야기|

정확하게 완벽한 구형은 아니지만,
1억분의 1 크기로 축도하면 완벽한 구형이 된다.

세 가지만 알면 나도 우주 전문가!

지구는 적도 쪽이 살짝 볼록한 구체

정확하게 측정하면 극 방향으로 잰 반지름보다 적도 방향으로 챈 반지름이 약 21킬로미터 길다. 지구의 자전으로 변형이 가해져 적도 방향으로 살짝 불룩해졌기 때문이다. 그래서 살짝 찌그러졌지만 동그란 모양이라고 할 수 있다.

1억분의 1로 축도하면 지구의 반지름은 63.7밀리미터

적도의 반지름은 6,378킬로미터, 극의 반지름은 6,357킬로미터다. 지구를 1억분의 1로 축도하면 적도의 반지름은 63.78밀리미터이고 극의 반지름은 63.57밀리미터로 0.2밀리미터 차이 난다. 연필로 그린 선의 굵기가 대략 0.2밀리미터이니, 컴퍼스로 정확하게 반지름 63.7밀리미터의 원을 그린다면 선 안쪽과 바깥쪽의 차이 정도다.

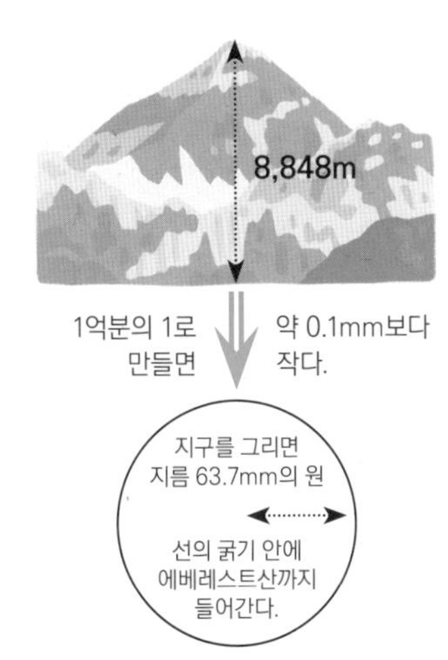

지구는 동그란 공이라고 생각해도 좋다

동그란 유리구슬도 반지름 5밀리미터에 약 0.05밀리미터의 오차가 있다. 지구가 완벽한 구형이 아닌 정도는 유리구슬의 3분의 1 수준이니 동그란 공 모양이라고 해도 무방하다.

Day 134 행성 | 태양계의 탄생

태양계는 언제 탄생했을까?

|태양계의 탄생 시기 이야기|

태양계가 탄생한 것은 약 46억 년 전으로 추정된다.

세 가지만 알면 나도 우주 전문가!

태양계는 약 46억 년 전에 탄생

우주의 탄생은 약 138억 년 전, 태양계의 탄생은 약 46억 년 전으로 추정된다. 태양계와 같은 시기에 생성되었다고 추정되는 운석의 나이를 분석하면 태양계의 나이를 알 수 있다.

옛날 옛적에 태양계가 보낸 편지 '운석'

운석은 태양계가 생성될 무렵 행성 등의 잔해로 여겨진다. 운석을 분석하면 나이를 대략 추정할 수 있다. 현재 약 46억 년보다 오래된 운석은 발견되지 않았다.

운석의 나이를 알아내는 방법

자연스럽게 붕괴하며 다른 물질로 바뀌는 방사성 물질이 운석의 나이를 알아내는 연구에 활용된다. 방사성 물질인 우라늄(238)은 반감기가 약 45억 년으로 알려져 있다. 운석의 우라늄이 절반이 되었기에, 이를 기준으로 태양계의 나이를 약 46억 년이라고 추산했다. 참고로, 우라늄은 붕괴하면 납이 되는데, 이 우라늄과 납의 비율로도 연대를 추산할 수 있다.

【우라늄 238의 반감기】

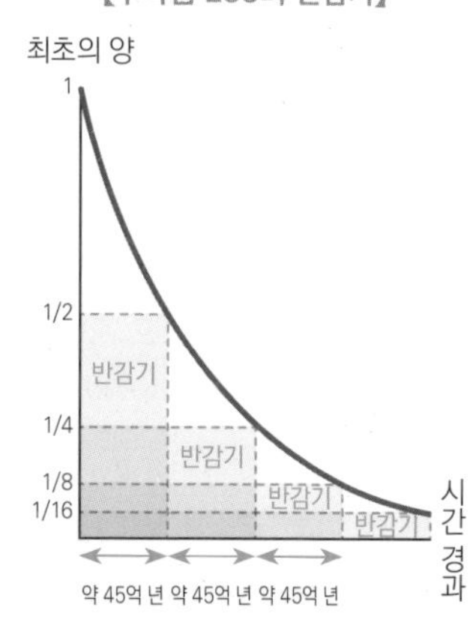

태양계는 어떻게 탄생했을까?

|태양계의 기원 이야기|

태양계는 별과 별 사이의 가스와 먼지에서 태어났다.

세 가지만 알면 나도 우주 전문가!

시작은 가스와 먼지의 집합

우주에는 가스와 먼지가 옅게 흩어져 있다. 이 가스와 먼지가 모여 매우 높은 농도에 이르면 성간운(星間雲)이라는 구름이 만들어진다. 이 구름은 회전하면서 평평한 원반 모양을 이루는데, 중심에서 덩어리로 뭉친다. 이 덩어리를 '원시 태양'이라고 한다.

태양이 빛나기 시작하다

덩어리 안에 모인 가스 등의 거대한 중력으로 핵융합 반응이 일어난다. 핵융합 반응으로 방출된 에너지로 원시 태양이 빛을 내기 시작한다. 이 상태를 '원시 태양계 성운'이라고 한다. 원시 태양계 성운 안에는 행성의 재료가 되는 대량의 물질이 존재한다.

행성이 만들어지다

주위 원반 안에서는 남은 가스와 먼지가 엉겨 붙어 작은 덩어리('미행성')가 대거 생성된다. 이 미행성들이 충돌하면서 차츰 커져 원시 행성이라 불리는 단계에 이른다.

원시 태양계 성운

태양계에는 몇 개의 행성이 있을까?

| 태양계의 행성 이야기 |

태양계에는 현재 여덟 개의 행성이 있다.

세 가지만 알면 나도 우주 전문가!

태양계의 행성은 '수·금·지·화·목·토·천·해'

태양계의 행성은 여덟 개다. 태양에 가까운 순서대로 수성, 금성, 지구, 화성, 목성, 토성, 천왕성, 해왕성이다. 예전에는 명왕성도 행성으로 여겼으나 2006년 8월 체코 프라하에서 열린 국제천문연맹(IAU) 총회에서 왜행성으로 강등되었다.

행성의 조건이 결정되다

행성의 조건을 간단히 정리하면 '태양 주위를 도는 천체이어야 하고', '충분히 큰 물질을 보유하고 자신의 중력으로 구체가 되어야 하며', '중력으로 궤도 외의 천체를 날려버릴 수 있어야 한다'.

행성은 언제 발견되었을까?

약 5,000년 전 메소포타미아 사람들은 수성, 금성, 화성, 목성, 토성의 신비한 움직임에 매료되어 이를 점성술에 활용했다. 1781년에는 망원경을 사용해 천왕성이 발견되었고, 1846년에 해왕성이 발견되었다. 참고로, 행성의 움직임에서 규칙성을 도출해 주기를 알아낸 것은 약 2,750년 전이다.

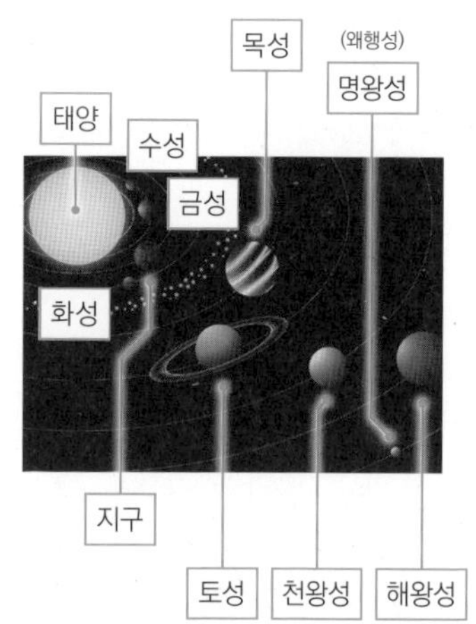

지구형 행성의 특징은 뭘까?

|지구형 행성 이야기|

지구형 행성은 암석과 금속 등의 단단한 물질로 이루어져 있다.

세 가지만 알면 나도 우주 전문가!

태양계에는 네 개의 지구형 행성이 있다

수성, 금성, 지구, 화성이 태양계의 지구형 행성에 해당한다. 지구형 행성은 암석과 금속 등 단단한 물질로 이루어져 있어 '암석 행성' 또는 '고체 행성'이라고 부르기도 한다.

태양에서 가까운 지구형 행성

태양계가 생성된 구름(원시 태양계) 주위의 옅은 원반 주변에 가스와 먼지가 작은 덩어리로 뭉쳐 미행성이 되었다. 이후 충돌과 합체를 반복하면서 행성이 만들어졌다. 그중 태양에서 가까운 행성, 즉 수성, 금성, 지구, 화성을 '지구형 행성'이라고 한다.

충돌을 반복하면서
크기를 키운 행성의 상상도

태양풍으로 가스가 날아갔다

지구형 행성은 태양 가까이 있다. 태양풍이 가스를 날려버려 암석과 금속이 남았다. 그래서 지구형 행성에는 가스와 고리가 없고, 위성의 수도 두 개 이하로 적다. 태양풍에 의해 날아간 물체들이 화성 바깥의 소행성대에 남아 있는 것으로 추정된다.

목성형 행성의 특징은 뭘까?

|목성형 행성 이야기|

목성형 행성은 커다란 고리와 여러 개의 위성을 지니고 있다.

세 가지만 알면 나도 우주 전문가!

목성형 행성에는 두 종류가 있다

목성형 행성은 태양에서 떨어진 거대한 행성이다. 어느 별에서나 고리가 발견되고 있다. 목성형 행성은 거대한 가스 행성인 목성, 토성과 거대한 얼음 행성인 천왕성, 해왕성으로 나눌 수 있다.

거대한 가스 행성, 목성과 토성

목성과 토성은 모두 수소와 헬륨으로 이루어져 있다. 특히 목성은 크기가 더 커지고 질량이 더 있었더라면 태양과 같은 항성이 되었을 수도 있다. 한편 토성은 또렷한 고리가 있으며 물에 뜰 정도로 가볍다.

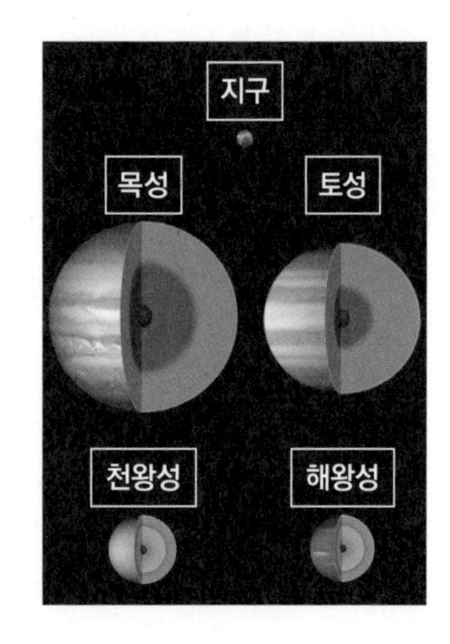

거대한 얼음 행성, 천왕성과 해왕성

천왕성과 해왕성은 수소 외에 메탄가스가 존재해 푸르게 보인다(Day 256 참고). 표면 온도는 두 행성 모두 섭씨 약 영하 210도다. 지표층 아래에는 물, 암모니아, 메탄 등으로 된 얼음 맨틀이 존재한다. 영어로 거대한 가스 행성을 '가스 자이언트(gas giant)', 거대한 얼음 행성을 '아이스 자이언트(ice giant)'라고 한다.

태양계의 크기는 얼마나 될까?

|태양계의 크기 이야기|

태양계의 반지름은 약 14~15조 킬로미터로,
끝에서 끝까지 빛의 속도로 약 3년이 걸린다.

세 가지만 알면 나도 우주 전문가!

가장 바깥을 도는 행성까지의 거리

태양계에서 가장 먼 해왕성까지 거리는 45억 킬로미터다. 지구와 태양의 거리를 1로 잡은 천문단위(AU)로 계산하면 30AU다. 그 바깥의 외연 천체까지 합하면 30~50AU다. 명왕성도 이 그룹에서 30AU이고 해왕성도 궤도가 겹친다. 참고로, 태양계에서 가장 가까운 항성은 켄타우루스자리 알파의 항성계 프록시마 켄타우리(Proxima Centauri)다.

탐사선이 간 가장 먼 곳은 태양권 계면

탐사선 보이저 1호가 2012년에 인공물로는 최초로 태양권 계면(heliopause)을 통과했다. 태양권 계면은 태양에서 항상 나오는 바람이 도달하지 않는 지점으로, 여기까지 거리는 110~160AU다.

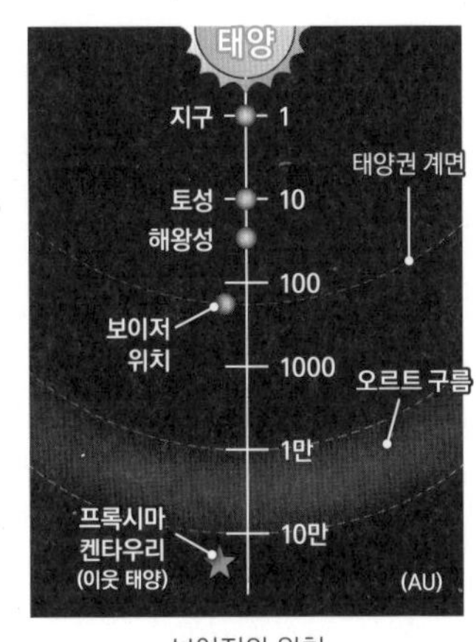

보이저의 위치

오르트 구름까지 거리

태양권 계면 너머에 지름 100킬로미터보다 작은 천체 오르트 구름(Oort cloud)이 있다. 거기까지 거리는 약 1만~10만 AU로 추정된다. 여기서부터 혜성이 온다고 여겨진다.

태양계는 어디에 있을까?

|태양계의 위치 이야기|

태양계는 우리은하의 중심에서 약 2만 6,000광년 떨어진 곳에 있다.

세 가지만 알면 나도 우주 전문가!

태양계가 있는 우리은하

빛이 적은 곳에서 밤하늘을 바라보면 구름처럼 희미한 빛의 띠가 하늘을 가로지르는 모습을 볼 수 있다. 이것이 바로 은하수다. 은하수를 1년 동안 관찰하면 겨울보다 여름에 별이 더 가득하다는 것을 알 수 있다.

태양계는 우리은하의 중심이 아니다

왜 계절마다 은하수를 채운 별의 개수가 달라 보일까? 우리 태양계가 은하의 중심이 아니기 때문이다. 여름에는 은하의 중심 방향을 향해 많은 별을 볼 수 있다. 그리고 겨울에는 지구 밤하늘이 은하 바깥을 보게 되어 은하수에서 보이는 별의 수가 적어진다.

태양계는 어디 근방?

우리은하는 지름이 약 10만 광년, 두께가 약 1,000광년인 막대 나선 은하로 알려져 있다. 태양계는 은하의 중심에서 약 2만 6,000광년 떨어진 지점에 있다. 참고로, 은하는 회전하는데, 지금까지 태양계는 은하를 20바퀴 돌았을 것으로 추정된다.

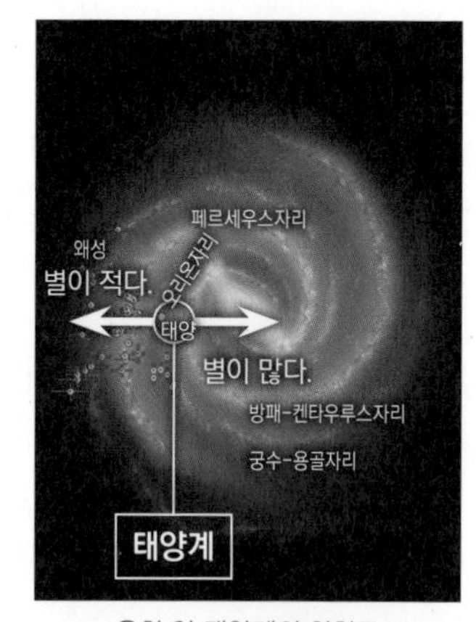

은하 안 태양계의 위치도

지구와 태양의 거리는 얼마나 될까?

|공전 궤도 이야기|

지구와 태양은 빛의 속도로 8분 이상 걸릴 만큼 떨어져 있다.

세 가지만 알면 나도 우주 전문가!

무려 1억 5,000만 킬로미터

지구의 공전 궤도가 타원형이라서 태양과의 거리는 멀어지기도 하고 가까워지기도 한다. 대략 1억 5,000만 킬로미터에 이른다. 이를 1천문단위(AU)라고 한다. 1천문단위는 정확히 149,597,870,700미터라고 정해져 있다. 멀어도 달과 같은 크기로 보이는 태양의 지름은 지구가 109개 나란히 늘어설 정도로 거대하다.

도보로 4,000년 이상 걸리는 거리

지구에서 태양까지의 거리는 지구 3,750바퀴, 고속철도로 편도 50년 이상, 도보로 4,000년 이상, 우주에서 가장 빠른 빛으로 8분 19초가 걸린다. 지구와 태양 가까이 있는 사람은 너무 멀어서 실시간으로 교신할 수 없다. 일반적으로 가늠할 수 없는 먼 거리다.

태양은 지구에서 가장 가까운 항성

태양은 지구에서 가장 가까운 항성이다. 그 다음으로 가까운 항성은 켄타우루스자리 알파로 4.3광년, 무려 태양까지 거리의 약 27만 배다.

태양 에너지의 크기는 얼마나 될까?

|태양 상수 이야기|

상공에서는 1제곱미터에 1,300와트 정도로 강력하다.

세 가지만 알면 나도 우주 전문가!

태양 상수는 1,300W/m^2

계절과 위도에 따라 차이는 있지만, 태양에서 오는 에너지를 대기권 밖 가장 강렬하게 내리쬐는 지점에서 받으면 1제곱미터당 약 1,300와트가 된다. 이를 '태양 상수(solar constant)'라고 한다. 강력한 전자레인지를 사용할 정도의 에너지다. 그러나 태양 상수는 추정치였고, 현재는 인공위성으로 직접 측정할 수 있다.

지표에 도달하는 에너지는 절반 정도

태양에서 오는 에너지의 약 30퍼센트는 그대로 반사되어 우주로 돌아가고 약 70퍼센트만 지구에 흡수된다. 그런데 그중 약 20퍼센트는 대기로 흡수되어, 지표면에는 절반 정도만 흡수된다. 바다에 흡수된 에너지는 비와 바람의 에너지원이 된다.

【태양 에너지의 작용】

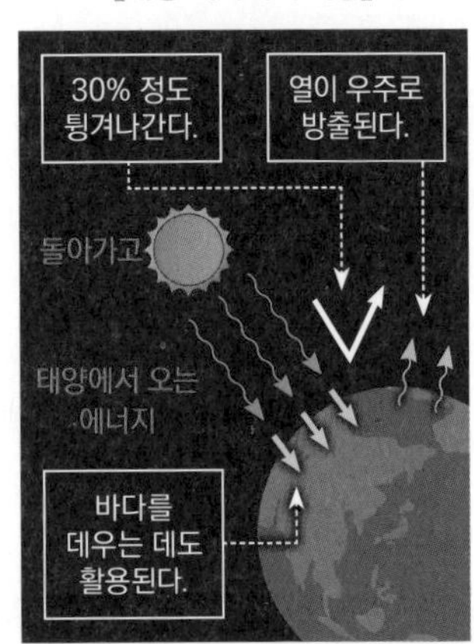

마지막에 모두 우주 공간으로 되돌아간다

태양광이 아무리 닿아도 지구의 평균 기온은 크게 변하지 않는다. 이는 태양에서 온 에너지가 최종적으로는 열이 되어 모두 우주 공간으로 방사되기 때문이다.

태양 에너지는 지구에 어떻게 전달될까?

| 전자파 이야기 |

태양에서 오는 에너지는 지구에 주로 전자파 에너지로 도달한다.

세 가지만 알면 나도 우주 전문가!

태양에서 방출되는 다양한 에너지

태양에서는 전기를 띤 입자(전리된 수소와 헬륨) 외에도 다양한 전자파가 방출된다. 그런데 수소와 헬륨은 지표까지 도달하지 않는다. 지표까지 도달하는 것은 전자파 에너지뿐이다.

빛도 전자파의 일종

지표에 닿는 태양 에너지 대부분은 가시광선과 적외선이다. 태양에서는 눈에 보이는 빛(가시광선) 외에 전파와 적외선, 자외선 등 눈에 보이지 않는 빛도 온다. 이 빛들은 모두 에너지를 싣고 온다. 전자파는 진공 상태의 우주와 무관하게 반드시 광속으로 어디든 전달된다.

【가시광선의 파장】

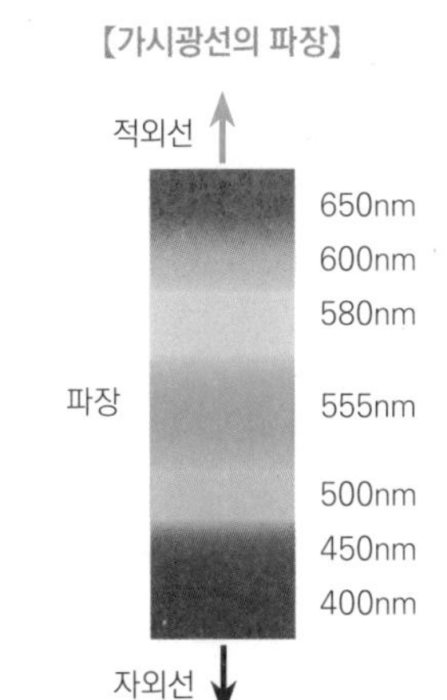

적외선은 눈에 보이지 않는 빛의 일종

눈에 보이지 않는 빛에는 주로 적외선과 자외선이 있다. 적외선은 에너지가 약한 빛으로, 닿으면 전기난로 램프처럼 따뜻해진다. 자외선은 에너지가 강한 빛으로, 닿으면 피부가 그을거나 일광 화상을 입을 수 있다.

태양 에너지는 무엇에 쓰일까?

|태양 에너지의 사용 이야기|

기상 현상과 생명 활동 대부분이 태양의 에너지로 이루어진다.

세 가지만 알면 나도 우주 전문가!

인류가 사용하는 에너지의 1만 배 이상

햇빛으로 지구에 도달하는 에너지를 '태양 에너지'라고 한다. 대기와 지표에서 반사되기 전 단계에서 약 170PW(PW=1,000조 와트)다. 이는 인류가 사용하는 전체 에너지의 1만 배 이상에 해당한다.

대부분 기상 현상에 쓰인다

지구는 대부분 바다라서 대량의 태양 에너지가 바닷물을 데우고, 증발시켜 구름이 되고, 바람을 일으켜 비를 내리는 데 사용된다. 절대 영도에 가까운 우주와 비교해 지구가 따뜻한 것은 태양 덕분이다. 핵연료와 지열 에너지 외에는 모두 태양 에너지다.

생물은 태양 에너지로 살아간다

광합성을 하는 식물, 식물을 먹는 동물, 동물을 먹는 동물 모두 태양 에너지를 공유한다. 동식물의 사체에서 생긴 화석연료도 태양 에너지가 형태를 바꾼다. 참고로, 고갈되지 않고 이산화탄소를 배출하지 않는 에너지를 '재생 가능 에너지(renewable energy)'라고 한다.

Day 145 태양 | 태양 에너지

태양이 활발해지는 시기는 언제일까?

| 흑점 이야기 |

태양은 자전하는 거대한 가스 자석으로, 11년 주기로 활발해진다.

세 가지만 알면 나도 우주 전문가!

태양은 자전하는 자석이다

태양은 자전하는 전리(電離)된 뜨거운 수소 덩어리다. 태양 내부에는 수소의 복잡한 기류가 흐르고 있어 수십억 암페어(A)의 전기가 흐르며, 강력한 자기장을 형성한다.

흑점의 수로 태양의 활동 주기를 가늠할 수 있다

자기 선속(磁氣線束, magnetic flux)이 태양 밖으로 뛰쳐나오는 검은색 출구를 '흑점'이라고 한다. 자력선이 N극과 S극으로 한쌍이어서 흑점도 반드시 짝을 이룬다. 흑점이 많으면 자기장이 강하다. 이는 태양 내부의 전류가 강하다는 뜻이며, 태양 활동이 활발해지는 극대기에 접어들었다는 증거다.

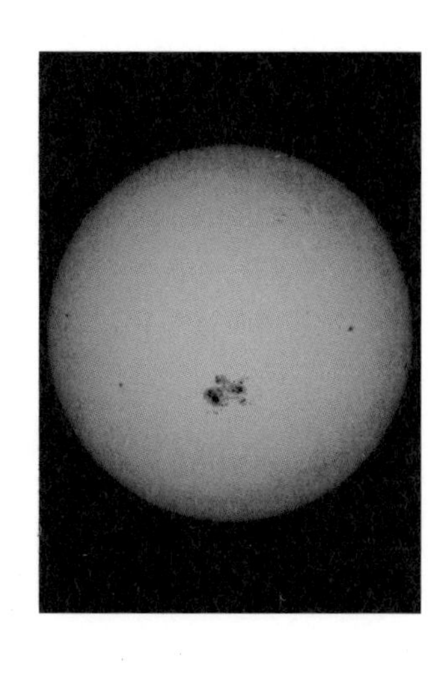

태양은 11년 주기로 활발해진다

흑점이 증가해 활발해지면 자력선끼리 접촉해 연결 패턴이 변형되는 자기 재연결(Magnetic reconnection)이 일어나기도 한다. 이때 태양 플레어가 발생해 태양에서 강력한 태양풍과 전자파가 방출된다.

Day 146 태양 | 태양 에너지

태양풍은 지구에 어떤 영향을 미칠까?

|지자기 폭풍 이야기|

태양풍으로 인해 태양에서 전기 입자가 날아오지만,
지구의 강한 자기장이 이를 차단한다.

세 가지만 알면 나도 우주 전문가!

태양에서 전기를 띤 입자가 날아온다

태양의 활동이 활발해지면 태양 표면에 있는 물질이 주위로 날려 그 일부가 지구에까지 오기도 한다. 정체는 대개 전리된 수소다. 가끔 헬륨과 전자도 날아온다. 속도는 무려 시속 400킬로미터가 넘는다.

지표까지는 도달하지 않는다

걱정할 필요 없다! 지구는 거대한 자석이라서 자기장이 지구를 감싸고 있다. 전기를 띤 입자가 날아오면 빠를수록 강한 자기장에 의해 휘어지며 우주 끝으로 날아가기 때문에 웬만해선 지표에 도달하지 않는다.

상공의 전파 환경은 대혼란

상공에서는 전파를 사용하는 위성 통신과 전자 통신에 잡음이 섞여들어 전자파 장애를 일으키기도 한다. 이를 '지자기 폭풍'이라고 한다. 태양풍이 드물게 자기장을 따라 대기권까지 침입하면 공기 분자에 닿아 오로라가 발생한다. 태양풍이 지상까지 도달해 정전이나 회로가 타는 등의 사건 사고가 발생하기도 한다.

【태양풍을 차단하는 지구 자기장】

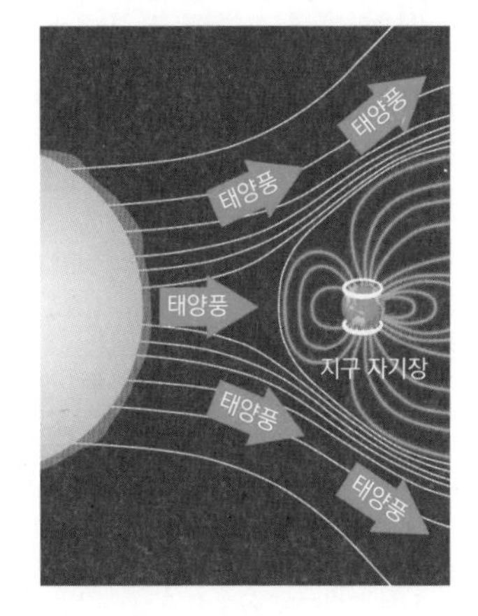

Day 147 태양 | 태양 에너지

생물에 해로운 자외선의 정체는 뭘까?

|자외선 이야기|

에너지가 강한 자외선은 우리 피부를
그을게 만드는 원인으로, 유전자에 손상을 일으키기도 한다.

세 가지만 알면 나도 우주 전문가!

자외선은 눈에 보이지 않는 강한 빛

지상에 도달하는 전자파는 대부분 가시광선과 적외선이다. 하지만 눈에 보이지 않는 자외선도 에너지로 5퍼센트가량 섞여 있다. 대체로 A파라고 부르는 약한 자외선이며 B파라는 강한 자외선이 약간 포함되어 있다.

자외선은 생물에 해롭다

자외선이 닿으면 화학물질의 결합을 차단하기도 한다. 특히 세포 내부에 있는 DNA라는 유전 물질이 손상되면 세포가 사멸하거나 암세포가 만들어지기도 한다. A파는 약하지만 피부 깊은 곳까지 도달한다. 결과적으로, A파와 B파 모두 생물에 해롭다. 하지만 자외선이 피부에서 비타민 D를 합성하는 에너지원으로 사용되어 이로울 때도 있다.

일광 화상과 백내장의 원인이 되기도 한다

피부가 자외선에 노출되면 자외선이 피부 깊은 곳까지 들어오지 못하도록 우리 몸이 대항한다. 그런데도 그을리고 주름이나 기미가 생기며 눈에 닿으면 백내장을 일으킬 수도 있다. 외출할 때는 자외선 차단제를 잊지 말자!

달이 사라지면 지구는 어떻게 될까?

|달과 생명 이야기|

달이 사라지면 지구상의 생명에도 지대한 영향을 준다.

세 가지만 알면 나도 우주 전문가!

달과 지구는 언제나 함께였다

달과 지구는 탄생 이후 대부분 시간을 줄곧 함께해왔다. 그래서 현재 지구의 기후부터 자전 속도, 지축의 기울기에 이르기까지 갖가지 형태로 달이 지구에 영향을 미친다고 추정할 수 있다.

조수간만의 차이가 생명을 낳았다

대다수 바다 생명체는 조수간만의 차이(조석 작용)에 의해 번식한다. 조석의 대부분은 달의 인력으로 일어난다. 따라서 달이 사라지면 최악의 경우 생물의 번식에 문제가 생길 가능성도 있다. 인력의 세기는 거리에 비례하는데, 옛날의 조석 작용은 지금보다 격렬했다.

없어지는 방법도 중요

거대한 운석과 충돌해도 달이 완전히 사라지는 상황은 예상하기 어렵다. 만약 파편 대부분이 달에 계속 머문다고 하더라도 인력의 크기는 변하지 않는다. 따라서 조석력도 달라지지 않고, 지구도 현상 그대로 유지할 가능성이 크다. 참고로, 인력의 크기는 전체가 같은 무게라면 형태에 의존하지 않는다.

달과 지구의 거리는 얼마나 될까?

|달과 지구의 거리 이야기|

지구의 중심에서 달의 중심까지는 약 38만 4,000킬로미터다.

세 가지만 알면 나도 우주 전문가!

달과의 거리는 빛(레이저)으로 계측한다

달은 약간 특별한 존재라서 다른 천체와 다른 방법으로 거리를 알아낼 수 있다. 달 표면에 설치된 반사경 덕분이다. 지구에서 레이저를 조사(照射)해 반사해서 지구에 돌아오는 시간으로 정확한 거리를 알 수 있다.

빛의 속도로도 1초 이상 걸린다

반사경을 이용해서 측정한 결과는 평균 약 2.6초다. 즉, 지구의 중심에서 달의 중심까지 가는 데 1.3초 걸린다. 빛은 1초당 약 30만 킬로미터를 갈 수 있으니 약 38만 4,000킬로미터라는 계산이 나온다. 지구가 탁구공(지름 4센티미터) 크기라면 달은 약 1.2미터 떨어진 지름 1센티미터 크기의 유리구슬이라고 할 수 있다.

지금도 멀어지고 있다

달은 1년에 약 3.8센티미터 속도로 지구에서 멀어진다는 사실이 밝혀졌다. 다시 말해, 태곳적에는 달이 지구와 훨씬 가까웠다.

별 우주 지구 행성 태양 달 은하 우주개발

달을 기준으로 어떻게 1년을 계산했을까?

|달과 달력 이야기|

옛날에는 달을 기준으로 1년을 계산했다.

세 가지만 알면 나도 우주 전문가!

달의 위상 변화로 오늘과 내일, 어제를 구별했다

옛날 사람들은 누구나 알 만한 방법으로 하루하루를 구별하려면 달의 위상 변화를 기준으로 삼는 것이 바람직하고 믿었다. 달의 위상 변화는 밤하늘을 보면 알 수 있기 때문이다. 이를 '태음력(太陰曆)'이라고 한다. 태음이란 태양에 대하여 달을 일컫는 말이다.

가장 오래된 문명도 태음력을 활용했다

태음력은 고대 메소포타미아에서도 활용되었다. 1년이 12개월이라는 개념도 이 무렵에 이미 존재했다. 다만 초승달에서 다음 초승달이 뜰 때까지 약 30일밖에 없어 1년을 고려하면 계절과 달이 맞지 않는다.

윤달로 조정했다

이런 점을 해결하기 위해 춘분이나 동지처럼 중요한 날이 1년의 같은 시기에 오도록 때때로 같은 달을 두 번 넣었다. 가령 8월 뒤에 윤달 8월을 넣는 식으로 윤달을 이용해 달과 계절을 일치시켰다.

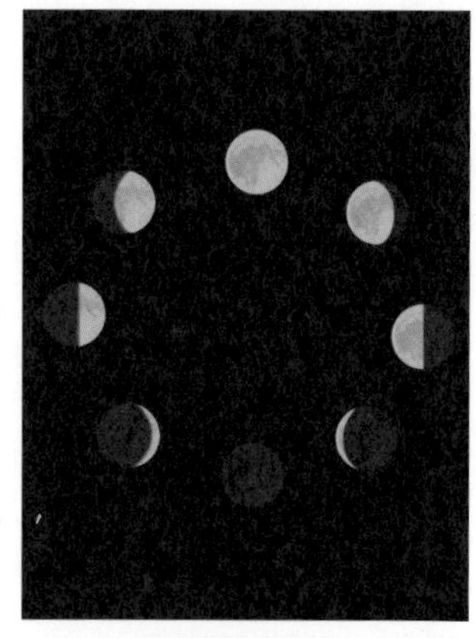

달의 위상 변화

달을 보면 날짜를 알 수 있을까?

| 달과 날짜 이야기 |

태음력을 기준으로 하면 날짜를 확실하게 알 수 있다.

세 가지만 알면 나도 우주 전문가!

초승달은 1일이라고 정해져 있다

옛날 중국을 비롯한 동양에서 채택한 달력에서는 달의 첫째 날을 초승달이 뜨는 날이라고 정해놓았다. 초승달을 한자로 '삭(朔)'이라 쓰고, 첫 달을 '삭망월(朔望月)'이라고 한다.

달이 없는 밤은 '그믐'

그믐은 음력으로 달의 마지막 날인 29일 또는 30일로 삭 하루 전날이다. 음력 28일 이후인 29일부터는 달이 보이지 않아 대체로 이때부터 그믐이 시작된다고 여긴다. 예로부터 한 해의 마지막 달인 12월을 선달이라 부르고, 선달의 그믐을 '섣달그믐'이라고 불렀다.

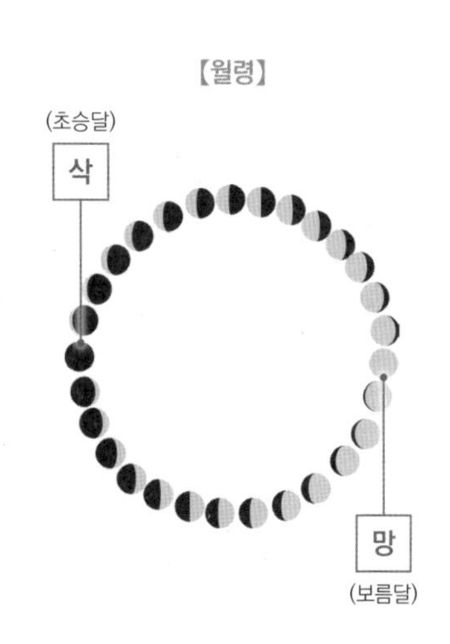

보름은 음력 15일

마찬가지로 음력 15일을 '보름'이라고 정했다. 한 달을 둘로 나눌 때 초하루부터 15일까지를 '보름', 16일부터 그믐까지를 '후보름'이라고 한다. 이 정도만 알면 누구나 밤하늘의 달을 보며 태음력으로 며칠인지 알 수 있다.

같은 시간에 보이는 달은 어디서나 같은 모양일까?

|지구에서 보이는 달 이야기|

달은 구체라서 보이는 각도에 따라 보이는 부분에 차이가 생긴다.

세 가지만 알면 나도 우주 전문가!

달은 지구와 가장 가까운 천체지만 생각보다 멀다

지름 1센티미터 정도의 구슬을 오른손에 쥐고 팔을 힘껏 뻗어보자. 그때 구슬과 오른쪽 눈의 관계가 비율적으로 달과 지구의 거리와 가깝다. 그 상태에서 오른쪽 눈을 살짝 움직여도 보이는 범위는 달라지지 않는다.

해상도를 높이면 차이를 알 수 있다

맨눈으로 구별하기 어렵다면 망원경을 사용하면 되지 않을까? 해상도가 엄청 높은 기재를 동원해 북극과 남극에서 각각 관측하면 달 주위에 아주 살짝 보이는 부분에서 차이를 찾아낼 수 있다. 참고로, 보이는 달의 모습은 같아도 해석은 제각각이라서 달에서 토끼 대신 게가 보인다는 나라도 있다.

갈릴레오 탐사선으로 촬영한 달의 서반구

그런데도 오차일 수 있다

실제로 북극과 남극에 가기는 어렵다. 책상 위에서 계산해보면 거리가 30킬로미터가량 차이 나는 것을 볼 수 있다. 하지만 달 원주의 약 0.3퍼센트밖에 되지 않아 오차 범위 내라고 할 수 있다.

낮에는 왜 달을 보기 힘들까?

|낮에 뜨는 달 이야기|

달은 태양보다 밝지 않아 낮에는 햇빛에 가려진다.

세 가지만 알면 나도 우주 전문가!

낮에도 달을 볼 수 있다

상현달은 낮 무렵에 뜨고 하현달은 낮 무렵에 진다. 따라서 낮 시간에도 달이 하늘에 있는 모습을 드물지 않게 볼 수 있다. 그런데 우리 눈에 잘 띄지 않는 이유는 강렬한 햇빛으로 인해 주위가 밝아서 상대적으로 희미한 달이 가려지기 때문이다.

어두운 방에서 손전등을 비춘다

낮에 달이 눈에 잘 띄지 않는 현상을 실험으로 확인할 수 있다. 빛이 약한 손전등을 준비한다. 깜깜한 방으로 들어가서 손전등을 켜면 빛이 방 안에 비치면서 광원인 손전등을 바로 찾아낼 수 있다.

밝은 방에서 손전등을 비춘다

이번에는 낮처럼 밝은 방에서 손전등을 켠다. 손전등 빛이 방 끝까지 닿는지도 알 수 없고 제대로 켜졌는지조차 가늠하기 어렵다. 낮의 달도 이와 마찬가지다. 참고로, 낮에도 주위를 어둡게 만들어 달에만 집중해서 보면 조금 더 선명하게 볼 수 있다.

Day 154 달 | 달과 지구

지구에서 보이는 모습은 달의 어느 부분일까?

|달의 뒷면 이야기|

지표로 향하는 면이 '앞'이고 보이지 않는 면이 '뒤'다.

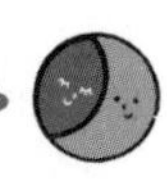

세 가지만 알면 나도 우주 전문가!

달은 자전하면서 공전하고 있다

달이 같은 면을 지구로 향하는 현상이 나타나는 것은 달의 자전 주기와 지구를 도는 공전 주기가 겹치기 때문이다. 달은 자전하는 동안 딱 맞게 지구 주위를 한 바퀴 돈다.

우선 공전해보자

실험을 해보자. 두 사람이 짝을 지어 각각 달 역할과 지구 역할을 맡는다. 땅바닥에 원을 그린 뒤 원 중심에 지구 역할을 맡은 사람이 선다. 달 역할을 맡은 사람이 원을 따라 돌면 공전 현상을 눈으로 확인할 수 있다.

자전해 보자

달 역할을 맡은 사람이 이번에는 지구 역할을 맡은 사람 쪽으로 얼굴을 돌리고 원을 따라 걷는다. 그러면 자연스럽게 머리(몸)가 한 바퀴 돌아간다. 이것이 자전이다. 한 바퀴 돌 무렵 원을 한 바퀴 돌면 지구 역할을 맡은 사람이 볼 때는 어느 쪽을 향하든 달 역할을 맡은 사람의 정면만 보게 된다.

지구에서 보이지 않는 달의 뒷면

최초의 인공위성은 뭘까?

|인공위성 발사 이야기|

최초의 인공위성은 1957년 구소련에서 발사한 '스푸트니크'다.

세 가지만 알면 나도 우주 전문가!

관측 로켓으로 인공위성을 궤도에 올렸다

일본은 고도 1,000킬로미터의 밴앨런대(Van Allen Belt) 관측을 목표로 람다 로켓(Lambda 4S)을 발사했다. 3단식 관측 로켓에 구형(球形) 4단을 붙이면 인공위성이 된다는 착상으로, 관측 위성을 더욱 높이 발사하는 개발에 착수해 인공위성을 발사하는 연구도 추진했다.

무유도 로켓

초기 람다 로켓에는 인공위성을 궤도에 올리는 유도 장치가 없었다. 그래서 비스듬하게 발사해 지구의 인력으로 서서히 수평이 되었다가 포물선 정점에서 위성 자세를 제어해 궤도에 안착시키는 무유도 방식을 개발했다.

【인공위성 오스미】

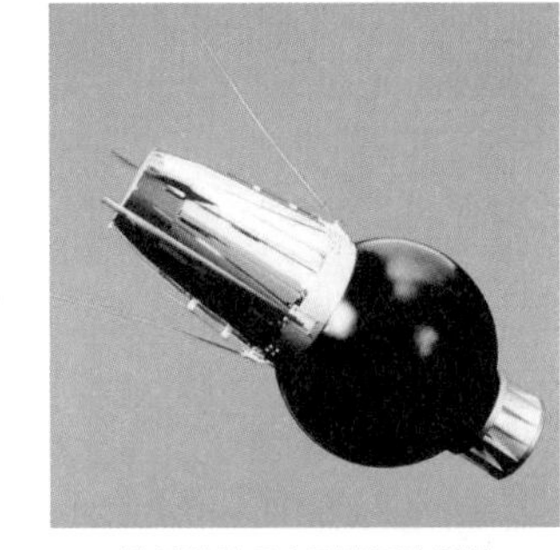

발사장이 오스미반도에 있어 '오스미'라는 이름이 붙었다.

다섯 번째 성공

1966년에 처음 발사한 뒤 네 번 실패하고, 1970년 다섯 번째 발사에서 성공했다. '오스미' 위성이 발신한 전파가 세계 각지에서 확인되었고, 약 2시간 30분 만에 지구를 한 바퀴 돌아 일본에서도 신호를 확인했다.

핼리 함대는 무슨 일을 하는 위성일까?

|혜성 탐사 이야기|

핼리 혜성의 국제협력 탐사 계획에 참여한 우주 탐사선이다.

세 가지만 알면 나도 우주 전문가!

핼리 함대가 뭘까?

1986년 태양에 접근한 핼리 혜성의 국제협력 탐사 계획에 참여한 탐사선들을 '핼리 함대(Halley Armada)'라고 부른다. 구소련과 프랑스 합작의 '베가(Vega)' 1~2호, 유럽우주국(ESA)의 '지오토(Giotto)', 미국의 '국제 혜성 탐사선(ICE)', 일본의 '사키가케(Sakigake)'와 '스이세이(Suisei)'로 구성되었다.

핼리 혜성 탐사 관계기관 연락협력회

혜성을 직접 관측하려면 계획에서부터 탐사선 제작과 발사까지 긴 세월에 걸친 노력이 필요하다. 그러나 76년 주기를 가진 혜성을 직접 관측할 수 있는 귀중한 기회라고 여겨 국제회의에 참여한 국가들이 공동 관측했다.

【일본의 핼리 혜성 탐사선】

사키가케

스이세이

핼리 탐사대의 성과

유럽우주국의 지오토는 혜성의 핵에 접근해 최초로 사진을 촬영했다. 일본의 스이세이는 핼리 혜성의 핵 주위 가스의 규칙적인 밝기 변화를 발견해 핼리 혜성의 핵이 약 53시간 주기로 자전한다는 사실을 알게 되었다.

기상 위성은 무슨 일을 할까?

|기상 위성 이야기|

정지 궤도에서 지구의 기상 정보를 관측한다.

세 가지만 알면 나도 우주 전문가!

넓은 범위를 관측하는 정지 위성

각국은 자국의 기상 관측 정보를 수집하기 위해 활발하게 위성을 발사하고 있다. 유럽 기상 위성 '메테오샛(Meteosat)'은 1977년부터 기상 관측을 시작해 현재 3세대 모델이 활동하고 있다. 일본의 기상 위성 '히마와리(Himawari)'는 고도 약 3만 6,000킬로미터 상공에서 지상을 관측하고 있다.

최첨단 관측 장치

히마와리 8호는 가시광선부터 적외선까지 16개 영역으로 나누어 관측한다. 그 결과를 조합하면 구름의 모습, 지표와 해수면, 구름의 온도 분포, 황사와 화산재 구별, 구름 입자 등 다양한 기상 정보를 알 수 있다.

데이터 수집 시스템 능력

선박이나 조위계(조석 현상을 파악하기 위해 특정 장소에서 일정한 시간 간격으로 해수면의 높이를 관측하는 장치), 지진계 등의 관측 데이터를 히마와리 위성이 중계해 지상국으로 보낸다. 히마와리의 데이터는 공개되어 있다.

【히마와리 8호의 고도】

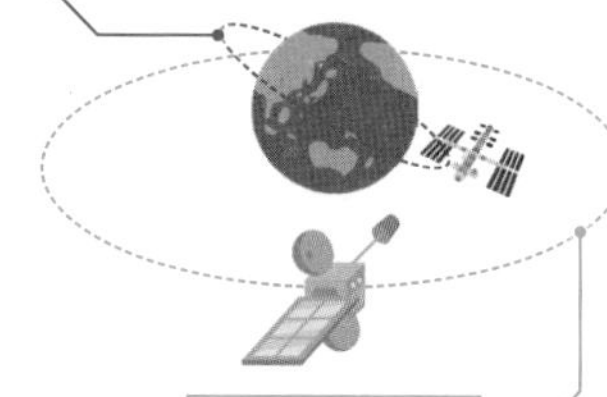

X선 천문 위성이 뭘까?

| X선 천문 위성 이야기 |

X선이 지구 대기에서 흡수되어 로켓 등을 활용해 관측한다.

세 가지만 알면 나도 우주 전문가!

대기권 밖에서 관측

별에서 오는 X선은 관측되지 않았다. 그러다가 1962년에 로켓을 사용해 관측하면서 최초로 태양 이외 별에서 오는 X선이 관측되었다. 그동안 대기가 관측을 방해했던 것이다. X선을 활용해 우주를 관측하는 위성을 'X선 천문 위성'이라고 한다.

X선으로 관측

우주에서 X선 관측이 시작되자 X선을 방출하는 별이 연이어 발견되었다. 그리고 초신성 폭발과 블랙홀 등 격렬하게 활동하는 천체도 X선을 방출한다는 사실, 코로나 온도가 수만 도라는 사실, 격렬한 태양의 활동 등도 알아냈다.

【일본 최초 X선 천문 위성 하쿠초】

각국의 X선 천문 위성

유럽우주국(ESA)이 발사한 'XMM-뉴턴', 미국 NASA의 '찬드라 엑스선 관측선(Chandra X-ray Observatory)' 등이 블랙홀과 우주의 신비를 밝히는 연구를 진행 중이다. 일본도 1979년 '하쿠초(Hakucho)'를 발사한 이후 계속해서 X선 천문 위성을 발사하고 있다.

Day 159 우주 개발 | 인공위성

지구 관측 위성은 무슨 일을 할까?

| 지구 관측 위성 이야기 |

바다와 육지, 대기 등 지구의 모습을 우주에서 탐사한다.

세 가지만 알면 나도 우주 전문가!

관측 기기는 크게 두 가지

관측 기기에는 눈에 보이는 빛과 그에 가까운 적외선을 사용하는 광학 센서, 전파를 사용하는 마이크로파 센서 등이 있다. 반사된 태양의 빛을 관측하는 센서는 밤에 사용할 수 없다. 전파를 발사해 그 반사파를 관측하는 능동형 센서도 있다.

지구 관측 위성

러시아의 상업용 위성 '레수르스 DK', 일본의 '다이치 2호'와 '이부키 2호' 등이 지구 관측 위성이다. 다이치 2호는 지표면의 미세한 변화를 포착할 수 있어 재해 상황을 신속하게 감지할 수 있으며 능동형 센서로 되어 있어 야간에도 관측이 가능하다. 그리고 이부키 2호는 전 세계 5만 6,000곳에서 이산화탄소와 메탄 등 온실 효과의 원인이 되는 가스를 관측하고 있다.

【지구 관측 위성 다이치 2호 CG】

비군사용으로 사용

지구 관측 위성은 군사용 정찰 위성과 큰 차이가 없어 보인다. 하지만 자원 탐사, 환경 감시, 지도 작성 등 비군사용으로 사용된다.

하야부사는 어떤 일을 하는 탐사선일까?

|하야부사 이야기|

소행성 이토카와 표면의 물질을
가지고 돌아오는 기술을 검증하기 위한 탐사선이다.

세 가지만 알면 나도 우주 전문가!

태양계 탄생의 수수께끼를 풀다

지금으로부터 약 46억 년 전 태양계가 탄생했을 때 작고 무수한 암석이 충돌해 지구 등의 행성이 생겨났을 것으로 추정된다. 소행성은 충돌하지 않고 남았다는 설이 유력하다. 따라서 소행성을 분석하면 태양계 탄생의 수수께끼를 풀 수 있을 것으로 기대된다.

네 가지 중요한 기술 시험

'하야부사'는 전기로 가속하는 이온 엔진으로, 소행성 이토카와(Itokawa)에 갔다가 돌아왔다. 이토카와를 관측하고 착륙해서 시료를 채취하고, 가져온 자료를 재돌입 캡슐로 회수한다는 목표를 모두 달성했다. 가져온 시료에서 물이 발견되었다.

기적적으로 난관을 극복하고 지구로 귀환

임무를 수행하다가 자세 제어 장치 세 개 중 두 개가 고장 나는 바람에 자세 제어 로켓 연료가 새어나가고 신호가 끊겼다. 또 이온 엔진 4기가 모두 작동하지 않았으나 화성 탐사선의 실패 등을 통해 얻은 학습 성과를 활용해 난관을 극복하고 지구에 무사히 귀환했다.

하야부사, 소행성 이토카와 착륙 CG

Day 161 우주 개발 | 인공위성

하야부사 2호는 어떤 일을 할까?

|하야부사 2호 이야기|

하야부사로 성공한 기술을
소행성 류구에서 검증하기 위한 탐사선이다.

세 가지만 알면 나도 우주 전문가!

지구 바다의 기원과 생명 탄생의 수수께끼

소행성 류구(Ryugu)는 '하야부사'가 탐사한 소행성 이토카와와 다른 유형의 소행성이다. 소행성 류구는 탄소를 대량 함유하고 있을 것으로 추정되었다. 그리고 지구 바다의 기원과 생명 탄생의 수수께끼를 풀 단서를 찾을 수 있으리라 기대되었다.

인공 충돌구를 만들다

충돌 장치를 이용해 류구 표면에 인공 충돌구를 만들어 방사선과 열의 영향을 그다지 받지 않는 지하의 물질을 가지고 돌아왔다. 인공 운석 충돌 모습이 분리 카메라로 선명하게 촬영되어 전 세계 연구자를 열광시켰다.

확장 임무 수행 중

'하야부사 2'는 시료를 지구에 무사히 전달한 뒤에도 연료가 남아서 새로운 소행성 1998KY26으로 떠났다. 1998KY26은 고속 회전하는 지름 30미터 정도의 작은 소행성이다. 소행성 2001CC21 근처를 통과해서 관측한 뒤 2031년에 착륙할 예정이다. 류구에서 가져온 모래에서 아미노산이 발견되었다.

하야부사 2의 소행성 류구 도착 CG

Day 162

은하가 뭘까?

|은하의 정체 이야기|

헤아릴 수 없이 많은 항성이 모여 있는 은하는
형태가 각양각색이다.

세 가지만 알면 나도 우주 전문가!

우주 초기부터 현재까지

우주에서 최초로 생긴 은하는 아직 발견되지 않았지만 우주가 생기고 수억 년 뒤에 생긴, 우리와 가장 먼 은하는 서서히 발견되고 있다. 은하의 모양새를 잡는 항성 중에서 가장 먼 항성은 129억 광년 너머에서 발견되었다. 2022년 4월 기준으로 가장 먼 은하 후보는 135억 광년 너머에 있다.

은하 형성의 수수께끼

은하는 최초에 자그마하게 생성되었으나 덩어리들끼리 합체하며 크게 성장했을 것으로 추정된다. 그러나 우주 초기에 발견된 은하는 거대한 것들이어서 아직 수수께끼 상태다.

갤럭시 크루즈(GALAXY CRUISE)

각국 국립 천문대 홈페이지에서 누구나 참여할 수 있는 연구 참여 방법 등을 확인할 수 있다. 대체로 우주에 어떤 천체가 있는지 탐사해서 관측으로 확보한 스바루 망원경의 데이터를 활용한다. 모두가 은하 사진을 보고 그 형태를 보고한다.

© Harikene et al.

은하의 크기는 어느 정도일까?

|은하의 크기 이야기|

작은 은하부터 거대한 은하까지,
주위 은하와 합체하며 덩치를 키워나간다.

세 가지만 알면 나도 우주 전문가!

은하는 어떻게 탄생했을까?

최초로 만들어진 은하에 관한 가장 유력한 가설은 우주 초기에 가스와 암흑 물질이 중력으로 모여 덩어리를 이루었다는 것이다. 덩어리 안에 있는 가스가 수축해서 농도가 짙어지면서 항성, 그리고 항성이 모인 은하가 탄생했다.

처음부터 거대했을까?

약 100억 년 전 우주에 이미 많은 은하가 존재했다는 사실을 관측으로 밝혀냈다. 그런데 갓 태어난 은하라는 뜻밖의 결과가 나타났다. 갓 태어난 은하는 작지만 주위 물질을 집어삼켜 덩치가 점점 거대해진다.

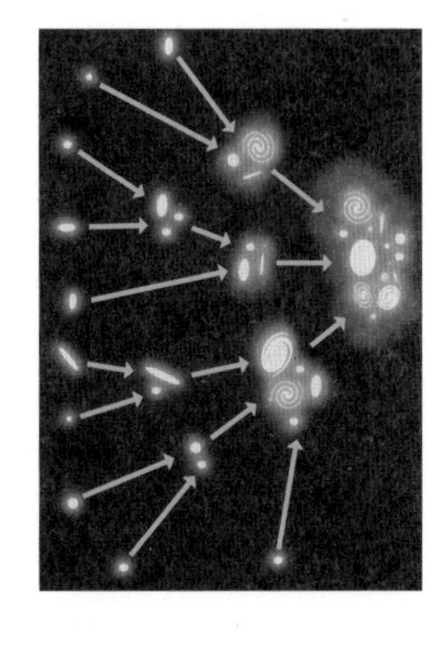

밝은 은하와 어두운 은하

은하는 별이 많을수록 밝고 거대할 거라고 추정된다. 일반적인 밝기의 은하 크기는 지름이 1만~30만 광년, 무게는 태양의 10억~1조 배 정도다. 우리은하(은하수은하)는 일반적인 은하 중에서 약간 큰 은하로 분류된다. 우리은하의 무게를 1로 잡으면 밝은 은하는 약 10배, 어두운 은하는 몇 분의 1이다.

은하는 어떤 모양일까?

|은하의 모양 이야기|

겉모양에 따라 대략
타원형, 렌즈형, 소용돌이형, 불규칙형으로 나눌 수 있다.

세 가지만 알면 나도 우주 전문가!

'허블 순차'에 따라 분류

일반적인 밝기의 은하를 형태에 따라 나눈다. 1936년 미국의 천문학자 에드윈 허블이 고안한 '허블 순차(Hubble sequence)'라는 분류 방법을 따른다. 이 분류에 들어맞지 않는 은하는 '특이 은하(Peculiar Galaxy)'로 분류한다. 우리은하는 허블 순차에 따라 분류하면 '막대 나선 은하'에 해당한다.

원반 형태의 소용돌이 은하

소용돌이 은하는 소용돌이 모양의 원반 형태다. 중심이 막대처럼 보여 '막대 나선 은하'라고 부르기도 한다. 소용돌이의 팔 부분에는 젊은 별이 많고 별의 재료가 되는 가스와 먼지도 잔뜩 모여 있다.

【허블 순차】

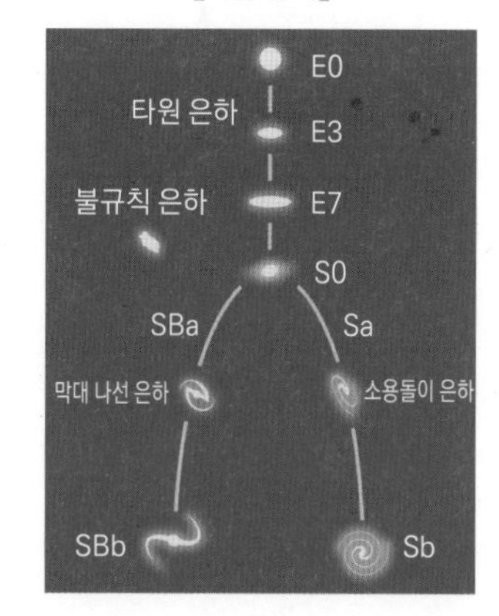

동글동글한 모양의 은하

타원 은하는 동그란 모양으로 무늬가 없다. 나이 든 별이 많고 새로운 별의 재료가 되는 가스와 먼지가 거의 없다. 겉보기에는 소용돌이 은하와 비슷한데, 소용돌이가 없고 오래된 별이 많은 렌즈형 은하도 있다.

우주에는 은하가 몇 개나 있을까?

|은하의 수 이야기|

우주에 존재하는 은하의 수는 약 2조 개로 추정되는데, 어쩌면 이보다 더 많을 수도 있다.

세 가지만 알면 나도 우주 전문가!

우주의 천체 조사

우주를 이해하려면 우주에 어떤 천체가 있는지 알아야 한다. 우주에서 오는 빛 등의 정보를 해독해 성질과 밝기를 파악한다. 다만 망원경의 크기와 관측 기술의 한계로 현재까지 보이지 않는 부분도 있어 주의가 필요하다.

은하 인구 조사

예를 들어 허블 순차에 따라 네 가지로 분류하면 소용돌이 은하와 막대 나선 은하가 약 72퍼센트, 타원 은하가 3퍼센트, 불규칙 은하가 10퍼센트, 렌즈형 은하가 15퍼센트를 차지한다. 모두 우리은하와 가깝다. 멀리 있는 은하는 밝혀진 정보가 거의 없다.

우주 전체로 따지면 어느 정도일까?

천문학자들이 연구한 범위에서는 약 2,000억 개의 은하가 있는 것으로 추정된다. 그러나 2016년 연구 발표에 따르면, 우주 초기에는 현재의 10배가량, 즉 2조 개의 은하가 존재했을 것으로 추정된다. 일반적인 밝기의 은하보다 어둡고 작은 은하가 더 많을 것으로 여겨진다.

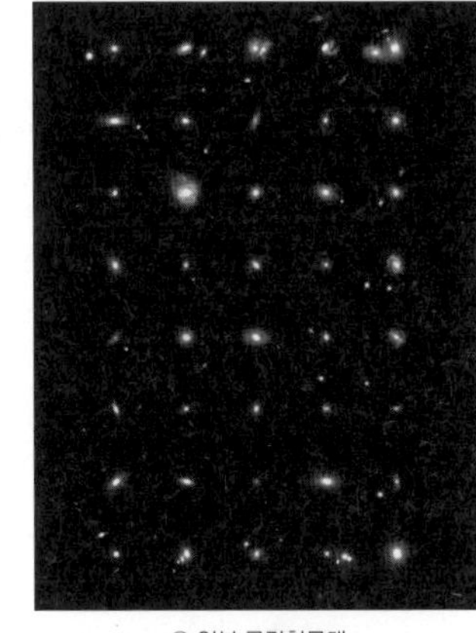

ⓒ 일본 국립천문대

누가 은하에 이름을 붙였을까?

|은하의 이름 이야기|

주요 은하 목록(Principal Galaxies Catalogue),
즉 PGC 목록에 등재된 이름이 정식 명칭이다.

세 가지만 알면 나도 우주 전문가!

가장 유명한 것은 1784년에 발표된 메시에 천체 목록

망원경과 최신 기술이 발달해 어두운 천체도 관측할 수 있게 되자 다양한 목록이 발표되었다. 1864년에 맨 처음으로 허셜 부자가 'GC 목록(General Catalog)'을 발표했다. 이후 1888년에 덴마크 출신의 아일랜드 천문학자 욘 드레위에르(John Dreyer)가 허셜의 목록에 추가한 NGC(New General Catalogue) 목록을 발표했다. 이 목록에는 은하 외에 성단과 성운도 포함되었다.

다양한 호칭이 있다

현재도 전 세계에서 망원경으로 관측 데이터를 수집해서 프로젝트마다 목록을 따로 작성한다. 은하가 보이는 하늘의 별자리 영역에 따라 '○○자리 은하'라고 호칭하는 방식도 있다. 안드로메다은하가 이 방식을 따른 대표적인 은하다.

【솜브레로 은하】

© 일본 국립천문대

챙 넓은 모자 모양의 솜브레로 은하

M104는 멕시코 사람들이 즐겨 쓰는 챙이 넓은 모자를 닮았다고 해서 '솜브레로 은하(Sombrero Galaxy)'라고 한다.

은하군과 은하단의 차이는 뭘까?

|은하 집단 이야기|

은하가 몇 개 모여 있으면 '은하군(galaxy group)', 수십~100개 이상 모여 있으면 '은하단(cluster of galaxies)'이라고 한다.

세 가지만 알면 나도 우주 전문가!

은하들이 중력으로 끌어당겨 무리를 이룬다

은하는 중력으로 서로를 끌어당기며 모여서 무리를 이룬다. 모여든 수에 따라 호칭이 달라진다. 우주에서 중력의 작용으로 모인 집단 중에서는 규모가 가장 크다. 참고로, 거대한 은하군은 작은 은하단 사이에서 눈에 확 띄어 쉽게 구별할 수 있다.

우리은하와 가장 가까운 은하단

우리은하와 가장 가까운 은하단은 약 5,900만 광년 떨어진 지점에 있는 처녀자리 은하단(Virgo cluster)이다. 작은 은하까지 포함하면 하나의 은하단에 1,000개 이상의 은하가 모여 있다.

【처녀자리 은하단의 중심부】

© Fernando Peña

은하만 모여 있는 것이 아니다

은하단을 X선으로 관측하면 초고온의 가스가 둘러싸고 있다. 가스의 온도는 섭씨 약 1억 도에 이른다. 은하단의 무게는 대체로 은하 본체가 아니라 고온 가스와 암흑 물질로 추정된다. 은하단 중심에는 거대한 타원 은하가 있고 주위에도 타원이나 렌즈형 은하가 많다.

우주는 어떤 구조로 되어 있을까?

| 우주의 구조와 지도 이야기 |

우주 공간에는 은하가 분포해 있으며, 그물눈 모양의 거품 구조다. 암흑 물질이 직조하는 세계다.

세 가지만 알면 나도 우주 전문가!

우주의 계층 구조

은하군과 은하단이 모이면 초은하단(supercluster)이라는 거대한 구조를 형성한다. 은하 하나를 상자라고 치면 은하군과 은하단은 이 상자들이 들어가는 약간 큰 상자, 초은하단은 훨씬 큰 상자라고 할 수 있다.

은하가 전혀 없는 곳도 있다

비누에 물을 묻혀서 문지르면 거품이 생긴다. 거품은 얇은 막과 아무것도 없는 공간으로 이루어져 있다. 거품과 거품이 서로 붙어 있는 모습이 은하의 분포다. 은하단들을 연결하는 구조 유형과 닮았다. 거품 하나의 크기는 대략 1억 광년이다. 한마디로 거대한 네트워크다.

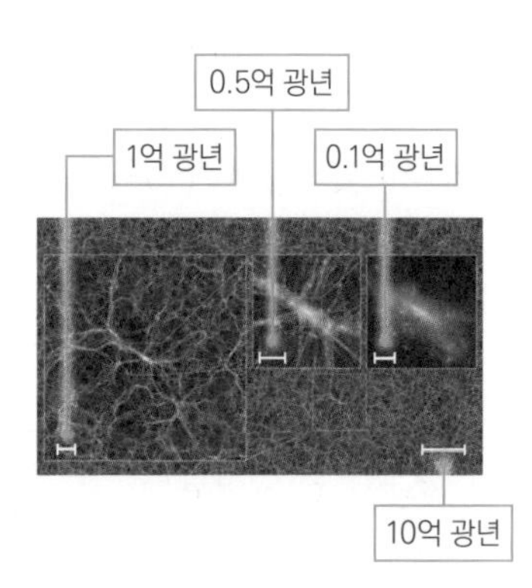

우주의 대규모 구조와 은하 형성을 해명하기 위해 공개된 모의 우주
ⓒ 이시카와 도모아키(石山智明)

우주의 지도

지구에서 우주의 은하 분포를 관측해서 작성한 지도가 있다. 가시광선으로 분석한 미국의 슬론 디지털 전천탐사(SDSS)와 적외선으로 분석한 천체 목록 2MASS로 작성된 지도가 유명하다.

혜성과 유성은 어떤 차이가 있을까?

|혜성과 유성 이야기|

혜성은 꼬리를 달고 있고, 유성은 대기권에 돌입해
순간적으로 빛을 내는 천체다.

세 가지만 알면 나도 우주 전문가!

혜성은 천천히 이동하고, 유성은 순간적으로 빛을 낸다

혜성은 태양계를 여행하는 태양의 인력으로 태양에 가까워지면 꼬리가 달린 모습으로 보이고, 유성은 우주 공간에 있는 먼지가 지구 대기 중에 고속으로 돌입해 빛을 내는 모습으로 보인다. 그래서 혜성은 별자리 속을 천천히 이동하고, 유성은 지역에 따라 다른 모습으로 보인다.

혜성의 애칭 '꼬리별' 또는 '살별'

혜성은 태양계의 소천체라서 태양에 다가가면 태양의 열로 얼음이 녹아 표면에서 가스와 미립자가 방출된다. 방출되는 가스와 미립자가 햇빛에 반사되어 꼬리를 끄는 모습처럼 보여 '꼬리별', 화살과 닮아 '살별'이라고도 한다. 관측 시기에 따라 위치와 모습이 달라진다.

혜성(위)과 유성(아래)

유성의 또 다른 이름 '별똥별'

유성의 재료가 되는 먼지는 아주 작은 티끌부터 자갈까지 섞여 있다. 이 물질들이 지구 대기에 돌입해 대기의 분자와 충돌해 플라스마로 변하며 가스가 발광한다.

혜성은 무엇으로 이루어져 있을까?

|혜성의 구성 이야기|

혜성은 표면이 어둡고 모래와 암석이 붙은 얼음덩어리로 이루어져 있다.

세 가지만 알면 나도 우주 전문가!

'지저분한 눈송이'라는 별명

혜성의 본체를 '핵'이라고 한다. 얼음 성분이 많고 암석질의 먼지를 포함하고 있다. 그래서 혜성의 핵을 '지저분한 눈송이(dirty snowball)'라고 부르기도 한다. 핵의 표준적인 크기는 지름 1~10킬로미터이고, 큰 것은 50킬로미터에 달한다.

혜성 탐사선 지오토

혜성은 크기에 비해 어둡고 얼음과 먼지로 이루어져 있어 빛의 파장을 분석해서 연구했다. 1986년 유럽우주국(ESA)에서 발사한 지오토 탐사선이 핼리 혜성의 핵에 접근해 울퉁불퉁한 표면을 촬영하고 유기화합물 등을 발견했다.

혜성의 크기와 무게

지름 1킬로미터 정도 혜성의 질량이 수십억 톤이므로 지름 10킬로미터 정도의 혜성은 수조 톤에 이를 것으로 추산된다. 북극해의 전체 면적과 맞먹는다. 혜성은 작아서 스스로 중력으로 구형이 되지 못하고 혜성의 핵도 불규칙한 형태다.

혜성에는 왜 꼬리가 달려 있을까?

|혜성의 꼬리 이야기|

혜성의 얼음과 먼지 등이 태양 에너지로 방출될 때
태양의 빛을 받아 꼬리처럼 보인다.

세 가지만 알면 나도 우주 전문가!

'코마'라고 불리는 희미한 빛

태양에서 온 열로 혜성 본체(핵)의 표면이 달구어져 서서히 녹아 무너진다. 본체 표면의 얼음이 증발하면서 동시에 가스와 먼지도 방출된다. 이러한 물질이 혜성을 둘러싸고 있어 '코마(coma)'라는 희미한 빛의 덮개처럼 보인다.

혜성에는 꼬리가 있다

방출된 가스와 먼지는 핵에서 분리되어 길쭉한 '꼬리'를 만든다. 혜성의 꼬리는 성분과 형태에 따라 두 가지로 나눌 수 있다. 가스로 이루어진 꼬리를 '이온 꼬리(ion tail)'라 하고, 먼지로 형성된 꼬리를 '먼지 꼬리(dust tail)'라고 한다.

꼬리 방향이 다르다

전기를 띤 가스(이온)는 태양에서 방출된 전기를 지닌 입자에 쓸려 태양과 반대 방향으로 뻗친다. 먼지도 태양과 반대 방향으로 뻗는데, 질량이 있어 혜성의 궤도면에 넓게 흩어진다. 입자가 큰 먼지는 혜성처럼 궤도를 계속 돌며 유성우를 형성한다.

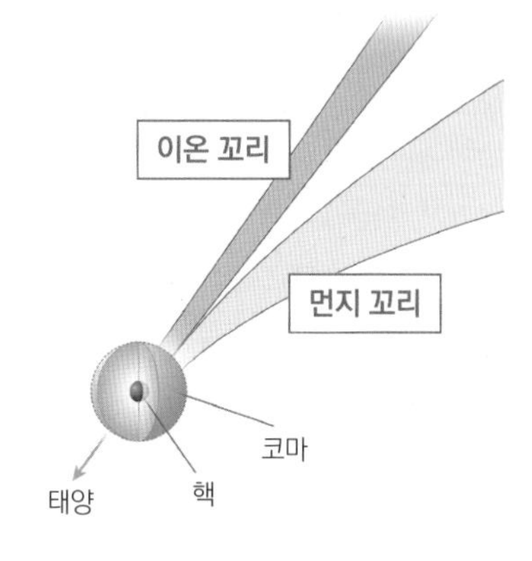

ⓒ 일본 국립천문대

Day 172 별 | 혜성

혜성을 맨눈으로 볼 수 있을까?

|밝은 혜성 이야기|

혜성은 태양에 다가갈수록 밝아지기 때문에
맨눈으로 볼 수 있는 큼직한 혜성도 있다.

세 가지만 알면 나도 우주 전문가!

태양에 가까워지면 밝게 보인다

혜성은 태양에서 오는 열을 받아 표면의 물질이 방출되어 코마와 꼬리가 생긴다. 태양에 가까워질수록 거세게 방출되어 더 밝아지고 꼬리도 더 길어진다. 또 핵이 큰 혜성일수록 방출량이 많아 밝게 보인다.

하늘이 맑게 갠 곳에서 관측

혜성의 꼬리는 반짝반짝 빛나지 않고 흐릿하게 보인다. 그래서 하늘이 맑고 어두우며 탁 트인 장소에서 잘 보인다. 일몰 후 서쪽 하늘과 일출 전 동쪽 하늘에서 관측할 확률이 높다.

발견되는 대다수는 어두운 혜성

혜성의 크기는 지름 1~10킬로미터 정도가 많다. 매년 10개 이상의 혜성이 발견되는데, 대부분 어둡고 커서 망원경이 없으면 보이지 않는다. 태양과 너무 가까워져서 증발하거나 분해되는 혜성도 있다. 2031년에 지름 약 140킬로미터의 거대한 핵을 지닌 대형 행성을 볼 수 있을 것이다.

헤일밥 혜성

새로운 혜성을 어떻게 발견할까?

|혜성의 발견 이야기|

태양에 가까이 다가가 밝아졌을 때
망원경 등의 관측 장비로 발견할 수 있다.

세 가지만 알면 나도 우주 전문가!

혜성은 태양에 가까워졌을 때 발견

혜성은 코마와 꼬리가 태양의 빛을 반사해 우리 눈에 보인다. 그래서 태양에 가까워지면 급격히 밝아진다. 태양에 가까운 일몰 후 서쪽 하늘과 일출 전 동쪽 하늘에서 혜성이 많이 발견된다. 보이지 않다가 갑자기 모습을 나타내는 혜성도 있다.

전 세계 혜성 탐색자(comet hunter)

혜성은 꼬리를 끌며 이동하는 신비로운 천체다. 그래서 예전부터 전 세계 천문학자들이 혜성을 발견하기 위해 경쟁했다. 혜성이 밝아지는 태양 근처와 황도 부근에 망원경을 맞춘 채 눈에 불을 켜고 샅샅이 살피며 혜성을 찾았다.

아마추어 발견자도 적지 않다

1990년대 후반에 들어서면서 지구에 위협이 되는 소행성을 찾기 위한 인공위성 수색이 시작되었다. 이 과정에서 어두운 혜성도 발견되었다. 태양 근처에서 갑자기 밝아지는 특성이 있어 태양 관측 위성 사진에서 발견되기도 했다. 망원경과 디지털카메라를 이용해 혜성을 발견하는 아마추어 천문학자도 있다.

Day 174 별 | 혜성

혜성은 어디에서 왔을까?

|혜성의 기원 이야기|

혜성은 해왕성 밖의 '에지워스카이퍼대'와 '오르트 구름'에서 온 것으로 추정된다.

세 가지만 알면 나도 우주 전문가!

혜성의 공전 궤도는 길쭉한 타원형

원 궤도에 가까운 행성과 달리 혜성의 공전 궤도는 길쭉한 타원형이 많다. 심지어 포물선이나 쌍곡선을 그리는 혜성도 있다. 포물선과 쌍곡선 궤도에서는 태양에 가까워진 뒤 원래대로 돌아가지 못한다.

도넛 모양의 에지워스카이퍼대

해왕성 궤도에서부터 그 바깥(약 30~50AU) 사이에 분포하는, 천체가 밀집한 영역을 에지워스카이퍼대라고 한다. 이는 도넛 모양이다. 혜성의 재료가 되는 얼음 외에 명왕성도 이 영역에 포함된다. 여기서 오는 혜성은 공전 주기가 200년 이내의 단주기 혜성이 많다.

© 일본 국립천문대

태양계 바깥을 둘러싼 오르트 구름

태양계 바깥을 크게 둘러싼 오르트 구름은 얼음으로 이루어진 무수한 천체 집합체다. 장주기 혜성과 공전이 불규칙한 혜성의 재료가 이곳에 존재한다. 오르트 구름은 해왕성보다 1,000배 이상 먼 거리에 있다.

정말 혜성에서 생명이 탄생했을까?

|생명의 기원설 이야기|

생명의 원천이 되는 유기물을
혜성이 지구에 가져다주었다는 주장이 있다.

세 가지만 알면 나도 우주 전문가!

혜성은 태양계의 화석

생명의 원천이 되는 유기물이 어디에서 왔는지, 왜 왔는지는 밝혀지지 않았다. 혜성에서 유기물의 존재가 관측되어 태곳적 모습을 남긴 혜성이 가져왔다는 가설이 제기되었다. 그래서 혜성에 '태양계의 화석'이라는 별명이 붙었다.

혜성에서 발견된 유기물

거대 망원경으로 혜성의 빛을 모아서 분광기를 사용해 분출된 꼬리를 분석하면 가스의 원자와 분자의 고유한 빛이 관측된다.
이 관측 결과로 얼음이 가장 많고, 암모니아 등의 질소 화합물, 메탄과 에탄 등의 탄소 화합물이 발견되었다.

생명의 탄생은 여전히 수수께끼

질소 화합물과 탄소 화합물은 모두 생명의 원천이 되는 중요한 성분이다. 그래서 혜성의 생명 기원설이 탄생했다. 또 생명의 기원으로 지구의 원시 대기에서 번개가 치며 유기물이 만들어졌다는 설도 있다. 생명의 기원은 아직 풀리지 않은 신비로 가득하다.

태곳적 지구에 낙하하는 혜성

블랙홀의 정체는 뭘까?

| 블랙홀의 정체 이야기 |

블랙홀은 무엇이든지 빨아들이는 수수께끼의 '암흑' 천체다.

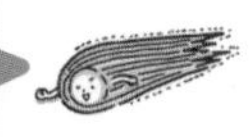

세 가지만 알면 나도 우주 전문가!

관측할 수 없는 천체

영국의 자연주의 철학자 존 미첼(John Michell)은 1784년에 "이런 천체가 있을 수도 있다"며 블랙홀의 존재 가능성을 최초로 제기했다. 그 후 아인슈타인이 현대적인 블랙홀 이론을 구상했다.

최초에는 블랙홀이 아니었다!

예언 당시에는 특별한 이름이 없었다. 후대에 다크 스타(dark star, 검은 별), 컬랩스(collapse, 붕괴한 천체) 등 여러 가지 이름으로 불리다가 1967년 뉴욕시에서 개최된 학회에서 처음으로 블랙홀이라는 이름이 사용된 뒤 전 세계로 퍼졌다.

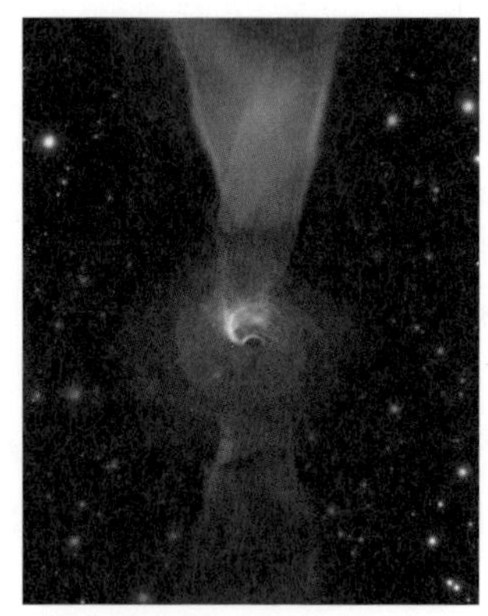

요르디 다벨라르(Jordy Davelaar) 등/ 네덜란드 라드바우드 대학교/ BlackHoleCam

블랙홀의 특징

현재까지 밝혀진 사실은 다음과 같다. ① 직접 볼 수 없다 ② 위아래로 제트 기류가 분출된다 ③ 주위의 가스를 빨아들인다 ④ 가스가 회전하며 빨려 들어간다 ⑤ 강력한 에너지(X선)를 방출한다 ⑥ 강한 전자파다.

Day 177 우주 | 블랙홀

블랙홀은 어디에 있을까?

|블랙홀이 있는 장소 이야기|

거의 모든 은하에 있고, 우리은하에도 여러 개 있을 것으로 추정된다.

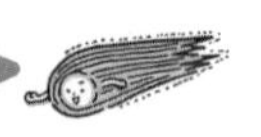

세 가지만 알면 나도 우주 전문가!

블랙홀에도 차이가 있을까?

블랙홀은 질량을 기준으로 세 가지로 나눌 수 있다. 일반적인 크기의 블랙홀(태양의 수십 배 정도 질량), 초거대 블랙홀(태양의 10억 배 질량), 그 중간 크기 블랙홀이다. 우주 탄생 7~8억 년 후에 생긴 거대 블랙홀이 몇 개 발견되고 있다.

가까이에도 있을까?

일반적인 크기의 블랙홀은 항성이 생을 마감할 때 생성된다. 요컨대 은하 안에서 항성이 존재하는 곳에는 블랙홀이 존재할 가능성이 있다. 다만 블랙홀이 될 수 있는 항성의 수는 그렇게 많지 않고 희귀하다.

은하의 중심에도 있다

수많은 은하의 중심에 거대한 블랙홀이 존재한다. 우리은하에도 태양의 400만 배 질량을 지닌 블랙홀이 있다. 모습은 보이지 않지만 매우 조밀한 전파원이 있고 주위 천체가 초고속으로 공전한다는 사실로 블랙홀의 존재를 알 수 있다.

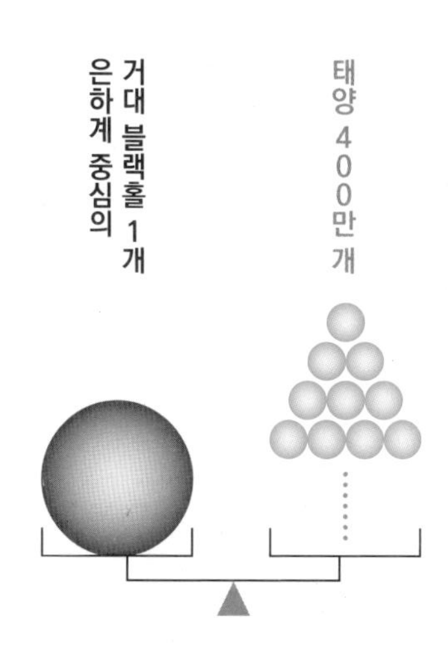

블랙홀의 내부는 어떤 모습일까?

| 블랙홀의 내부 이야기 |

현대 과학으로는 블랙홀의 내부가 어떻게 생겼는지 알 수 없다.

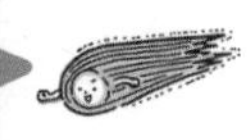

세 가지만 알면 나도 우주 전문가!

만약 태양이 블랙홀이 된다면?

반지름이 약 70만 킬로미터인 태양이 블랙홀이 된다면 반지름이 3킬로미터 정도 될 것이다. 질량은 그대로이지만 촘촘하게 압축되어 밀도가 커지기 때문이다. 우리은하의 중심에 있는 거대 블랙홀이라면 태양계 정도의 크기일 것이다.

강력하게 잡아당기는 힘

블랙홀 안의 밀도와 중력이 비정상적으로 거대해 무한대가 되는 중심을 '특이점(singularity)'이라고 한다. 항성처럼 내부에서 만들어진 에너지의 압력으로 지탱하지 못하고 찌그러지며 중심으로 압축된다. 안쪽으로 빨려 들어간 물질은 블랙홀 내부에서 조각조각 찢겨 흩어진다.

밀실! 폐쇄된 비밀의 공간

블랙홀의 강력한 중력으로 무엇이든 끌어당기는 힘이 작용해 영역 바깥에 있는 우리는 블랙홀 내부의 정보를 전혀 확보할 수 없다. 참고로, 블랙홀의 안과 밖을 나누는 지점을 '사건의 지평선(event horizon)'이라고 한다.

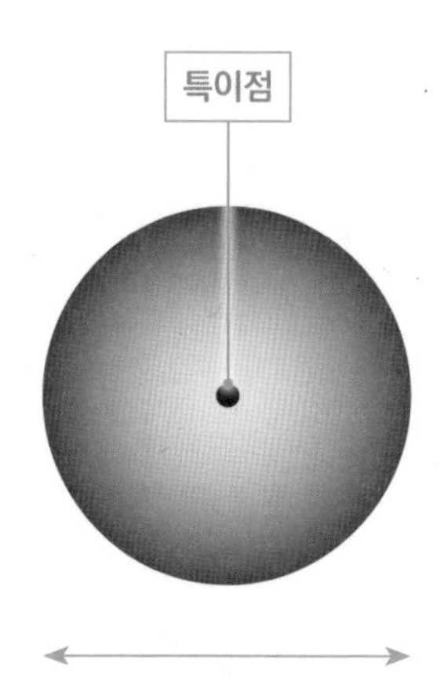

블랙홀에 들어가면 정말 빠져나올 수 없을까?

|벗어날 수 없는 공간 이야기|

한 번 들어가면 절대로 빠져나올 수 없다!

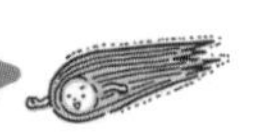

세 가지만 알면 나도 우주 전문가!

우리에게 작용하는 힘

물체와 물체 사이에는 중력이 작용한다. 우리와 우리 주변의 물체 사이에도 중력이 작용하는데, 미미해서 알아차리지 못한다. 알기 쉬운 중력은 지구에서 잡아당겨지는 힘이다.

중력을 뿌리치고 빠져나간다(탈출 속도)

중력은 천체와 우리 질량 사이의 거리로 결정된다. 질량이 커지면 중력이 커진다. 우리가 지구를 뛰쳐나갈 때는 지구의 중력을 뿌리치기 위해 맹렬한 속도로 탈출해야만 한다.

블랙홀은 일방통행

우주에서 물체가 움직일 수 있는 최대 속도는 광속으로 시속 약 30만 킬로미터다. 블랙홀은 빨아들이는 속도가 광속과 맞먹어 일단 블랙홀 안으로 들어가면 꼼짝없이 붙잡혀 빠져나올 수 없다. 빛조차 탈출할 수 없는 영역, 중심으로부터의 거리를 '슈바르츠실트 반지름(Schwarzschild radius)'이라고 한다.

블랙홀을 어떻게 발견했을까?

|블랙홀의 발견 이야기|

고에너지 천체 '백조자리 X-1(Cygnus X-1)'에서
X선 관측으로 발견했다.

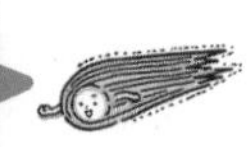

세 가지만 알면 나도 우주 전문가!

어떻게 발견했을까?

이론상으로는 블랙홀이 존재한다고 여겨졌으나 '검은 구멍'을 실제로 어떻게 관측할지, 과연 관측할 수는 있을지 학계에서 의견이 분분해 오랫동안 결론을 내리지 못했다.

'백조자리 X-1'

1970년에 발사된 X선 관측 위성으로 관측한 결과, 은하처럼 펼쳐져 있지 않고 매우 작은 천체라는 사실이 밝혀졌다. 그리고 신기하게도 일반적인 항성에서는 관측되지 않는 X선을 강렬하게 방출했다.

유력한 블랙홀 후보

관측을 계속한 결과 가까운 항성과 서로의 주위를 도는 쌍성이라는 사실도 알아냈다. 쌍성의 가스가 블랙홀에 흘러 들어갈 때 원반 모양으로 변한 가스와의 마찰로 강력한 X선을 방출한다는 사실을 통해 블랙홀의 존재를 알게 되었다. 이 발견을 계기로 전 세계 천문학자들이 X선을 단서 삼아 블랙홀 탐사에 나섰다.

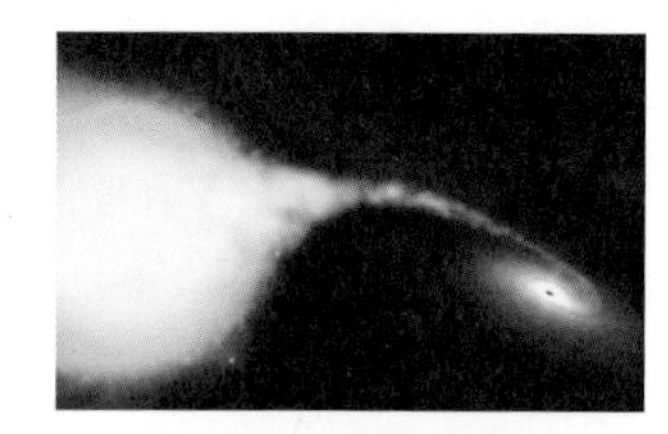

백조자리 X-1의 상상도

블랙홀을 어떻게 관측할까?

|블랙홀의 관측 이야기|

2019년에 '블랙홀 그림자'를 포착해서
블랙홀의 존재를 사진으로 증명했다.

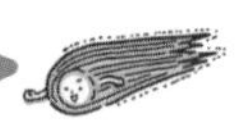

세 가지만 알면 나도 우주 전문가!

이벤트 호라이즌 망원경(EHT)

2017년 지구상에 있는 여덟 개의 전파 망원경(2022년 기준 11개로 늘어났다)을 연결해서 지구 크기의 대구경 망원경인 이벤트 호라이즌 망원경(Event Horizon Telescope, EHT)을 완성했다. 그리고 마침내 블랙홀의 모습을 최초로 눈에 보이는 형태로 포착하는 데 성공했다. EHT의 시력은 인간 시력의 약 300만 배로, 달 표면에 있는 골프공을 볼 수 있을 정도다!

블랙홀의 그림자

태양 질량의 65억 배인 블랙홀은 지구에서 5,500만 광년 떨어진 처녀자리 은하단 타원 은하 M87의 중심에 있다. 중력으로 공간이 휘어지며 주위 빛의 통로가 구부러져 블랙홀의 그림자가 되어 떠오르는 모습을 포착했다.

궁수자리 A*(Sagittarius A*)

우리은하의 중심에 있는 블랙홀 궁수자리 A*도 2022년 5월 해독 결과가 공개되어 블랙홀 주위의 가스 흐름, 시간 변동을 새롭게 포착했다.

우리은하의 중심에 있는 블랙홀
궁수자리 A*
(EHT Collaboration)

Day 182 우주 | 블랙홀

활동 은하핵이 뭘까?

|거대 블랙홀 이야기|

은하의 중심 부분이 비정상적으로 밝게 빛나는 천체다.

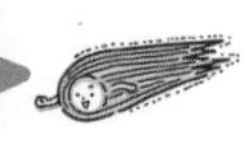

세 가지만 알면 나도 우주 전문가!

거대 블랙홀, 이름과 다르게 밝다?

은하의 중심에 있는 거대 블랙홀은 주위에 떠도는 가스를 강력한 중력으로 끌어당긴다. 가스는 블랙홀 주위를 빙글빙글 돌며 원반 모양이 된다. 이 천체는 X선부터 전파까지 여러 가지 강한 빛을 방출한다.

거대 에너지 발전소

가스가 블랙홀에 떨어지는 모습은 욕조의 물을 뺄 때 마개를 뽑으면 소용돌이 모양으로 물이 빠져나가는 모습을 상상하면 이해하기 쉽다. 블랙홀은 떨어지는 가스를 집어삼켜 에너지로 바꾼다. 그 에너지는 화력 발전의 약 10억 배에 달한다.

NOIRLab / NSF / AURA / J. da Silva

초기 우주에서도 발견되고 있다

초기 우주(탄생 후 약 8억 년까지)에 이미 초거대 질량 블랙홀(태양의 약 10억 배)이 존재했다는 사실이 밝혀지고 있다. 그 블랙홀이 어떻게 생성되었는지는 아직 수수께끼다. 인간도 각자 개성이 있듯 활동 은하핵(active galactic nucleus, AGN)에도 종류와 특징이 있다.

Day 183

가장 오래된 생물의 흔적을 찾을 수 있을까?

|가장 오래된 생물 이야기|

생물 자체는 화석으로 남지 않아 생물이 만들어낸 탄소를 탐색한다.

세 가지만 알면 나도 우주 전문가!

최초의 생물은 형태조차 규명되지 않았다

옛날 생물은 화석이 되어 골격 등이 남아 있다. 이 화석으로 다양한 정보를 알 수 있다. 하지만 초기 생물들은 작은 하나의 세포로 이루어져 있는 데다 골격 등이 존재하지 않아 화석으로 남지 않았다.

유기물의 흔적으로 추정되는 탄소

생물이 생활하는 과정에서 탄소를 포함한 유기물이 만들어진다. 오래된 화석 속에서 유기물의 잔해로 탄소가 발견될 때가 있다. 연구자들은 전자현미경 등의 장비를 활용해 그 탄소를 탐색한다. 탄소는 층을 형성하듯 모여서 결정을 이룬다. 이렇게 만들어진 '흑연(graphite)'을 연구하는 것이다.

그린란드에서 발견된 흔적

일반적으로는 그린란드 이수아 지각 벨트(Isua supracrustal belt)의 암석에서 발견된 흔적이 알려져 있다. 약 37억 년 전 화석으로 추정되는데, 아직 연구가 진행 중이다. 약 40억 년 전의 화석도 발견되어 분석 중이다.

그린란드의 돌산

생물은 어떻게 탄생했을까?

|생물의 탄생 이야기|

생물은 다양한 악영향을 피할 수 있는
바다에서 탄생했다고 여겨진다.

세 가지만 알면 나도 우주 전문가!

옛날 지구는 생물이 살기에 열악한 환경이었다

지구는 약 46억 년 전에 만들어졌을 것으로 추정된다. 갓 태어난 지구에는 격렬한 지각 활동이 일어나고 무수한 암석이 낙하했다. 태양에서 오는 강렬한 방사선과 자외선이 그대로 쏟아져 도저히 생물이 생활할 수 있는 환경이 아니었다.

약 2억 년이 지나 바다가 탄생했다

고온으로 흐물흐물하게 녹은 지구 표면은 약 2억 년에 걸쳐 식으며 작은 바다가 생겼다. 그런데 충돌하는 미행성의 영향으로 바다는 몇 번이나 증발했다. 물이 고였다가 증발하기를 반복하며 겨우 안정된 바다가 만들어져 약 40억 년 전에 생물이 탄생했다.

하나의 세포로 만들어진 생물이 탄생

최초의 생물에 관한 주장은 다양하다. 심해 지구 내부의 열로 데워진 바닷물이 분출하는 열수 분출공에서 하나의 세포로 이루어진 생물이 태어났다는 설이 학계에서 유력하게 받아들여지고 있다. 그리고 10억 년 이상 흘러 여러 개의 세포를 지닌 생물이 탄생했다.

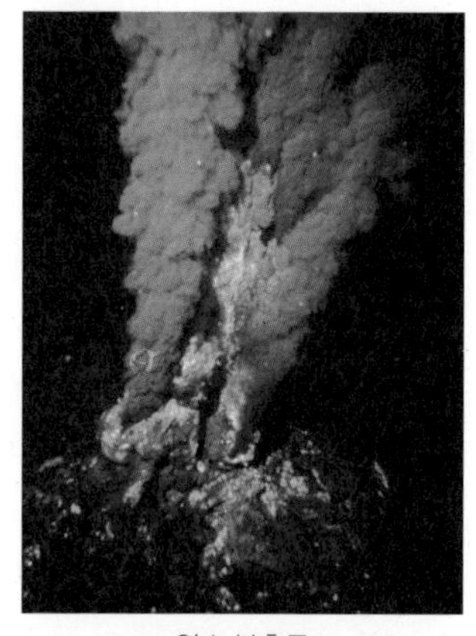

열수 분출공

생물은 어떻게 육상으로 진출했을까?

|산소를 생성하는 생물 이야기|

미생물의 친척인 남세균의 존재가
생물의 육상 진출을 가능하게 했다.

세 가지만 알면 나도 우주 전문가!

약 27억 년 전에 탄생한 완전히 새로운 생물

지금으로부터 약 27억 년 전, 생태계에 엄청난 변화가 일어났다. 현재 식물처럼 광합성을 하고 이산화탄소와 물에서 유기물과 산소를 합성하는 '남세균(藍細菌, Cyanobacteria)'이라는 생물이 탄생했다.

대기의 구성이 크게 변화했다

수중에서 생활하던 남세균이 물에 녹은 이산화탄소를 이용해서 광합성해 산소를 생성했다. 작은 생물이 엄청나게 긴 시간에 걸쳐 활동하며 공기 중의 산소를 조금씩 늘려갔다.

지금도 호주에 남아 있다

해양 자연보호 구역으로 지정되어 있는 호주 서해안의 하멜린 풀(Hamelin Pool)에서는 남세균이 산소를 생성하는 모습을 관찰할 수 있다. 남세균이 생성한 '스트로마톨라이트(stromatolite)'라는 줄무늬 암석에서 지금도 산소를 생성하고 있다. 스트로마톨라이트 화석은 세계 각지에서 발견되고 있다.

하멜린 풀의 스트로마톨라이트

다세포 생물은 언제 등장했을까?

|다세포 생물 이야기|

단세포 생물이 탄생하고 약 30억 년 후에 다세포 생물이 나왔다.

세 가지만 알면 나도 우주 전문가!

최초의 생물은 단세포 생물

지구상에 등장한 최초의 생물은 수압이 높고 고온인 열수 분출공과 같은 환경에서 탄생했을 것으로 추정된다. 이런 환경에서 태어난 생물을 세포가 하나밖에 없어 '단세포 생물'이라고 한다.

'지루한 10억 년'이라 일컫는다

생물이 모습을 드러내고 줄곧 최초의 모습을 유지하다가 30억 년 정도 지나 집합체를 형성했다. 진화가 멈춘 시기 같다고 해서 학자들은 이 기간의 후기를 '지루한 10억 년(Boring Billion)'이라고 한다.

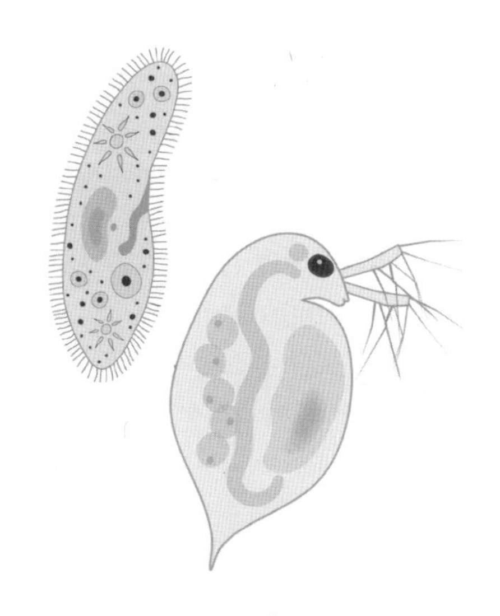

생명의 출현과 맞먹는 극적인 변화

집합체를 형성하게 된 생물들에서 이윽고 복잡한 다세포 생물이 탄생했다. 생물계에 나타난 이 엄청난 변화로 지구상에 다양한 생물이 탄생했다. 생명의 기원은 아직도 많은 과학자가 연구하고 있어 생명 발생 시기가 앞당겨질 가능성도 있다.

육지에 최초로 상륙한 생물은 뭘까?

|최초의 육상 진출 생물 이야기|

곤충 같은 절지동물과 선태식물 등이 육상 생활을 시작했다.

세 가지만 알면 나도 우주 전문가!

오존층이 형성되며 다양한 생태계가 탄생했다

남세균의 친척이 바다에서 산소를 생성해 지구 상공에 오존층이 형성되었다. 오존층이 생기며 태양에서 오는 자외선을 어느 정도 막아주자 생물이 육상에서도 안전하게 생활할 수 있었다. 이로써 생태계의 다양성이 탄생했다.

최초의 식물은 선태식물과 같았다

최초로 육상에 진출한 식물은 이끼와 같은 선태식물(蘚苔植物, 열대우림에서 툰드라까지 사막과 바다를 제외한 지구 거의 모든 곳에 분포하는 식물. '이끼식물'이라고도 한다)이었다. 건조한 육상에서 생활에 적응할 수 있도록 표피 세포가 발달했다. 하지만 뿌리와 줄기, 잎의 구별이 없는 단순한 구조였을 것으로 추정된다.

곤충의 조상이 최초로 육상에 올라왔다

최초로 바다에서 뭍으로 올라온 동물은 곤충과 같은 절지동물이었다. 이후 육상에서 움직일 수 있는 다리와 빠르게 멀리 이동할 수 있는 날개가 생겼을 것으로 추측된다.

인류는 언제쯤 등장했을까?

|인류의 등장 이야기|

사람은 침팬지 등의 조상과 600~700만 년 전에 분기되었다.

세 가지만 알면 나도 우주 전문가!

사람이라는 생물의 특징은 이족보행

사람은 다양한 특징을 지니고 있다. 뇌가 발달하고 불과 도구를 사용할 줄 안다는 특징이 대표적이다. 언어를 사용하고 교류할 수 있는 능력도 있다. 그중에서 가장 중요한 특징은 직립 이족보행이다. 직립 이족보행 덕분에 사람은 양손을 사용하고 먼 곳까지 내다볼 수 있게 되었다.

약 700만 년 전에 큰 변화가 일어났다

최신 연구로 약 700만 년 전에 살던 동물이 침팬지와 사람의 공통 조상이었다는 가설이 제기되었다. 공통 조상에서 갈라져 나온 이후 사람과 침팬지는 각각 독자적으로 진화해 지금의 형태가 되었다.

직립 이족보행하는 조상의 화석

아프리카에 위치한 국가 차드에서 발견된 화석이 현재까지 발견된 직립 이족보행 동물의 화석 중 가장 오래된 것이다. 화석의 크기는 침팬지 정도 된다. 뼈 구조를 통해 다양한 정보를 밝혀냈다.

생태계가 뭘까?

|생태계 이야기|

생물 간 관계뿐 아니라 생물을 둘러싼 환경 등을 포함한 개념이다.

세 가지만 알면 나도 우주 전문가!

먹고 먹히는 관계

동물은 먹이를 먹지 않으면 살아갈 수 없다. 먹고 먹히는 관계의 출발점은 식물이다. 초식 동물을 먹는 육식 동물도 결국 식물이 광합성으로 합성한 영양분에 의지하고 있다. 그래서 식물을 '생산자'라고 한다.

죽은 생물을 분해하는 분해자

생산자를 잡아먹고 사는 동물들은 소비자다. 그런데 말라 죽은 식물, 죽은 동물을 분해하는 생물도 있다. 이 생태계의 청소부들을 '분해자'라고 한다. 버섯이나 곰팡이와 같은 균류와 유기물을 부패시키는 세균류가 분해자에 해당한다.

먹이사슬을 통해 물질도 순환

먹고 먹히는 관계를 '먹이사슬'이라고 한다. 식물이 태양 에너지에서 광합성으로 영양분을 합성하고 그 영양분을 동물들이 이용한다. 이때 탄소와 질소라는 물질도 함께 순환한다. 이 모든 것을 합쳐 '생태계'라고 한다. 지구상에서 생물이 적은 사막, 바다와 강 등의 수중 및 다양한 생태계가 발견되고 있다.

태양계에서 가장 큰 행성은 뭘까?

|거대 행성 이야기|

태양계에서 가장 큰 행성은 '목성'이고
가장 무거운 행성도 '목성'이다.

세 가지만 알면 나도 우주 전문가!

가스 행성 '목성'의 최대 지름

태양계 행성의 크기는 다양하다. 우리가 사는 지구는 지름이 적도 기준으로 1만 2,756킬로미터로 제법 큰 편이다. 하지만 태양계에서 최대 행성인 목성은 지름이 13만 9,820킬로미터로 지구의 약 10배다.

질량(무게)도 '목성'이 1등

목성은 태양계에서 가장 큰 행성일 뿐만 아니라 질량(무게)도 가장 크다. 무려 약 2,000자 킬로그램으로 지구의 300배가 넘는다. 2,000자란 2 뒤에 0이 27개나 붙는 어마어마한 규모다. 참고로, 큰 수는 '0'이 네 개씩 늘어날 때마다 '만(萬)→억(億)→조(兆)→경(京)→해(垓)→자(秭)'로 커진다.

목성은 태양계 내 최대 행성으로,
지름이 지구의 약 10배다.

밀도가 큰 행성은 '지구'

목성은 지름이 지구의 약 10배인데 무게는 1,000배가 아니라 300배다. 목성은 가스 행성이라서 밀도가 작기 때문이다. 반면, '지구'는 암석으로 이루어져 있어 밀도가 가장 큰 행성이다.

태양에 가까울수록 공전 주기가 짧아질까?

|행성의 공전 주기 이야기|

태양계 행성의 공전 주기는 수성 88일, 해왕성 165년으로, 태양에 가까울수록 짧아진다.

세 가지만 알면 나도 우주 전문가!

여덟 개 행성의 공전 주기 비교

태양 주위를 한 바퀴 도는 데 걸리는 시간을 '공전 주기'라고 한다. 각 행성의 공전 주기는 수성 88일, 금성 225일, 지구 1년, 화성 1.9년, 목성 12년, 토성 29년, 천왕성 84년, 해왕성 165년으로, 태양에 가까울수록 짧아진다.

태양으로부터 거리로 공전 주기 계산

공전 주기는 태양으로부터 거리로 결정된다. 거리를 알면 공전 주기를 계산할 수 있다. 이 태양과의 거리와 공전 주기의 관계를 케플러의 행성 운동 법칙 중 '제3법칙: 조화의 법칙'이라고 한다. 케플러의 행성 운동 법칙은 세 가지다. '제1법칙: 타원 궤도의 법칙', '제2법칙: 면적 속도 일정의 법칙', '제3법칙: 조화의 법칙'이다.

$$\frac{T^2}{r^3} = \frac{4\pi^2}{GM} = const.$$

뉴턴은 케플러의 제3법칙에서 만유인력의 법칙을 떠올렸다.

만유인력의 법칙과 관계있다

케플러의 제3법칙을 단서로, 뉴턴은 만유인력의 법칙을 착상했다. 거리가 가까울수록 태양이 잡아당기는 힘도 강해진다. 태양에 가까운 행성의 공전 주기가 짧은 것은 우연이 아니다.

인간은 왜 거주 가능 행성을 탐색할까?

| 제2의 지구를 찾는 이유 |

인간이 거주할 수 있는 행성, 즉 지구와 닮은 환경의 행성에는 생물이 존재할 수 있기 때문이다.

세 가지만 알면 나도 우주 전문가!

과거에는 '이야기' 속에서만 존재

우주에는 수많은 별이 있으니 태양계 외에도 살 수 있는 행성이 틀림없이 존재할 거라는 이야기는 예전부터 있었다. 하지만 영화나 만화, 소설 속에서나 가능했다. 그런데 20세기 말에 과학자들이 이 문제의 답을 찾는 연구에 착수했다. 다른 천체에서 생명체가 존재할 가능성을 밝혀내고, 이를 토대로 외계 생물의 존재 여부 등을 연구하는 학문을 '우주 생물학(astrobiology)'이라고 한다.

생명의 기원을 찾는 단서

인간이 살 수 있는 행성을 찾는 연구는 인간이 살 수 있는 조건을 고찰하는 과정으로 메워진다. 생명이 살 수 있는 조건을 탐구함으로써 생명의 기원에 대한 단서도 찾게 된다.

태양계 밖의 행성과 태양계 밖 탐사 계획에 사용된 무인 탐사선 보이저의 아티스트 콘셉트

이주하기 위해서가 아니다

인간이 살 수 있는 행성을 찾는다고 해도 이주하려는 것은 아니다. 태양계 밖의 행성은 빛의 속도로 날아가도 몇 년 걸리는 거리에 있는데, 아직 그 정도로 빨리 이동할 수 있는 수단이 없기 때문이다.

별 우주 지구 행성 태양 달 은하 우주개발

행성의 이름을 왜 수성, 화성, 목성이라고 지었을까?

|행성의 이름 이야기|

행성의 이름은 그 별이 무엇으로 이루어졌는지 등과 무관하며, 오행설에서 비롯되었다.

세 가지만 알면 나도 우주 전문가!

중국의 '오행설'

고대 중국의 사상인 오행설(五行說)은 세상 만물이 목화토금수(木火土金水)라는 다섯 종류의 원소로 이루어져 있다는 이론이다. 그런데 오행설의 '목화토금수'가 우연히 밝은 행성의 수와 딱 맞아떨어졌다. 참고로, 7일이 '일주일'이라는 개념은 고대 바빌로니아의 세계관에서 비롯되었다.

행성의 움직임에 따라 '수성', '토성'

오행의 '목화토금수'를 다섯 개의 행성에 대입해 목성 주위를 어지럽게 도는 행성은 물의 기운인 수성이 되고, 가장 천천히 도는 행성은 흙의 기운인 토성이 되었다.

행성의 밝기와 색에 따라 '금성', '수성', '목성'

'샛별', '개밥바라기', '모작별', '어둠별' 등 다양한 이름으로 알려진 행성은 금(金)의 기운이 강하다고 해서 금성이 되었다. 접근 시 밤하늘에서 붉게 요사스러운 빛을 내는 행성은 불(火)의 기운이 강하다고 해서 화성이 되었다. 나머지 하나는 나무(木)의 기운을 붙여 목성이 되었다.

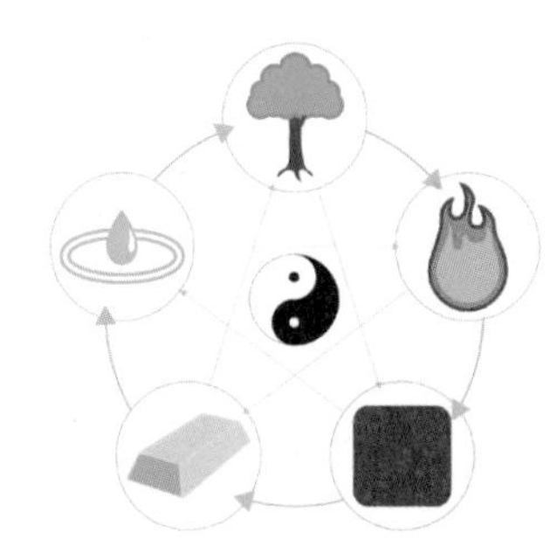

중국 '오행설'의 다섯 가지 요소

행성과 요일의 이름에는 어떤 연관성이 있을까?

|요일과 행성의 관계 이야기|

수성, 금성, 화성, 목성, 토성에 태양과 달을 더하면 요일이 된다.

세 가지만 알면 나도 우주 전문가!

태양과 달도 행성이었다?!

옛날 사람은 하늘을 올려다보며 '배치가 바뀌지 않는 별자리 안에서 움직이는 별이 있다'는 사실을 발견했다. 수성, 금성, 화성, 목성, 토성에 해와 달을 더했다. 별자리 안에 있는 별을 '행성'이라고 부른다면 해와 달도 행성이었다.

행성의 움직임으로 지구와의 거리를 생각하다

겉보기 움직임을 기준으로 해와 달, 행성과 지구의 거리를 관측했다. 달은 가장 격렬하게 움직이고 토성은 가장 천천히 움직인다. 그래서 지구에서 가까운 순서대로 '달, 수성, 금성, 태양, 화성, 목성, 토성'이라고 생각하게 되었다.

요일 순서는 이렇게 정해졌다!

머나먼 '토성'부터 순서대로 매시 행성을 배분한다. 첫날은 '토성'이 1시이고 24시는 '화성', 다음 날 1시는 '태양', 24시는 '수성', 그다음 날 1시는 '달', 24시는 '목성'……. 매일 1시의 행성을 정리하면 '토일월……'로 요일의 순서가 된다.

【요일과 행성의 관계】

	1시 … … 24시
1일 차	토성 → 화성
2일 차	태양 → 수성
3일 차	달 → 목성
4일 차	화성 → 금성
5일 차	수성 → 토성
6일 차	목성 → 태양
7일 차	금성 → 달

1일의 각 시간에 행성이 먼 순서대로 배정한다. 매일 1시 행성을 정리하면 요일 순서대로 정리된다.

태양계는 행성 외에 무엇으로 이루어져 있을까?

| 태양계를 구성하는 요소 이야기 |

태양 외에 위성과 왜행성, 소행성, 혜성 등의 작은 천체도 있다.

세 가지만 알면 나도 우주 전문가!

태양계에서 가장 크고 유일한 항성, '태양'

태양은 태양계 천체에서 크기도 질량도 가장 크다. 태양계 전체 질량의 99.8퍼센트를 차지한다. 그리고 나머지 0.2퍼센트 중 대부분을 목성이 차지한다.

태양계의 소천체들

태양과 행성 외에도 태양계에는 태양을 둘러싼 천체가 있다. 행성을 둘러싼 '위성', 명왕성 등의 '왜행성', 화성 궤도와 목성 궤도 사이에 분포하는 '소행성', 해왕성보다 먼 '태양계 외연 천체', 그리고 꼬리가 달린 '혜성' 등이 있다.

행성 간 먼지구름, 플라스마, 암흑 물질

태양계의 행성 간 공간에 있는, 모래 알갱이처럼 작은 먼지가 '행성 간 먼지구름(interplanetary dust cloud)'이다. 그리고 태양풍으로 공급되는 플라스마는 '행성 간 자기장(interplanetary magnetic field)'이다. 그 밖에 '암흑 물질'(Day 125 참고)도 있다. 행성 간 먼지구름이 태양의 빛을 산란한 '황도광(黃道光)'을 지구에서도 관측할 수 있다.

태양계 끝에 있는
극소 크기의 천체 상상도
© 일본 국립천문대

태양계는 우주에 하나밖에 없을까?

|다른 태양계 이야기|

우주에는 수많은 태양계(항성 주위를 행성이 도는 시스템)가 존재한다.

세 가지만 알면 나도 우주 전문가!

태양계가 뭘까?

태양 인력의 영향을 받는 한 무리의 천체를 '태양계'라고 한다. 우주에는 태양과 마찬가지로 빛을 내는 천체(항성)가 다수 존재한다. 그들 주위를 행성이 도는 현상도 관측으로 확인할 수 있다.

최초로 발견한 거대 행성

인류가 최초로 발견한 태양계 밖의 행성은 '페가수스자리 51b'다. 목성 절반 정도 크기의 행성이 한가운데 항성 주위를 4일보다 약간 짧은 공전 주기로 돌고 있다.

태양계 밖의 행성은 약 5,000개!

2022년 4월 기준, 태양계 밖의 행성은 4,981개, 여러 개의 행성을 거느린 항성은 814개, 행성을 보유한 항성은 3,672개로 확인되었다. 2019년 노벨 물리학상은 우주 진화의 비밀을 밝힌 세 명의 교수, 즉 미국 프린스턴 대학교 물리학자 제임스 피블스(James Peebles), 스위스 제네바 대학교 천문학자 미셸 마요르(Michel Mayor)와 디디에 쿠엘로(Didier Queloz)가 받았다.

태양계 외 행성의 발견을 축하하는 NASA의 포스터

일식은 어떻게 일어날까?

|일식 이야기|

달이 태양과 지구 사이에 들어가 태양을 가리기 때문이다.

세 가지만 알면 나도 우주 전문가!

달이 태양에서 오는 빛을 가로막기 때문

빛을 가리는 장애물이 있으면 지면과 벽에 그림자가 생긴다. 그림자 쪽에서 보면 빛을 가린 부분이 비어 있는 것 같다. 달이 태양에서 오는 빛을 가릴 때 지구상에 생기는 달의 그림자 안에서 볼 수 있는 천문 현상이 일식이다.

조그마한 달이 커다란 태양을 가린다!?

태양의 지름은 달의 약 400배에 달한다. 하지만 아무리 큰 물체도 멀리 있으면 작게 보인다. 지구에서 태양까지의 거리는 지구에서 달까지 거리의 약 400배다. 그래서 태양과 달이 비슷한 크기로 보이는 것이다.

【일식이 일어나는 원리】

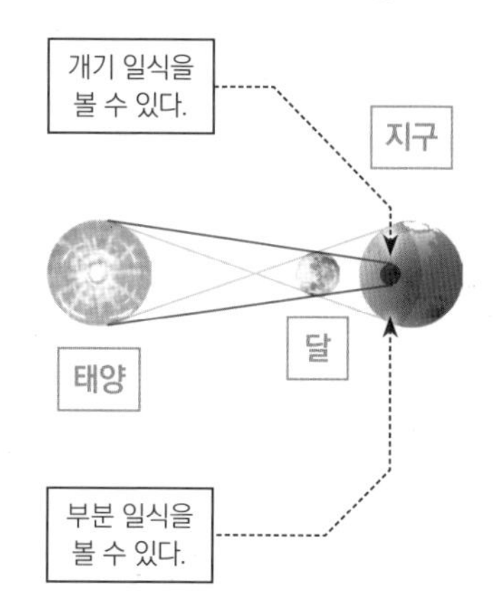

같은 크기로 보이면 가려질까?

지구에서 태양과 달이 비슷한 크기로 보인다고 해도 일직선으로 늘어서지 않으면 소용없다. 지구 주위로 달이 지나는 길은 지구가 태양 주위를 도는 면에서 약간 기울어져 있다. 달이 그 교점에 왔을 때 태양-달-지구 순서로 일직선으로 늘어서 일식이 일어나 태양이 전부 혹은 일부 보이지 않는다.

일식의 종류에는 어떤 것이 있을까?

|일식의 종류 이야기|

달이 태양을 어떻게 가리느냐에 따라 세 종류의 일식으로 나뉜다.

세 가지만 알면 나도 우주 전문가!

달이 태양 전체를 가리는 '개기 일식'

태양-달-지구 순서로 일직선으로 늘어섰을 때 일식이 일어난다. 지구에 생긴 달의 그림자에는 두 종류가 있다. 첫 번째는 달의 그림자가 태양에서 오는 빛을 완전히 가려 태양이 전혀 보이지 않는 경우로, 이를 '개기 일식'이라고 한다.

달이 태양의 일부를 가리는 '부분 일식'

두 번째는 달이 태양에서 오는 빛의 일부만 가리는 경우다. 첫 번째 그림자(본그림자)와 비교하면 밝다. 이 그림자(반그림자)에서는 태양의 일부를 볼 수 있어 '부분 일식'이라고 한다. 개기 일식보다 넓은 범위에서 관측된다.

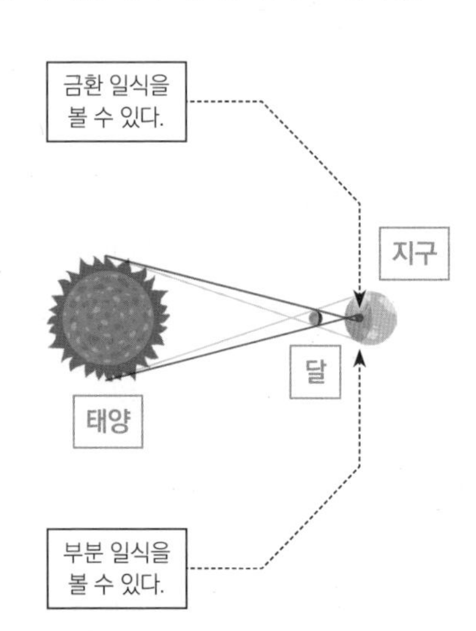

달이 작아 태양이 비어져나오는 '금환 일식'

세 번째는 달이 작아서 다 가리지 못해 태양이 비어져나오는 '금환 일식'이다. 달이 지구 주위를 타원으로 돌아 지구와 가까울 때도 있고 멀어질 때도 있기 때문에 생긴다. 각각 다른 장소에서 개기 일식과 금환 일식이 동시에 관측될 때도 있다.

별 우주 지구 행성 태양 달 은하 우주개발

태양이 달에 가려지면 어떻게 될까?

| 일식 때 광경 이야기 |

태양 표면이 너무 밝아 평소에 보이지 않던 코로나와 홍염이 보인다.

세 가지만 알면 나도 우주 전문가!

평소에 보이지 않던 코로나를 볼 수 있다

평소에 보이는 태양 표면은 구형이고 매우 밝다. 그런데 개기 일식으로 광구가 가려지면 평소에 보이지 않던 광구 바깥의 모습을 볼 수 있다. 태양 외기층에 펼쳐진 코로나를 찾아보자. 또 개기 일식 동안에는 보름달이 뜬 밤 정도이기 때문에 행성과 1등성 정도로 밝은 별도 보인다.

홍염도 볼 수 있다

코로나가 펼쳐지는 외기층과 광구 사이에 있는 채층이라는 태양 대기층에서 '홍염'이라는 구조가 솟구쳐 오른다. 붉은 불꽃처럼 보여 '홍염(紅焰)'이라는 이름이 붙었다.

태양과 달이 만든 다이아몬드 링도 볼 수 있다

광구를 가리고 둥글게 보이는 달에도 조그맣게 울퉁불퉁한 굴곡이 있다. 달 가장자리의 낮은 지점에서부터 광구의 빛이 희미하게 새어나오면 그 부분이 밝게 빛난다. 코로나 반지에 박힌 다이아몬드 같다고 해서 '다이아몬드 링(diamond ring)'이라고 한다.

하얀 연기처럼 보이는 부분이 코로나다. 오른쪽 가장자리에 두 개의 다이아몬드가 보인다.

월식은 어떻게 일어날까?

|월식 이야기|

월식은 달을 비추는 태양의 빛을
지구가 가리기 때문에 일어나는 현상이다.

세 가지만 알면 나도 우주 전문가!

지구의 그림자에 들어간 달에는 태양에서 오는 빛이 도달하지 않는다

지구는 태양 빛을 가리고, 반대 방향으로 그림자를 드리운다. 태양-지구-달이 일직선으로 늘어서 달이 지구의 그림자 안에 들어오면 달에는 태양 빛이 도달하지 않아 불완전한 모습이거나 어둡게 보인다. 이것이 월식이다.

지구의 본그림자를 비추는 위치에 달이 들어가면 월식

지구의 그림자에는 두 종류가 있다. 태양을 전혀 볼 수 없는 본그림자와 불완전한 모습의 태양만 보이는 반그림자다. 지구의 본그림자를 비추는 위치에 달이 완전히 들어가면 '개기 월식'을 관측할 수 있고, 일부만 들어가면 '부분 월식'을 볼 수 있다.

【월식이 일어나는 원리】

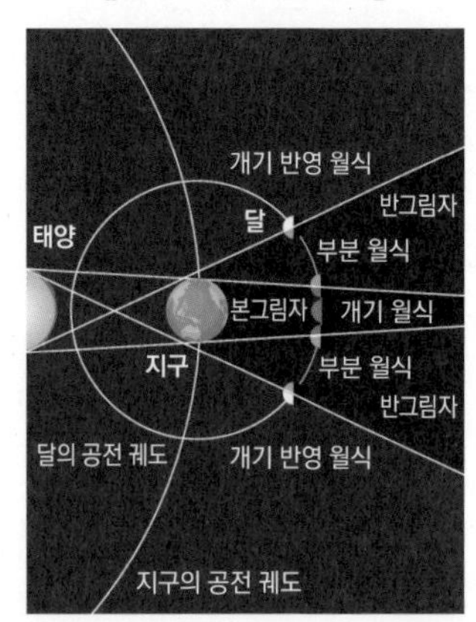

지구의 반그림자에 달이 들어가면?

달이 지구의 반그림자 안에 들어가면 불완전한 태양의 일부만 보인다. 태양의 빛이 약간 닿아 지구의 반그림자가 흐릿하게 보인다. 이 반그림자에만 달이 들어간 월식을 '개기 반영 월식'이라고 한다. 그러나 대다수 사람이 알아차리지 못한다.

블러드문 현상은 왜 생길까?

|블러드문 현상 이야기|

지구의 대기에서 산란되지 않았던 붉은빛이
지구의 그림자에 돌아서 들어오기 때문이다.

세 가지만 알면 나도 우주 전문가!

푸른빛은 지구 대기에서 산란되며, 대부분 대기를 통과할 수 없다

맑게 갠 날의 하늘은 푸르다. 지구를 감싼 대기는 햇빛을 산란한다. 잘 산란되는 푸른빛은 우리 눈에 도달하는 반면, 잘 산란되지 않는 붉은빛은 지구 대기를 빠져나갈 수 있다.

대기를 빠져나온 붉은빛은 굴절된다

태양 빛은 지구의 대기에 들어올 때나 나갈 때 미미하게나마 굴절한다. 그래서 지구의 불투명한 부분에 가려져 생긴 본그림자에 붉은빛이 들어갈 수 있다. 이 빛에 비춰진 월면이 불그스름하게 보이며 달이 다홍색으로 보이는 블러드문(bloodmoon) 현상이 나타난다.

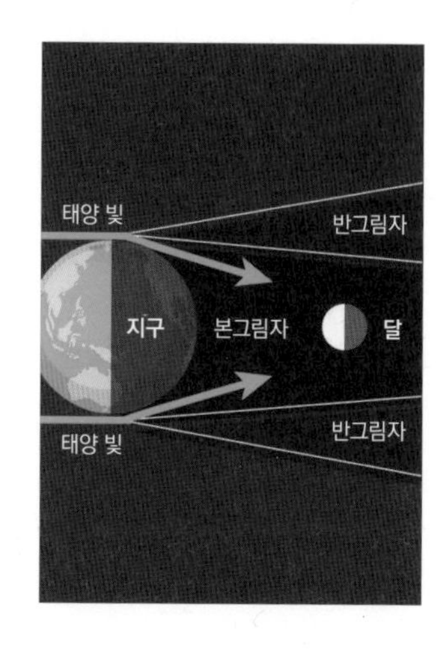

월식으로 색상과 밝기가 달라진다

개기 월식이 일어날 때 달을 비추는 빛의 양에 따라 색상과 밝기가 달라진다. 지구의 대기에 포함된 먼지가 적으면 비교적 많은 빛이 도달해 밝은 주황색이 되고 먼지가 많으면 검붉은색이 된다.

일식 시기를 어떻게 알 수 있을까?

|일식의 시기 이야기|

일식은 규칙적인 천문 현상으로 18년 주기로 나타난다.

세 가지만 알면 나도 우주 전문가!

일식의 간격은 초승달 주기(삭망월)의 몇 배

일식은 규칙적으로 반복되는 현상이어서 다음에 언제 일어날지 알 수 있다. 달이 태양과 같은 방향에 있을 때는 '삭(朔)'으로 초승달이 뜬다. 일식일 때는 반드시 초승달이 뜨기 때문에 일식의 간격은 초승달 주기(삭망월)의 몇 배다.

일식의 간격은 교점월의 몇 배

삭에 반드시 일식이 일어나지는 않는다. 달과 태양이 떨어져 보일 때는 같은 방향이라도 일직선이 되지 않기 때문이다. 일식 간격은 달이 교점(Day 197 참고)을 나와 원래 자리로 돌아가는 주기(교차월)의 몇 배다.

같은 일식은 약 18년 후에나 볼 수 있다

1삭망월은 약 29.53일로, 1교차월은 약 27.21일이니 1삭망월의 223배, 1교차월의 242배인 약 6,585일이 공배수다. 예를 들어, 2012년 5월 21일에 금환 일식이 관측되었다면 18년 후인 2030년 6월 1일에 다시 금환 일식이 일어난다고 예측할 수 있다. 이 주기를 '사로스(Saros) 주기'라고 한다.

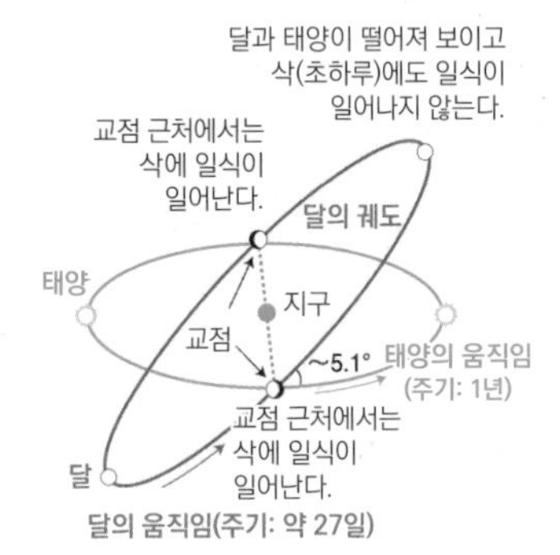

Day 203

일식과 월식 중 더 많이 볼 수 있는 것은?

| 일식과 월식의 비중 이야기 |

일식이 더 자주 일어나지만, 월식이 훨씬 더 많이 관측된다.

세 가지만 알면 나도 우주 전문가!

월식은 언제 일어날까?

일식과 월식이 일어나는 방식을 고려하면 월식은 일식 약 보름 후에 일어난다고 예측할 수 있다. 보름 동안 지구의 위치가 변해 태양이 약간 보이는 방향으로 바뀐다. 그러나 일식 보름 후에 반드시 월식이 일어난다고 장담할 수는 없다.

일어날 가능성이 큰 현상은?

달이 태양을 가리는 위치에 오는 기회가 많을수록 일식이 일어날 가능성이 커진다. 달이 들어오는 위치에 지구의 그림자가 넓을수록 월식이 일어날 가능성이 커진다. 계산해보면 일식이 약 3배 더 자주 일어난다.

왜 월식이 더 자주 관측될까?

일식은 월식보다 자주 나타나지만, 극히 일부 지역에서만 볼 수 있다. 그 반면에 월식은 달이 보이는 곳이면 어디서든 볼 수 있어 많은 사람의 눈에 띈다. 따라서 월식이 일식보다 더 자주 일어나는 것처럼 느껴진다. 한국에서는 2023년 10월 14일 금환 일식이 있었으니 2024년 4월 8일에 개기 일식을 볼 수 있다.

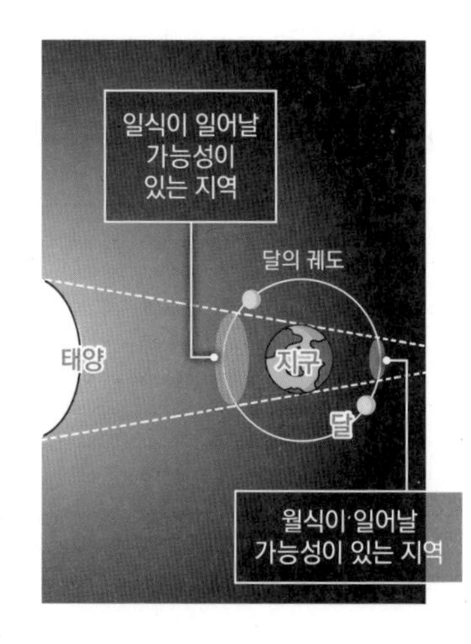

달은 왜 태양과 같아 보일까?

|달과 태양의 겉모습 이야기|

달은 태양보다 훨씬 작은데 지구와 가까이 있어
태양과 같은 크기로 보인다.

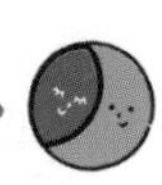

세 가지만 알면 나도 우주 전문가!

달까지 거리는 빛으로 1.25초

지구 주위를 도는 달은 지구와 매우 가까운 이웃 별이다. 인간이 발을 디딘 적이 있는 단 하나의 별이다. 빛으로는 불과 1.25초면 달에 도착한다. 하지만 아폴로 우주선으로 달까지 가는 데 73시간, 약 3일이 걸렸다.

태양까지의 거리는 빛으로 8분 20초

태양계의 중심에 있고 가장 거대한 태양은 지구에서 달보다 훨씬 멀리 있다. 지금 보이는 햇빛은 약 8분 20초 전에 태양을 출발한 것이다. 태양 탐사 위성이 태양 근처에 가는 데 대략 4년이 걸렸다.

가까운 물체는 크게 보인다

가까이 있는 물체는 크게 보이고 멀리 있는 물체는 작게 보인다. 이것은 별과의 관계에서도 마찬가지다. 다른 별의 겉보기 크기를 느낄 일은 거의 없지만, 태양과 달은 눈으로 보고 알 수 있을 정도의 거리와 크기라서 경험으로 알 수 있다. 참고로, 달과 태양이 막 떠오를 때나 질 때 크게 보이는 것은 단순히 눈의 착각이다.

달은 태양의 400분의 1 정도 크기다.

초사흗날에도 왜 달이 둥그렇게 보일까?

| 지구 반사광 이야기 |

지구에 닿은 태양 빛이 달에 도달해서 반사해,
둥근 달의 형태가 어슴푸레하게 보인다.

세 가지만 알면 나도 우주 전문가!

초승달 전후로 사흘 동안 달이 어렴풋하게 보인다

달을 비추는 태양 빛이 지구에도 닿는다. 그 빛이 반사해 달에 도달한다. 이 빛이 다시 지구로 도달하면, 밝게 빛나는 부분 외에도 희미하게 볼 수 있다. 지구에서 반사된 태양 빛이 달의 어두운 부분을 희미하게 비추는 이 현상을 '지구 반사광'이라고 한다.

겨울에 더 잘 보인다

가느다란 달은 매달 볼 수 있다. 하지만 지구 반사광은 겨울에 더 잘 보인다. 겨울에는 공기가 맑고 가느다란 달이 높은 위치에 있어 알아차리는 사람이 많다. 아주 드물긴 하지만 개기 일식 때도 지구 반사광을 볼 수 있다.

달빛이 약할 때는 별이 더 잘 보인다

달이 초승달로 보이는 현상은 초하루 전후로 사흘 정도다. 그때 달이 빛나 보이는 면적이 좁아서 다른 별들을 더 잘 볼 수 있다. 달은 다른 별보다 압도적으로 밝아 별 관측에 큰 영향을 준다.

달의 위상 변화는 왜 일어날까?

|달의 위상 변화 이야기|

달이 지구 주위를 돌 때 빛나 보이는 부분이 바뀌기 때문이다.

세 가지만 알면 나도 우주 전문가!

달은 스스로 빛나지 않는다

달은 지구 주위를 공전하는 위성이다. 달은 스스로 빛을 낼 수 없고, 태양의 빛을 반사하는 부분이 지구에서 보이는 것이다. 그림의 ㉦은 지구에서 보이지 않는 초승달이다.

한밤중 정남에 떠오르는 보름달

㉢ 위치의 달은 보름달이다. 태양 빛이 지구에 가려 닿지 않는데, 거의 영향을 받지 않아 보름달이 된다. 보름달이 남쪽에 올 때는 보름달을 보는 사람에게 한밤중이다.

같은 모양이라도 좌우가 다르다

초하루에서 사흘이 지나면 초승달이라 부르는 손톱 모양 달이 된다. ㉧ 위치로, 저녁나절 오른쪽 부분이 빛나는 달을 볼 수 있다. 그리고 ㉥ 위치에 있는 달이 사흘 후에 초승달이 되며, 아침나절에 볼 수 있다. ㉠ 위치는 상현달, ㉤ 위치는 하현달이라고 한다.

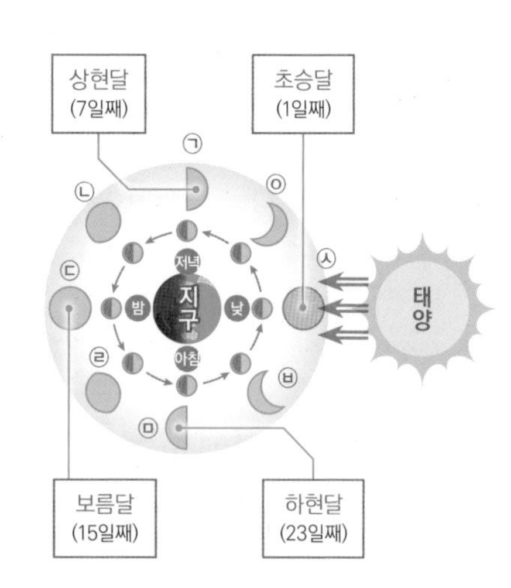

보름달은 한 달에 한 번밖에 볼 수 없을까?

| 보름달 이야기 |

대체로 보름달은 한 달에 한 번밖에 뜨지 않는다.

세 가지만 알면 나도 우주 전문가!

달은 일정한 속도로 공전한다

달은 지구 주위를 공전하는 위성이다. 자전하며 지구 주위를 일정한 속도로 공전한다. 지구 주위를 한 바퀴 도는 데 약 29.5일이 걸린다.

보름달이 보이는 위치는 한 군데

달이 지구 주위를 한 바퀴 도는 동안 지구에서 보이는 달의 모습은 계속해서 변화한다. Day 206 그림에서 보면 알 수 있듯이 ㉢ 위치 한 군데에서만 보름달이 된다. 그래서 보름달은 한 달에 한 번밖에 볼 수 없다. 그렇지만 달의 위상 변화 주기가 약 29.5일이라서 한 달에 두 번 보름달을 볼 기회가 생길 수도 있다.

ⓒ 일본 국립천문대

달의 모습은 시시각각 변한다

달의 겉모습은 달이 지구 주위 어디에 있느냐에 따라 시시각각 변한다. 보름달의 경우라고 하더라도 몇 시에 보느냐에 따라 달의 모습이 달라진다. 같은 모습을 보려면 약 29.5일간 기다려야 한다.

겨울에는 왜 보름달이 더 높이 뜬 것처럼 보일까?

|달의 모습 이야기|

겨울에는 태양의 고도가 더 낮기 때문이다.

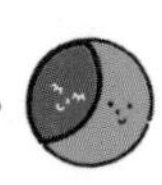

세 가지만 알면 나도 우주 전문가!

태양이 지나는 길은 황도, 달이 지나는 길은 백도

1년 동안 지구에서 본 태양의 움직임을 천구(天球) 위에 나타낸 궤도를 '황도(黃道)'라고 한다. 그리고 1년 동안 달의 움직임을 천구 위에 나타낸 궤도를 '백도(白道)'라고 한다. 백도는 황도와 거의 일치하는 궤적을 보인다. 황도와 백도의 각도는 5.1도밖에 되지 않는다.

보름달의 위치는 태양의 반대편

지구에서 밤에 보름달이 보일 때 태양은 달의 정반대 위치에 있다. 태양의 남중 고도는 계절에 따라 변해 밤의 태양 위치도 물론 달라진다.

태양의 남중 고도와 반대가 된다

태양 반대편에 위치하는 보름달은 태양의 남중 고도와 반대 높이가 된다. 그래서 남중 고도가 낮은 겨울철에는 태양의 반대 위치에 빛을 반사하는 보름달이 더 높이 있는 것처럼 보인다.

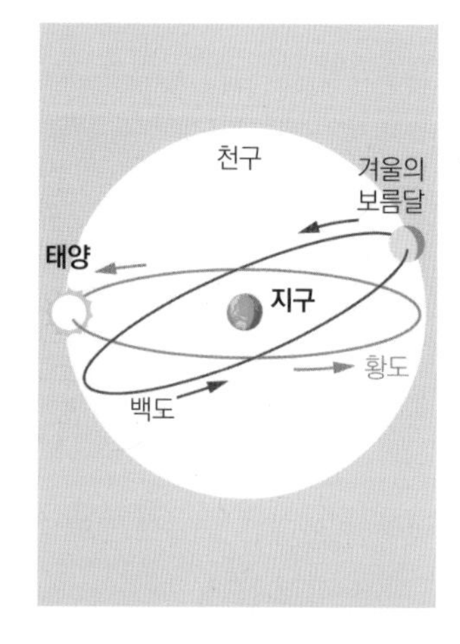

달의 공전 속도는 얼마나 될까?

| 달의 공전 속도 이야기 |

궤도를 원으로 가정하면 초속 약 1킬로미터다.

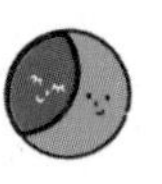

세 가지만 알면 나도 우주 전문가!

달은 지구에서 약 38만 킬로미터 떨어져 있다

지구에서 달까지 거리는 평균 약 38만 킬로미터에 이른다. 정확히 말하면 타원 궤도를 그린다. 하지만 계산하기 쉽게 이를 원이라고 가정하면 반지름이 약 38만 킬로미터다.

달의 공전 궤도는 약 239만 킬로미터

반지름 약 38만 킬로미터를 기준으로 달의 공전 궤도를 구하면 약 239만 킬로미터가 나온다. 달은 이 거리를 약 1개월 걸려 공전한다. 이것을 초속으로 환산하면 약 1킬로미터가 된다.

달은 자신의 지름을 약 1시간마다 이동한다

달의 지름은 약 3,500킬로미터다. 그리고 달의 이동 속도가 1초에 약 1킬로미터이니 자신의 지름을 이동하는 데 1시간가량 걸리는 셈이다. 상당히 빠른 속도로 이동한다고 할 수 있다. 그렇다면 지구가 자신의 지름만큼 이동하는 데 걸리는 시간은 얼마나 될까? 고작 7분 남짓밖에 안 된다.

【타원 궤도】

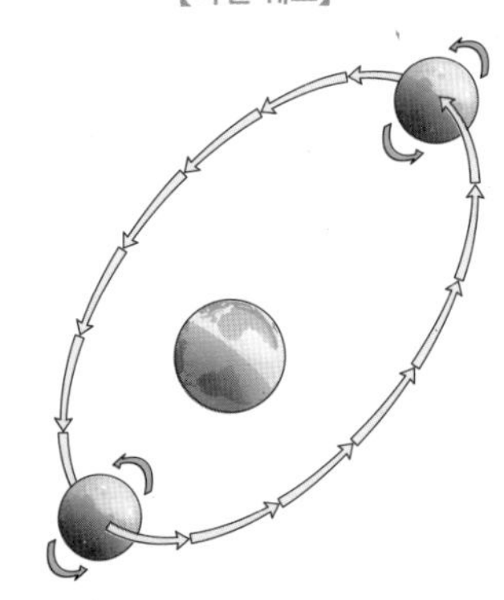

별 우주 지구 행성 태양 달 은하 우주개발

달은 지구에서 어느 정도 멀어지고 있을까?

|달의 이동 이야기|

달은 1년에 약 3.8센티미터씩 지구에서 멀어지고 있다.

세 가지만 알면 나도 우주 전문가!

옛날에는 달이 훨씬 크게 보였다

달은 지구에서 약 38만 4,000킬로미터 떨어진 곳에서 공전한다. 그런데 옛날에는 약 2만 5,000킬로미터 거리로, 지금보다 가까운 곳에서 공전했다는 사실이 밝혀졌다. 따라서 겉보기에는 크기가 지금보다 훨씬 컸을 것이다.

지구의 자전이 늦어지고 있다

지구 표면의 약 70퍼센트를 바다가 차지한다. 그런데 바다의 조석 현상(밀물과 썰물에 의해 바닷물의 높이가 주기적으로 오르내리는 현상)은 달의 영향을 받는다. 그 조석의 힘으로 인해 지구의 자전 속도가 조금씩 늦어지고 있다.

피겨 스케이팅 선수와 같다

빙글빙글 회전하는 피겨 스케이팅 선수는 팔을 뻗어서 회전 속도를 느리게 만든다. 지구의 자전 속도가 느려지면 달이 멀어지는 현상도 이와 마찬가지다. 지구의 자전 속도가 느려지면 하루의 길이가 길어진다.

달은 지구에서 조금씩 멀어지고 있다.

우주 개발에 적극적인 나라는?

|우주 개발에 적극적인 나라 이야기|

미국, 중국, 러시아, 유럽연합, 인도, 일본 등이 앞장서고 있다.

세 가지만 알면 나도 우주 전문가!

국제 조약으로 평화와 안전 유지

최첨단 우주 개발에서는 다른 나라에 비밀로 하고 싶은 기술도 많다. 그러나 안전한 연구와 경제 활동을 추진하기 위해 우주 공간에서의 행동과 약속을 정한 국제 조약을 체결해 대다수 국가가 참여했다.

연계해서 우주 개발을 진행 중인 나라들

1960년대부터 미국과 구소련이 치열한 경쟁을 펼친 이후 유럽연합과 일본이 가담해 협조와 경쟁으로 우주 개발을 이끌고 있다. 현재 NASA와 유럽우주국(ESA)을 중심으로 여러 나라가 프로젝트에 참여하고 있다.

독자 노선으로 급성장 중인 중국, 인도, 한국

2000년대 들어 우주 개발 사업을 급속하게 확장하는 국가도 있다. 특히 중국과 인도는 독자적인 유인 우주 비행을 계획하고 있다. 중국은 독자적으로 우주 정거장도 건설 중이다. 한국도 유인 우주선 개발에 박차를 가하고 있다.

미국 플로리다주에 있는 케네디 우주 센터

Day 212

국제 우주 정거장이 뭘까?

| ISS 이야기 |

우주 공간에 있는 거대한 유인 우주 정거장으로,
실험과 연구가 이루어지고 있다.

세 가지만 알면 나도 우주 전문가!

15개국이 협력해서 건설한, 우주에 하나뿐인 연구소

국제 우주 정거장(International Space Station, ISS)은 1998년에 건설을 시작해 2011년 7월에 완공되었다. 미국, 러시아, 유럽연합, 일본, 캐나다 등 총 15개국이 건설에 참여했다. 중력과 대기의 영향이 매우 적은 지상 400킬로미터 상공에 있는 특별한 연구소다.

여섯 명의 우주 비행사가 장기 체재

현재 여섯 명의 우주 비행사가 교대로 근무하고 있다. 전 세계에서 의뢰받은 실험과 ISS에서 수집한 정보 발신 외에 생활의 모든 일정, 식사와 운동, 수면도 중요한 임무다. 선외 활동 등 위험을 동반한 임무도 포함되어 있다.

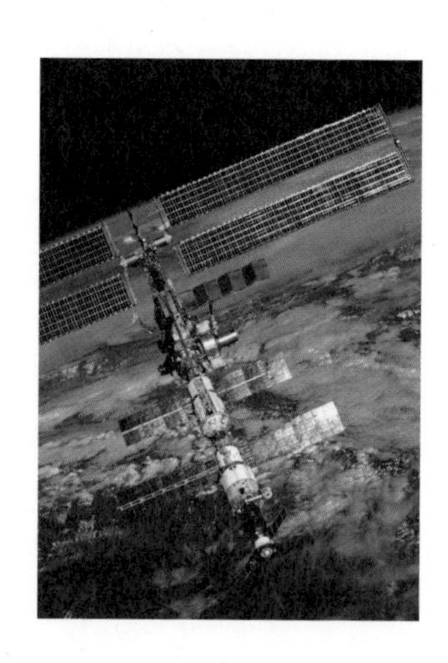

물자는 모두 지구에서 보급한다

ISS의 기재는 태양 전지로 발전한 전력만으로 가동한다. 전력 외 물과 식량뿐 아니라 공기도 계획적인 보급이 필요하다. 참고로, 유럽우주국 보급선에는 쥘 베른, 케플러, 아인슈타인 등 유럽 출신 과학 위인들의 이름이 붙어 있다.

Day 213

국제 우주 정거장을 맨눈으로 볼 수 있을까?

|맨눈으로 보는 우주 이야기|

조건만 맞으면 맨눈으로도 밝은 별처럼 보이는
우주 정거장을 확인할 수 있다.

세 가지만 알면 나도 우주 전문가!

구름보다 높은 곳을 이동한다

지상 400킬로미터에 있는 축구장 크기의 국제 우주 정거장(ISS)을 맨눈으로 보면 밝은 별과 같다. 스스로 빛을 내지는 못하고 태양 빛을 반사해서 빛을 낸다. 고해상도 천체 망원경을 사용하면 ISS의 형태를 포착할 수 있다.

지상이 밤이면 ISS는 낮이 되는 타이밍을 노리자

맨눈으로 보려면 지상에서는 별이 보이는 밤이고, ISS는 햇빛이 닿는 낮일 때를 맞추어 관측해야 한다.

ISS가 지나는 길은 단순하지만 어렵다

ISS는 지구를 기준으로 항상 적도 면에서 51.6도 궤도 경사각으로 돌고 있다. 자전하는 지구에서 보면 매번 조금씩 다른 경로를 비행하는 것처럼 느껴진다. 겉보기 위치를 알아내려면 복잡한 계산이 필요하다. NASA에서 운영하는 사이트(https://eol.jsc.nasa.gov/ESRS/HDEV/)에 들어가면 국제 우주 정거장에서 촬영하는 영상을 실시간으로 감상할 수 있고 위치도 추적할 수 있다.

일본 우주 실험동에서
국제 우주 정거장을 구성하는 '키보'

ISS에는 어떤 사람이 있을까?

ISS에서 일하는 사람 이야기

ISS에는 우주 비행사와 민간인이 교대하며 머문다.

세 가지만 알면 나도 우주 전문가!

장기 체재 그룹과 단기 체재 그룹

우주 개발을 임무로 몇 개월 동안 체재하는 장기 체재 그룹과 1~2주 임무를 마치고 지구로 귀환하는 단기 체재 그룹으로 나눌 수 있다. 임무 내용과 우주선 발사 시기 등을 조정해 교대하면서 임무를 수행한다.

ISS 공용어는 영어, 그리고 이따금 러시아어 사용

ISS에서는 영어를 공용어로 사용한다. 일본인 우주 비행사가 일본 관제실과 통신할 때도 영어를 사용한다. 다만 러시아 소속 우주선 소유스(Soyuz)에 탑승할 때와 러시아 관제탑과 통신할 때는 러시아어를 사용한다. 체재하는 인원수는 미국, 러시아, 일본 순이다.

우주 정거장 관광객 증가 추세?

2001년 처음으로 ISS에 민간인이 여행 목적으로 방문했다. 이후 2021년에는 일본 실업가를 포함해 29명, 2022년에는 미국 단체 관광객이 ISS에 체재했다. ISS 관광은 앞으로 더욱 증가 추세를 보일 것으로 예상된다. 참고로, NASA의 우주 비행사가 되려면 미국 국적이 필요하다.

NASA의 웹사이트에 공개된 ISS 멤버

ISS에서는 어떤 시계를 사용할까?

|시차 조정 이야기|

ISS에서는 협정 세계시를 사용한다.

세 가지만 알면 나도 우주 전문가!

낮과 밤을 45분마다 경험하는 세계

ISS는 90분에 지구를 한 바퀴 돌아 45분마다 낮과 밤이 찾아온다. ISS에서는 24시간 3교대로 일하며 협정 세계시(Universal Time Coordinated, UTC)를 사용한다.

지구와의 교신도 UTC를 기준으로

NASA 등 지상과 교신할 때도 UTC를 기준으로 한다. UTC는 ISS뿐 아니라 지구 각국의 표준 시간 기준으로 사용되어 세슘 원자시계로 시간을 잰다. 국경을 초월한 시간 약속에 UTC를 활용한다.

러시아의 우주선 '소유스'

UTC 외 다른 '시계'를 사용하는 상황

그러나 예외인 경우도 있다. 러시아의 우주선 소유스에서는 모스크바 표준시를 사용한다고 알려져 있다. 현재 퇴역한 우주 왕복선에서는 발사부터 시간 경과를 '시계'로 사용했다. 시계라는 장치는 어떤 일에서는 중요한 기준과 깊은 연관이 있다.

Day 216 우주 개발 | 우주 개발 기술

우주 호텔 건설이 가능할까?

|우주 호텔 이야기|

월면과 정지 궤도 등에 건설한다는 구상이 발표되고 있다.

세 가지만 알면 나도 우주 전문가!

미국과 일본의 기업이 계획 추진 중

관광을 목적으로 한 우주 호텔 건설안이 몇 가지 나왔다. 그중에서 미국과 일본이 추진한, 우주 공간에 뜬 유형의 호텔은 2020년대 후반에 건설을 시작할 예정이다. 인공적으로 중력을 초월한 저중력 공간으로 설계될 거라고 한다.

특별한 훈련 없이 우주로 갈 수 있을까?

아직은 미공개 정보가 더 많지만, 현재 우주선보다 쾌적한 탑승 시설이 개발 중이다. 저중력 공간에서 장시간 생활할 상주 서비스 직원과 보안 직원 등 업무의 종류에 따라 전문 훈련이 필요할 수 있다.

우주 호텔은 미래의 요양 시설?

지상보다 중력이 적은 우주 공간을 부상과 질병의 재활에 활용할 수 있을지 그 가능성 연구가 진행되고 있다. 온천에서 몸과 마음을 치유하는 '온천 요법'처럼 우주 공간에서 재활하는 새로운 삶의 방식이 새로운 선택지가 될 날이 머지않았다. 참고로, 천천히 회전하는 도넛 모양 우주 정거장은 SF 영화나 애니메이션으로 유명해졌다.

은하수의 정체를 어떻게 알았을까?

| 은하수의 정체 이야기 |

은하수를 망원경으로 확대해서 정체를 밝혀냈다.

세 가지만 알면 나도 우주 전문가!

은하수는 별들의 집합이었다

1610년경 갈릴레오 갈릴레이가 직접 만든 망원경으로 관측한 결과 한 덩어리처럼 보였던 은하수가 각각의 별로 이루어진 집단임을 알게 되었다. 인간의 눈에는 수많은 별이 겹쳐 보여 희미하게 빛나는 강 같은 느낌을 준다.

하늘에 있는 별의 개수를 세어보자

독일 태생 영국의 천문학자 프레더릭 윌리엄 허셜(Frederick William Herschel)은 직접 만든 망원경으로 하늘의 별을 조사했다. 보이는 영역을 같은 간격으로 나눠 각 공간에 들어오는 별의 수를 세었다.

은하수는 어떤 모양일까?

허셜은 눈이 빠지도록 밤하늘의 별을 헤아렸다. 그 결과, 별의 수가 많아 보이는 부분일수록 별이 촘촘하게 모여 있고 어두운 별일수록 멀리까지 분포한다는 가정을 세웠다. 그리고 이 가정으로 은하수가 볼록 렌즈(원반) 모양이라는 가설에 도달했다. 하지만 허셜은 보이는 별이 전부라고 생각했기에 불완전한 상상도였다.

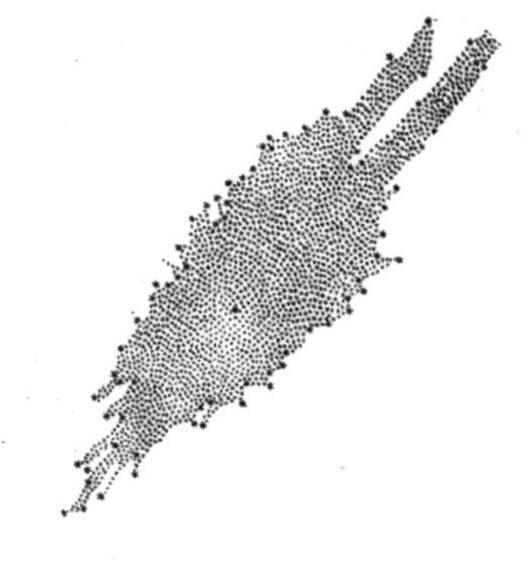

허셜이 항성의 개수를 관측한 결과를 바탕으로 그린 우리은하의 구조

Day 218 은하 | 은하수

우리은하의 크기는 얼마나 될까?

| 우리은하의 크기 이야기 |

지름은 약 10만 광년! 느릿느릿 도는 원반 모양의 은하다.

세 가지만 알면 나도 우주 전문가!

위에서 보면 막대 나선(소용돌이) 모양

우리은하는 태양과 같은 항성과 가스로 이루어져 있어 중심으로 갈수록 빽빽하게 밀집되어 있다. 중력이 작용해 중심 방향으로 잡아당겨지며 회전한다. 놀이공원에 있는 회전 그네와 비슷한 이미지다.

옆에서 보면 팬케이크 모양

옆에서 보면 중심이 살짝 봉긋하고 바깥으로 갈수록 얇아진다. 지름은 약 10만 광년이고 두께는 약 1,000광년이다. 팬케이크 모양이다. 10센티미터 크기의 작은 팬케이크라고 가정하면 두께가 1밀리미터 정도이니 생각보다 납작하다.

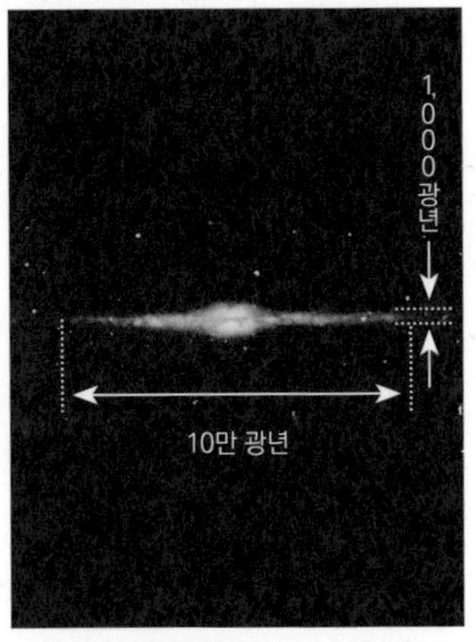

옆에서 보면 팬케이크 모양이다.

앞으로 더 커질까?

우리은하와 같은 나선 은하를 분석하면 1초 동안 약 500미터 커진다는 사실을 알 수 있다. 은하 바깥에서 새로운 항성이 탄생하면 조금씩 바깥으로 확장된다. 우리은하도 성장하는 중일지 모른다. 태양계는 우리은하를 약 2억 년에 걸쳐 일주한다(초속 약 220킬로미터).

우리은하는 왜 소용돌이 모양일까?

|우리은하의 모양 이야기|

중력의 영향으로 안으로 소용돌이처럼 빨려 들어가기 때문이다.

세 가지만 알면 나도 우주 전문가!

막대 나선 모양의 비밀

작은 은하가 합체해서 거대한 은하가 만들어진다. 은하가 모이는 과정에서 원반 모양을 이룬다. 이 원반 근처를 작은 은하가 통과하면 그 중력의 영향으로 원반 안으로 소용돌이처럼 빨려 들어가 나선 구조가 완성된다.

회전하는 막대 나선 원반

우리은하에는 항성이 원반 형태로 모여 있다. 그런데 중심에서부터 가장자리까지 별이 일정하게 퍼져 있지 않아 나선 모양으로 소용돌이처럼 빙글빙글 돈다. 중심부는 막대 모양 구조로 보이기도 한다. 막대 모양 구조는 은하의 회전 속도를 늦추는 브레이크 역할을 한다.

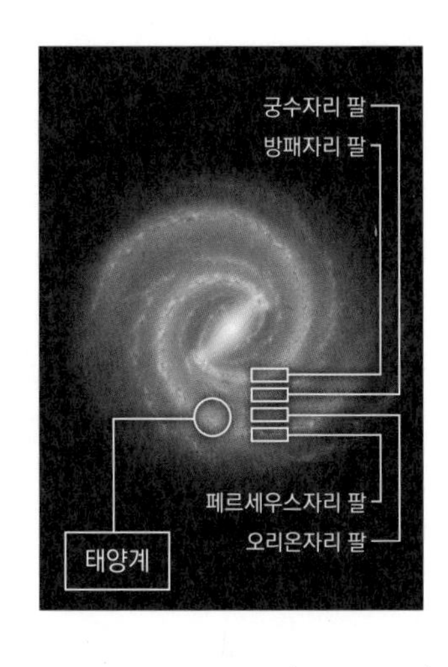

태양계도 팔 안쪽

우리은하에는 몇 개의 막대 모양 팔이 있다. 태양계는 오리온자리 팔에 있는데, 바깥의 페르세우스자리 팔과 안쪽의 궁수자리 팔 사이에 끼여 있다. 태양은 팔에 있는 별들과 함께 스스로 조금씩 움직인다.

Day 220 은하 | 은하수

우리은하에는 별이 몇 개나 있을까?

|우리은하의 별 개수 이야기|

1,000억 개 이상의 항성이 모여 우리은하를 구성하고 있다.

세 가지만 알면 나도 우주 전문가!

태양처럼 스스로 빛을 내는 별들의 거대한 집단

우리은하는 태양처럼 스스로 빛을 내고 에너지를 생성하는 항성이 모여 이루어졌다. 우리은하에는 항성 외에도 가스와 먼지, 항성이 일생을 마친 형태의 행성상 성운 등도 존재한다.

눈에 보이는 것이 전부가 아니다

우리은하를 자세히 관찰하면 깜깜해서 아무것도 보이지 않는 부분이 있다. 이 어둠 속에는 아무것도 존재하지 않는다고 생각할 수 있지만, 항성과 항성 사이 공간에 떠도는 가스와 먼지(우주진stardust)가 있다. 이 어둠 속에서 새로운 항성이 탄생하기도 한다.

암흑 성운도 있다

항성의 빛을 흡수하는 성질을 가진 먼지도 있다. 별과 우리 사이에 성운이 있으면 별빛을 가려 성운 부분이 검게 보인다. 불꽃놀이를 가까이서 보면 연기 때문에 밤하늘의 불꽃이 보이지 않을 때와 같은 상황이다. 참고로, 은하에 있는 별의 수는 태양 근처 항성의 움직임으로 분석한 은하의 회전 속도로 구할 수 있다.

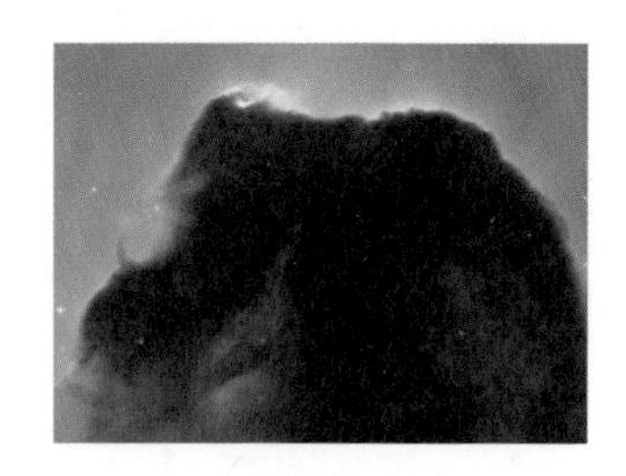

암흑 성운

우리은하는 어떻게 생겼을까?

|우리은하의 구조 이야기|

우리은하에 원반 모양만 있는 것은 아니다.

세 가지만 알면 나도 우주 전문가!

'원반'과 '은하 팽대부' 구조

우리은하는 태양계를 포함한 다수의 항성이 원반 모양을 이루고 있다. 항성이 모여 살짝 볼록한 중심 부분을 '은하 팽대부(galactic bulge)'라고 한다. 이 팽대부 위아래에는 섭씨 약 1만 도의 뜨거운 가스인 페르미 거품(Fermi bubble)이 펼쳐져 있다.

은하 팽대부와 페르미 거품을 감싼 '은하 헤일로'

'은하 헤일로(galactic halo)'는 은하 팽대부와 페르미 거품을 크게 구 모양으로 감싸고 있다. 은하 헤일로는 지름이 약 100만 광년이며, 얇고 고운 가스, 구상성단, 암흑 물질 등으로 이루어져 있다.

살짝 일그러진 원반

1950년대부터 우리은하의 원반은 평평하지 않고 살짝 일그러져 있다는 사실이 알려져 있었다. 한쪽이 약간 위쪽으로 뒤집혀 있고 다른 한쪽이 아래쪽으로 뒤집혀 있다. 원반이 평평하지 않고 일그러진 원인은 은하가 서로 충돌했기 때문이라는 가설도 있지만, 아직 확실히 규명되지 않았다.

일그러진 원반 모양의 은하

Day 222 은하 | 은하수

안드로메다은하는 어디에 있을까?

| 안드로메다은하 이야기 |

안드로메다은하는
지구에서 약 250만 광년 떨어져 있다.

세 가지만 알면 나도 우주 전문가!

우리은하의 형제 은하

안드로메다은하(Andromeda Galaxy)는 가을 밤하늘에서 볼 수 있는 안드로메다자리에 있어 맨눈으로도 볼 수 있다. 우리은하 가까이 있는 은하 중 하나로, 지름은 약 22만 광년이다. 우리은하와 모양과 크기가 한 집 자식처럼 닮아 '형제 은하'라고 부르기도 한다.

은하의 무리

우리은하의 이웃은 안드로메다은하 말고도 더 있다. 남반구에서 볼 수 있는 대마젤란은하와 소마젤란은하도 우리 이웃 은하다. 마젤란은하는 대표적인 불규칙 은하다. 태양계에서 대마젤란은하까지 거리는 약 16만 광년으로, 안드로메다은하보다 가깝다.

안드로메다은하(대)와 주요 은하(소)
© Robert Gendler & Russell Croman

국부 은하군

우리은하 주변에는 우리은하와 안드로메다은하를 중심으로 그룹이 형성되어 있다. 작은 은하까지 포함해 50개 이상 된다. 이 은하 무리를 '국부 은하군(local group)'이라고 한다. 크기는 지름이 약 480만 광년이다.

은하가 서로 충돌하면 어떻게 될까?

|은하의 충돌 이야기|

우리은하와 안드로메다은하는 서로 통과해
최종적으로 합체할 것으로 예측된다.

세 가지만 알면 나도 우주 전문가!

약 40억 년 이내에 안드로메다은하와 충돌

우리은하는 이웃 은하인 안드로메다은하와 약 40억 이내에 충돌하리라는 예측이 나왔다. 이 충돌로 두 은하의 형태가 크게 달라질 것으로 예상된다. 현재의 우리은하도 다른 은하와 충돌 및 합체를 반복해서 지금 형태가 되었다.

시속 40만 킬로미터 속도로 접근 중

중력에 의해 큰 이웃 은하끼리 서로 조금씩 가까워지고 있다. 100년 이상 전부터 예상되었는데, 엇갈릴지 아니면 충돌해서 합체할지 아직 알 수 없다.

어떤 형태로 변할지 기대된다

수많은 별이 정면충돌하는 광경을 상상할 수 있다. 은하에 있는 별들은 서로 충분한 거리를 두고 있어 실제로 부딪칠 가능성은 적다. 그러나 중력의 영향으로 기존의 움직임과 달라질 수도 있을 것으로 예상된다. 아직 별이 되지 못한 가스가 충돌할 경우 나타나는 자극으로 별이 대량 탄생할 수도 있다.

은하가 충돌할 경우 지구 밤하늘에서
보일 수도 있는 광경을
상상해서 그린 그림

천체투영관이라는 이름은 어디서 왔을까?

| 천체투영관의 이름 이야기 |

천체투영관은 '행성'과 '장소'라는 단어의 합성어다.

세 가지만 알면 나도 우주 전문가!

'행성' + '장소' = 천체투영관

천체투영관(planetarium)은 행성을 뜻하는 'planet'과 장소를 뜻하는 라틴어 'arium'을 합친 것이다. 아쿠아리움(aquarium)과 테라리엄(terrarium)도 비슷한 형태의 합성어다.

행성의 신비한 움직임을 재현하는 장치

18세기 네덜란드의 천문학자 아이제 아이징거(Eise Eisinga)가 최초로 천체투영관이라는 이름을 사용했다. 그는 자택 거실 천장에 움직이는 행성 모형을 만들어놓고 사람들에게 신비한 행성의 움직임을 설명했다. 그리고 이 공간을 '천체투영관'이라고 불렀다.

세계 최대 천체투영관인
일본 나고야시 과학관 전시실에는
'아이징거 천체투영관'이 있다.

기계일 수도, 프로그램일 수도

지금까지 천체투영관은 돔 스크린에 별이 가득한 밤하늘을 비추는 기계이거나 그 기계가 있는 시설, 그리고 투영 프로그램을 말했다. "천체투영관에 간다"라고 말할 때는 시설이고, "천체투영관을 관람하고 왔다"라고 말할 때는 시설에서 상영한 프로그램을 말한다.

천체투영관은 언제 시작되었을까?

|최초의 천체투영관 이야기|

1932년 독일의 뮌헨에서 최초로 공개되었다.

세 가지만 알면 나도 우주 전문가!

독일 박물관에 준비된 '모형 우주'

1932년 10월, 뮌헨의 독일 박물관이 최초로 투영식 천체투영관을 공개했다. 광학기기 전문 기업 자이스(ZEISS)가 개발하고 제작했다. 여러 사람이 함께 밤하늘을 볼 수 있는 천체투영관은 별이 가득한 인공 밤하늘이었다.

돔 스크린에 별을 비추는 장치

예전부터 행성의 움직임을 보여주는 박물관 전시는 존재했다. 그런데 한 번에 관람할 수 있는 인원수가 한정되어 있었다. 반면 천체투영관은 대형 돔에 밤하늘을 비추고 여러 관람객이 한 번에 볼 수 있게 만든 시설이다.

세계 여러 나라에서 천체투영관을 접할 수 있다

일본의 경우, 1937년에 개관한 오사카 시립 전기과학관에 최초로 천체투영관이 마련되었다. 한국 최초의 천체투영관은 1967년 광화문 전화국 옥상에 설치되었고, 지금은 전국에 약 80곳의 크고 작은 천체투영관이 있다. 만화 『우주 소년 아톰』의 작가 데즈카 오사무(手塚治虫)는 오사카 시립 전기과학관의 천체투영관을 자주 찾았다고 한다.

일본 현역 장비 중 가장 오래된 천체투영관(아카시 시립 천문과학관)

천체투영관은 어떤 구조일까?

| 천체투영관의 구조 이야기 |

천체투영관은 영화처럼 돔 스크린에 별을 투영하는 방식이다.

세 가지만 알면 나도 우주 전문가!

낮에도 실내에서 별이 가득한 밤하늘을 볼 수 있다

별을 직접 보려면 날씨가 좋은 날 밤에 야외로 나가야 한다. 그런데 낮에 실내에서 별을 볼 수 있게 만든 것이 천체투영관이다. 사실 천체투영관에서 보이는 별들은 진짜가 아니라 돔 스크린에 비친 인공 별이다.

밤하늘과 행성은 다른 구조로 투영

천체투영관에서는 항성 원반이라는 판에 별자리의 별들에 구멍을 뚫어 안의 전구 불빛 구멍을 통해 별자리의 별을 비춘다.

행성은 개별 투영기가 준비되어 있고 별자리 안에서 위치를 바꾸는 모습을 재현한다. 천체투영관에는 별 외에 적도와 황도의 선, 별자리 그림 등의 투영기도 있다.

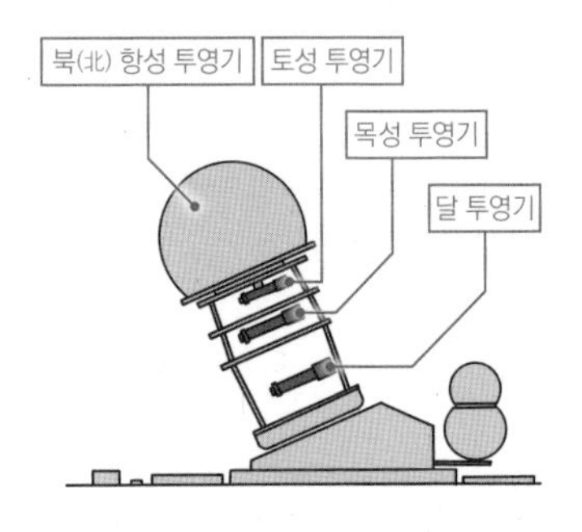

행성은 항성과 다른 방법으로 투영된다.
이 그림에서는 둥근 항성 투영기 아래에
행성 투영기가 있는데,
컴퓨터로 제어되는 독립 행성 투영기가
설치된 방식도 있다.

진화하는 천체투영관

약 100년 전에 발명된 천체투영관에서는 행성의 위치를 변화시키는 톱니바퀴가 사용되었다. 최신 천체투영관 중에는 컴퓨터로 투영기 방향을 바꾸거나 CG 화면을 돔에 비추는 장비를 갖춘 곳도 있다.

천체투영관은 진짜 별과 같은 수의 별을 보여줄까?

|천체투영관의 별 개수 이야기|

밤하늘의 별보다 더 많은 별을 비추는 천체투영관도 있다.

세 가지만 알면 나도 우주 전문가!

밤하늘의 별은 몇 개?

1등성은 전체 하늘에서 21개, 맨눈으로 보이는 별은 약 8,600개다. '맨눈으로 보이는 별만 비추면 충분하다'고 주문하는 시설도 있다. 제작사는 시설 측의 요청에 따라 맞춤형으로 천체투영관 설비를 제작한다. 메가스타(MEGASTAR)는 2,200만 개의 항성을 투영할 수 있는 설비로, 출시 당시 세계 최다였다.

우주에서 보는 밤하늘도 투영

맨눈으로 보이는 가장 어두운 별은 6등성인데, 더 어두운 별까지 투영하는 천체투영관도 있다. 우주 공간에서는 지상에서 보이지 않던 훨씬 어두운 별까지 보인다. 우주에서 보이는 밤하늘을 표현한 시설이라고 할 수 있다.

보이지 않는 별도 비추는 투영기

어두침침해서 보이지 않는 별을 비추는 투영기도 있다. 맨눈으로는 보이지 않는 성운과 성단이 투영되고 있으니 쌍안경으로 확인해보자. 이런 설비를 갖춘 천체투영관에서는 우주 깊은 곳까지 느낄 수 있다.

2,200만 개의 별을 투영할 수 있는 슈퍼 메가스타 II

Day 228

수동식 천체투영관이 뭘까?

|수동식 천체투영관 이야기|

별을 비추는 투영기와 돔을 한 세트로 갖춘 설비다.

세 가지만 알면 나도 우주 전문가!

투영기와 돔을 이용해 어디서나 볼 수 있는 출장 서비스

수동식 천체투영관은 소형 천체투영관 투영기와 돔이 세트로 이루어져 있다. 주로 체육관 등 넓은 공간에서 밤하늘을 보여주는 서비스에 활용된다. 이동이 편리한, 공기로 부풀리는 방식의 에어돔을 사용한다.

각종 행사에서 대활약!

일본의 경우에는 학교 천문 학습이나 지역 축제, 문화제 등에서 이동식 천체투영관이 주로 활용된다. 투영기와 돔도 다양한 종류를 구비하고 있어 이용하기 전에 업체와 꼼꼼하게 상담해야 한다.

시설과 전문 회사도 있다

일본에서는 대형 천체투영관 시설과 미니 천체투영관을 보유하고 대여해주는 업체도 있다. 한국은 서울 어린이회관, 남산과학관, 과천과학관, 대전시민천문대 등에 천체투영관이 마련되어 있다. 또한 지역 과학관에서 이동식 천체투영관을 이용해 별자리 수업을 진행하는 프로그램이 점차 늘어나고 있다.

이동식 천체투영관 6미터 에어돔

Day 229 별 | 천체투영관

중앙에 투영기가 없는 천체투영관이 있을까?

| CG 투영 천체투영관 이야기 |

관람석 한가운데 투영기가 없는 천체투영관도 있다.

세 가지만 알면 나도 우주 전문가!

투영기가 돔 한가운데에서 밤하늘을 향해 비춘다

일반적으로 천체투영관은 돔 중앙에 밤하늘을 비추는 대형 기계가 설치되어 있다. 이 기계에 전구가 들어 있어 돔에 별을 비추는 것이다. 기계가 회전하며 별이 일주 운동을 하는 것이므로 관람석 한가운데 있어야 한다.

편리한 CG 투영

천체투영관에서는 별 외에 별자리의 선과 그림도 비춘다. 최근에는 각종 천체를 CG로 투영하는 곳도 있다. 이런 경우에는 컴퓨터로 영상을 보정할 수 있어 CG 투영기의 설치 위치가 크게 문제 되지 않는다. 돔 스크린에는 밤하늘뿐 아니라 다양한 대형 영상도 투영할 수 있다.

밤하늘 투영기는 어디로 갔을까?

심지어 관람석 한가운데 투영 기계가 없는 천체투영관도 등장했다. 이런 시설은 돔 주위에서 CG로 밤하늘을 투영한다. 관람석 중앙에 설치되어 있던 투영기가 밤하늘을 가릴 염려가 없어 한층 진화한 기술이다.

중앙에 투영기가 없는 천체투영관 돔 주위에서 프로젝터로 CG를 투영한다.

천장이 빛나는 천체투영관을 어떻게 만들까?

|최신 천체투영관 이야기|

아직 많지는 않지만 천장이 빛나는 천체투영관도 있다.

세 가지만 알면 나도 우주 전문가!

꿈의 천체투영관

돔에 별을 투영하지 않고 실제로 돔이 반짝반짝 빛나는 광경을 연출할 수 있는 꿈 같은 아이디어를 현실에서 구현한 천체투영관이 등장했다. 천장에 발광 기능이 갖추어져 있어 투영기도 필요 없다.

밝고 선명한 LED 돔 시스템

지금까지 천체투영관은 돔 스크린에 별을 투영했다. 그러나 신형 LED 돔 시스템은 스크린 위의 LED가 빛을 내는 방식이다.
투영이 아니라 LED가 빛을 내기 때문에 밝기와 선명도가 획기적으로 개선되었다.

일본은 나고야와 요코하마에, 한국은 과천에

일본의 나고야(名古屋)와 요코하마(横浜)에는 일본 최초로 LED 돔 시스템을 갖춘 천체투영관이 있다. 한국의 경우에는 국립과천과학관 천체투영관이 대한민국 우주 체험의 성지이자 국내 최대 돔 극장이다. 과천과학관은 돔 스크린에 광학식 투영기와 디지털 투영 시스템을 갖추고 있다.

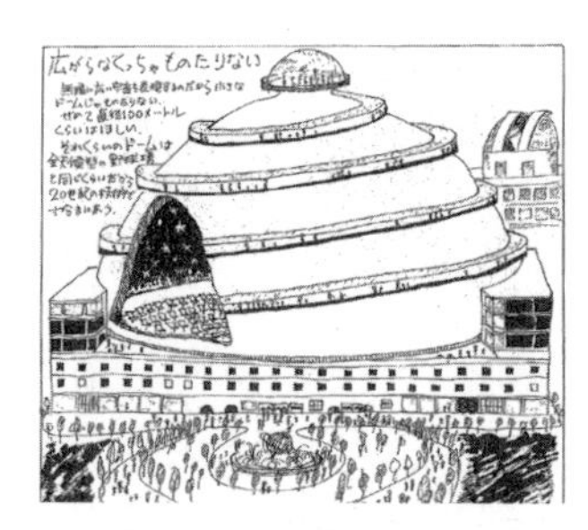

20세기에 그려진 '중앙에 투영기가 없고 천장이 빛나는 천체투영관'

출처: 山田卓, 'Yamada Takashi Planetarium 도감 27 卓 21세기의 천체투영관', 『천문과 기상(天文と気象)』 1980년 3월호, pp. 54-55.

빅뱅 때 무슨 일이 일어났을까?

| 빛이 넘쳐나며 팽창한 이야기 |

극도의 고온 상태에서 팽창했을 것으로 추정된다.

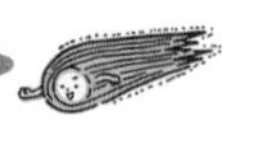

세 가지만 알면 나도 우주 전문가!

우주의 팽창설을 주장한 에드윈 허블

에드윈 허블은 1924년에 우리은하 외에도 다른 은하가 존재한다는 사실을 발견했다. 그리고 우리은하에서 멀어지는 속도를 연구해 '모든 은하(별)는 멀어지고 있다'는 결과를 바탕으로 1929년에 우주 전체의 팽창설을 발표했다.

팽창하고 있으나 항상 일정하다는 또 다른 이론

팽창 이론이 확립되었으나 항상 일정하다는 이론도 뿌리 깊었다. 우주는 시간과 공간에 관계없이 항상 변하지 않는다는 정상 우주론(Steady State Theory)이다. 이 이론에 따르면 언제나 새로운 물질이 만들어진다. 우주의 기원과 나이 문제를 피할 수 있어 이 가설을 지지하는 사람이 많았다.

우주는 최초에 불덩어리였다?

1940년에 우크라이나 출신 미국의 천문학자 조지 가모(George Gamow)는 팽창에는 기원이 있고 우주는 고온의 불덩어리였다는 가설을 제안했다. 이것을 '빅뱅 우주론' 또는 '비정상 우주론'이라고 한다.

【은하가 멀어지는 속도와 거리의 관계】

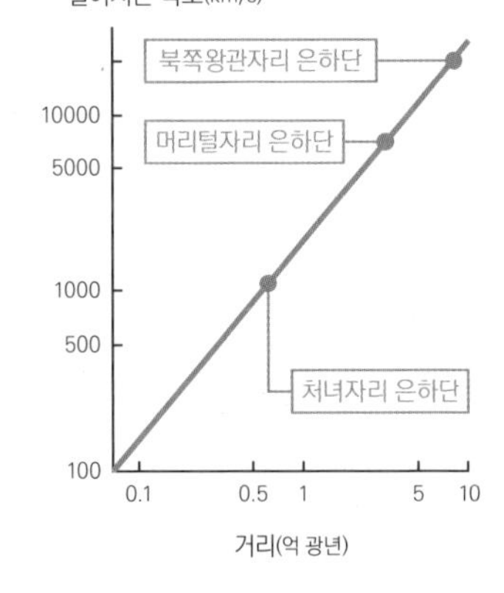

빅뱅이 일어났다는 근거가 있을까?

|우주에서 오는 잡음 이야기|

하늘의 여러 방향에서 동시에 들어오는 잡음이
빅뱅 138억 년 후의 모습이다.

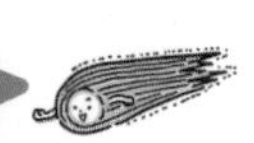

세 가지만 알면 나도 우주 전문가!

안테나 연구에 흔적을 남긴 잡음

독일 태생 미국의 물리학자 아노 앨런 펜지어스(Arno Allan Penzias)와 미국의 천문학자 로버트 우드로 윌슨(Robert Woodrow Wilson)은 뉴저지의 벨 연구소(Bell Labs)에서 전파 천문 관측에 사용하는 혼 안테나(Horn antenna)에 이상한 잡음이 섞여 있다는 사실을 깨달았다. 실험 장치에서 원인을 찾았으나 발견하지 못해 하늘에서 오는 전파(마이크로파) 신호라고 결론 내렸다.

우주 마이크로파 배경이란?

그 잡음은 여러 방향에서 들어왔다. 방향 분포 오차는 10만분의 1 이하이고 파장은 섭씨 영하 273도(절대영도)의 방사임을 보여주었다. 이렇게 해서 우주 마이크로파 배경(cosmic microwave background, CMB)이 발견되었다.

138억 년 전의 전파!

우주 마이크로파 배경은 약 138억 년 전의 전파다. 빅뱅이 이 순간 일어났음을 뜻한다. 정확히는 빅뱅 약 38만 년 후 섭씨 약 3,000도의 빛이 통과한 시점부터 나온 빛이다. 팽창으로 파장이 연장되고 있다. 펜지어스와 윌슨은 1978년에 노벨 물리학상을 공동 수상했다.

혼 안테나

급팽창 이론이 뭘까?

| 빅뱅이 일어나기 전 이야기 |

빅뱅이 일어나기 전,
우주의 변화 관측 결과를 설명하는 이론이다.

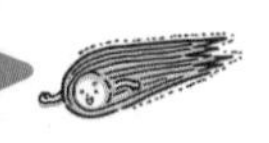

세 가지만 알면 나도 우주 전문가!

빅뱅은 너무나 일정하고 유려했다

빅뱅은 우주가 시작되고 10^{-27}초 후에 일어났다. 우주 마이크로파 배경이 그 증거다. 열팽창은 그 분포가 너무나 일정하고 흐트러짐이 없어 이상하게 여겨졌다.

빅뱅 무렵 우주의 크기

빅뱅 무렵 우주의 크기는 수백 미터 정도였다. 그 크기 안에서 동시에 빅뱅이 일어났다고 생각하기에는 우연이 너무 겹친다. 넓은 공간에서 일어났다면 더 불규칙한 모습을 보이는 것이 자연스럽다.

한 점에서부터 급격한 팽창

빅뱅 전 단계로 공간이 한 점에서부터 급격하게 팽창하는 급팽창 이론(Inflation Theory)이 제안되었다. 공간 자체의 팽창이 작은 점에서부터 급격하게 일어나 확장한 흔적이 일정하다고 생각하는 것이 자연스럽다. 이 이론은 1980년 일본의 사토 가쓰히코(佐藤勝彦)가 발표하고 반년 뒤 미국의 앨런 구스(Alan Harvey Guth)가 독자적으로 제안했다.

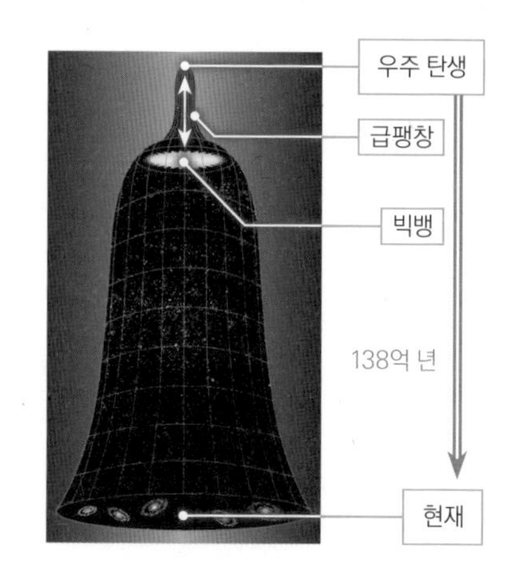

급팽창이 일어났다는 증거는 뭘까?

| 급팽창의 증거 이야기 |

우주 마이크로파 배경에서 흐트러진 부분이 존재한다는 사실이 급팽창 발생의 증거로 여겨지고 있다.

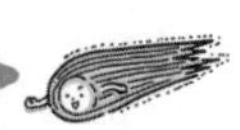

세 가지만 알면 나도 우주 전문가!

우주 마이크로파 배경의 미세 구조

1990~2009년에 진행된 관측 실험 결과 우주 마이크로파 배경에서 매우 매끄러운 분포 안에 뜨거운 부분과 차가운 부분이 자아내는 진동(얼룩, blob of light)이 관측되었다. 이는 별, 은하가 탄생하는 데 필요한 진동을 의미한다.

빅뱅의 전조 현상으로서 역할

일정해야 할 우주 마이크로파 배경에 얼룩이 있다는 것은 빅뱅이 일어나기 전(10^{-36}~10^{-34}초 후) 공간에 급팽창이 일어났다는 증거다. 그 최후 단계 진동의 흔적이라고 추정된다.

【윌킨슨 마이크로파 비등방성 탐색기(WMPA)가 포착한 전체 천구의 온도 분포】

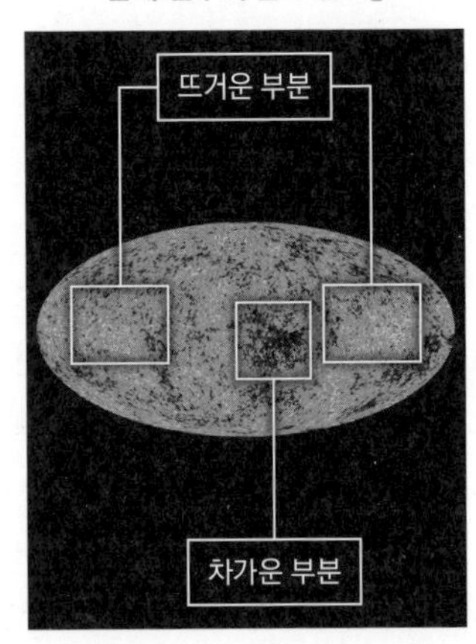

진동의 크기는 보름달의 겉보기 지름 정도

진동의 얼룩 크기는 10만분의 1 정도로 올려다본 하늘 면적의 크기로는 약 0.8도다. 이는 현재의 은하 집단 분포로 추측되는 이론치와 맞아떨어진다. 이로써 우주 기원 연구가 막연한 가설에서 정밀과학으로 도약할 수 있었다. 진동의 얼룩은 매우 미미해, 보름달 면이 이루는 0.5도 각도로 나타낸다.

급팽창은 어디서 시작되었을까?

|우주 탄생 순간 이야기|

높은 에너지를 지닌 점에서부터 우주가 탄생한 현상은
물에서 얼음으로 변화하는 과정을 상상하면 이해할 수 있다.

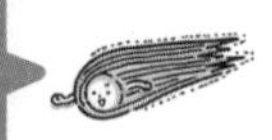

세 가지만 알면 나도 우주 전문가!

물이 얼 때와 같은 원리

물은 섭씨 0도에서 언다고 알려져 있지만, 물이 움직이지 않는 정지된 상태에서는 섭씨 영하 0도 이하에서도 얼지 않는다. 하지만 이 '과냉각' 상태에서 작은 자극을 가하면 한꺼번에 얼기 시작한다. 자극이 동결 스위치 역할을 하는 것이다.

공간의 상전이(相轉移)

우주도 공간에 모종의 자극이 가해지며 탄생했을 것으로 추정된다. 그리고 에너지가 열로 방출되었다. 그 방아쇠는 에너지를 지닌 공간이 본래 가지고 있던 진동이다. 따라서 이 진동은 없앨 수 없다.

자발 대칭 깨짐

대칭성이 높은 고요한 바닥 상태(진공)에서 진동으로 인해 대칭이 깨지면서 우주가 탄생했다. 일정한 대칭을 이루고 있으나 특정한 바닥 상태는 대칭을 보이지 않는 현상을 '자발 대칭 깨짐(spontaneous symmetry breaking)'이라고 한다. 일본 태생 미국의 물리학자 난부 요이치로(南部陽一郎)는 이 이론을 제기해 2008년에 노벨 물리학상을 받았다.

【상전이의 예】

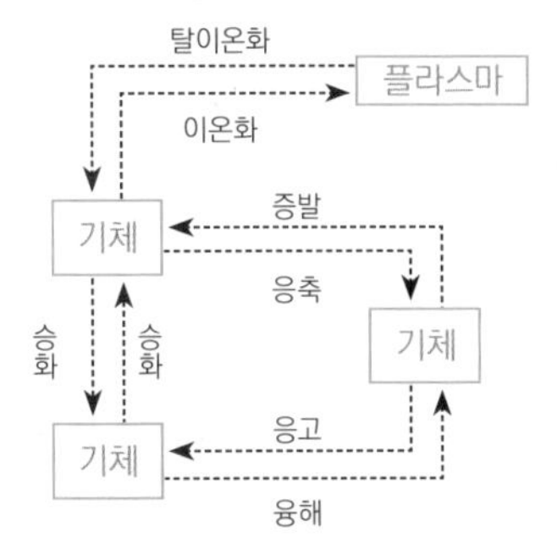

주로 물질 상태의 상호 변화를 가리키는 '상전이'로 일컬어진다.

우주 바깥은 어떻게 생겼을까?

|우주 바깥 이야기|

진동을 생각하면 상전이를 일으키는 점이 여러 개다.
그래서 우주도 하나만 존재하지 않는다.

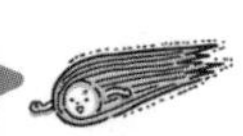

세 가지만 알면 나도 우주 전문가!

상전이 점에서 우주는 다른 우주로 이어지고 있다

진동을 없앨 수 없어 우주가 탄생하는 점이 여러 개 있어야 한다. 점을 매개로 두 우주가 연결되어 있을 수도 있다. 즉, '우주는 하나가 아닐 수도 있다'. 이를 '다중 우주론(Multiverse)'이라고 한다.

우주의 성장으로 연결 부분이 절단

매개점은 개별 우주가 성장함에 따라 절단되어 '아들 우주'로 독립해서 떠돌게 된다. 이 아들 우주가 '손자 우주'를 만든다.
급팽창도 곳곳에서 발생한다고 보는 것이 논리적으로 자연스럽다.

막우주(Membranes, 줄여서 Branes)

대상을 고차원까지 확장해 우리 우주(3차원 공간과 시간을 포함한 4차원)는 그 안을 떠돌고 있는 '막(전체에서 보면 저차원)'에 불과하다는 이론('막우주론')도 있다. 이 이론은 텔레비전에서 원래 입체를 평면상에서 보여주는 상황(정보 조작)과 비슷하다. 고차원 안에서 불필요한 차원은 작게 접히는 것으로 추정된다.

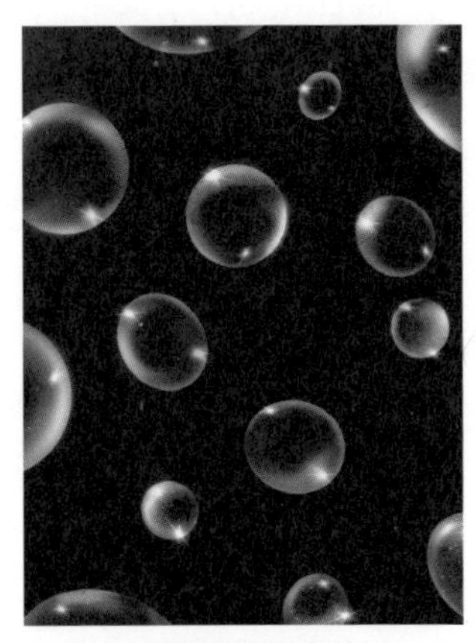

수많은 우주의 모습

인간은 우주를 어떻게 생각해왔을까?

|우주를 바라보는 사고방식 이야기|

인간은 '대지는 무한하고 시간도 무한하다'라는 가정을 우주에 대입해서 생각해왔다.

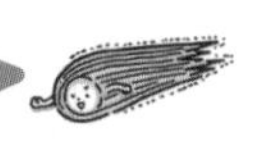

세 가지만 알면 나도 우주 전문가!

무한하게 펼쳐지는 공간

1990년경에는 '끝없이 펼쳐진 우주가 먼 옛날부터 이어져왔다'는 생각이 지배적이었다. 이 이론을 받아들인다면 우주 기원 문제, 나이 문제로 머리를 싸매고 고민할 필요가 없다.

무한한 크기의 것들이 이어진다는 모순

그렇다면 하늘 전체를 별이 가득 채우고 있어야 하는데, 현실의 밤하늘을 보면 별이 없는 공간이 존재한다. 그래서 팽창 우주가 받아들여지지 못했다. 하지만 시간적 변화를 없앨 수 있어 물질의 정상적인 발생이라는 작위적 구조를 수용한 '정상 우주론'이 등장했다.

우주 마이크로파 배경 관측으로 빅뱅 이론 확립

그 과정에서 시간 변화를 인정한 빅뱅 이론이 제창되어 우주 마이크로파 배경 관측으로 이론화되었다. 빅뱅 전 단계로 급팽창 이론이 제안되었고, 다중 우주론이라는 추상론으로 확대되었다.

빅뱅의 이미지.
우주 안의 은하는 서로
광속으로 멀어지고 있다.

우주에 관해 어떻게 알게 되었을까?

|우주 예상 이야기|

옛날 사람들은 철저한 관찰과 계산을 통해 우주의 모습을 예상했다.

세 가지만 알면 나도 우주 전문가!

신화와 일체화한 우주관에서 가설 검증의 시대로

세계 최초로 문명이 시작된 기원전 3000년경에는 우주의 모습을 신화와 연결지어서 상상했다. 농경과 토목 공사를 위해 천체 관측과 측량, 달력 만들기 등의 기술을 발전시켰다. 그 과정에서 눈에 보이는 별의 움직임과 신화를 연결한 우주관이 정립되었다.

계절의 순환을 이해하려면 천체 관측이 필수

해와 달, 그리고 밤하늘의 별들을 철저하게 관찰해 계절이 어떻게 순환하는지 정리해서 만든 것이 바로 달력이다. 장기간에 걸쳐 성실하게 관측을 거듭한 결과와 가설을 비교하고 이론을 반복해서 수정한 결과 우주를 더욱 정확히 파악하게 되었다.

수학과 공학의 발전으로 우주 수수께끼를 풀다

수학의 발전으로 복잡한 가설을 세우고, 공학의 발전으로 실험을 검증할 수 있는 현상이 증가했다. 갈릴레이는 1610년에 망원경으로 목성에 존재하는 위성을 발견했다. 그리고 아인슈타인이 예언한 블랙홀이 사진으로 촬영되기까지 무려 100년이 걸렸다.

NASA는 우주에서 어떤 일을 할까?

|NASA의 우주 연구 이야기|

NASA는 우주의 수수께끼를 푸는 연구도 꾸준히 하고 있다.

세 가지만 알면 나도 우주 전문가!

인간을 위해 미지의 세계를 밝힌다

미국항공우주국(NASA)은 미국의 우주 개발 계획 및 우주 개발 산업, 항공 연구 등을 하는 우주 개발의 중심 기관으로, 세계 우주 연구를 선도하고 있다.

기재 개발과 규칙 정비 담당

우주 연구에 필요한 데이터를 확보하기 위해 사용하는 우주선과 시스템 개발, 전 세계 천문학자들과의 연계, 원활한 우주 이용에 필수적인 국제법 정비 등 NASA의 업무는 다방면에 걸쳐 매우 다양하고 폭넓다.

우주인 찾기도 NASA의 연구 중 하나

NASA는 외계 지적 생명체 탐사(Search for Extra-Terrestrial Intelligence, SETI) 프로젝트를 통해 전파 망원경을 이용한 우주 탐사를 60년 이상 지속해왔다. 탐사선 파이어니어 10~11호와 1977년에 발사한 보이저에는 지구에서 보내는 메시지를 새긴 금속판이 탑재되었다. 참고로, 미국의 경우 미확인비행체(UFO) 조사는 국방부에서 다룬다.

화성은 생물이 존재했던(존재하는) 행성으로, NASA가 연구를 추진 중이다.

Day 240

화성 이주 계획이 뭘까?

| 화성 이주 계획 이야기 |

인류의 활동 영역을 확장하는 계획 중 하나다.

세 가지만 알면 나도 우주 전문가!

태양과의 거리도 환경도 지구와 비슷한 별

다른 행성을 지구와 닮은 모습으로 개조하는 작업을 '테라포밍(terraforming)'이라고 한다. 미래 지구에 문제가 발생할 경우 피난지를 확보하기 위한 차원이다. 화성은 중력과 태양으로부터 거리 등이 지구와 비슷해 주목받고 있다.

전 세계에서 관심이 집중된 '마스 원'

네덜란드의 NPO가 2011년에 발표한 '마스 원(Mars One)' 프로젝트는 화성으로 갔다가 다시 지구로 귀환하지 않는데도 수많은 지원자가 응모했다. 그러나 프로젝트를 진행했던 업체가 2019년에 법원으로부터 파산 선고를 받아 활동을 중지했다.

목표는 세계 최초 화성 이주단 왕복

일본도 화성 위성 탐사 계획(Martian Moons eXploration, MMX)의 시동을 걸었다. 지금까지 우주 개발로 축적한 심우주 왕복 항행 기술과 소행성 류구와 같이 아주 작은 천체 표면에 착륙하는 기술 응용 등 미래에 필요한 기술을 연구하고 있다.

궤도 엘리베이터가 뭘까?

| 궤도 엘리베이터 이야기 |

지상과 우주를 엘리베이터로 연결하는 새로운 운송 기관이다.

세 가지만 알면 나도 우주 전문가!

정지 위성에서 지상으로 튼튼한 케이블을 연장해 루트를 만든다

궤도 엘리베이터(orbital elevator, 또는 우주 엘리베이터space elevator)는 적도 상공 약 3만 6,000킬로미터 지점에 '정지 궤도 정거장'을 두고, 이곳을 거점으로 지상으로 내려간 케이블을 연결해 엘리베이터가 위아래로 오르내릴 수 있게 만든 우주 공간 구조물이다.

로켓을 사용하지 않고 우주로

정지 궤도 너머에서 중력과 원심력의 균형을 고려하며 케이블을 연장해 전체 길이 9만 6,000킬로미터의 거대 타워 건설 계획을 세우고 프로젝트를 진행하고 있다. 로켓보다 안전하면서 비용이 저렴한 위성 방출 루트로 기대되고 있다.

탄소 나노튜브의 등장으로 희망의 빛

금속에 불가능한 경도와 강도를 겸비한 탄소 나노튜브(carbon nanotube, CNT)가 발명되었다. 그로 인해 SF 세계에서나 가능했던 이야기에서 단숨에 현실적인 계획으로 궤도 엘리베이터가 주목받게 되었다. 신소재가 불가능을 가능으로 바꿔줄 수도 있는, 재미있는 연구 분야다.

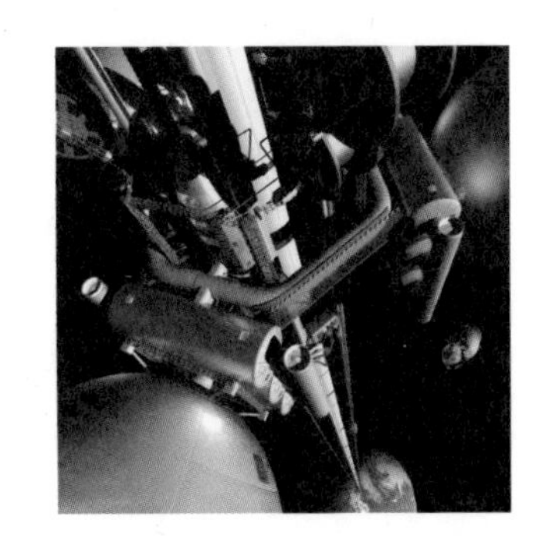

Day 242

우리 일상이 우주와 관계있을까?

|우주 개발 기술 활용 이야기|

컴퓨터와 스마트폰은 우주선을 위해 개발되고
정교하게 다듬어진 기술이 활용된 기기다.

세 가지만 알면 나도 우주 전문가!

무의식적으로 우주 기술을 활용하는 일상

우리가 사용하는 편리한 도구에는 우주 개발과 접점이 있는 기술이 많이 활용되고 있다. 자동차 내비게이션과 스마트폰에서 활약 중인 GPS 기술은 여러 대의 인공위성에서 오는 전파가 길 안내에 필요한 위치 정보를 전송해준다.

노트북도 우주 개발 기술의 부산물이다

우주선 안에서 컴퓨터를 사용하기 위해서는 '필요한 부품이 전부 한 곳에 쏙 들어간 컴퓨터'가 필요했다. 그래서 개발된 이동식 PC가 오늘날 우리가 사용하는 노트북을 개발하는 아이디어의 시작이 되었다.

방열과 대용량 배터리 기술도!

스마트폰에는 대용량 배터리와 CPU의 방열 기술, 진동과 충격 방지 기술 등 우주 개발과 더불어 성장한 기술이 총동원되었다. 우리 생활의 필수품이 된 스마트폰은 가혹한 우주 환경에서도 버틸 수 있도록 개발되었다. 우주에서 필요한 '작고 가볍고 편리한 카메라'도 스마트폰의 필수 요소다.

Day 243

중성미자가 뭘까?

| 중성미자 이야기 |

전기적으로 중성인 소립자로,
우주에서 수가 가장 많으나 눈에 '보이지 않는다'.

세 가지만 알면 나도 우주 전문가!

1930년에 존재가 예상된 '유령 입자'

방사성 원소를 연구하던 오스트리아의 물리학자 볼프강 파울리(Wolfgang Pauli)는 어느 날 원자핵이 방출하는 베타선 연구로 '전기를 띠지 않고 은밀하게 어딘가로 방출되는 유령 같은 입자가 존재하지 않을까?'라는 가설을 떠올렸다.

이름을 붙이고 20여 년 뒤에 발견

1933년에 이탈리아의 물리학자 엔리코 페르미(Enrico Fermi)는 미확인 유령 입자에 뉴트럴(중성)과 이노(작은)를 합쳐서 만든 '뉴트리노(neutrino, 중성미자)'라는 이름을 붙였다. 그리고 1956년에 원자로 연구 과정에서 중성미자 관측에 성공했다. 태양에서 오는 중성미자는 1970년대에 관측되었다.

슈퍼가미오칸데의 실험으로 증명

일본의 중성미자 검출 실험 연구 시설 슈퍼가미오칸데(Super-Kamioka Neutrino Detection Experiment)는 1998년경 중성미자의 진동을 발견해 중성미자가 미미하게나마 질량을 보유한다는 사실을 증명했다.

엔리코 페르미

중성미자로 무엇을 알 수 있을까?

|중성미자의 활용 이야기|

우주의 탄생과 별의 기원을 풀어낼 단서를 찾아낼 수도 있다.

세 가지만 알면 나도 우주 전문가!

지금 당장 쓸모 있는 건 아니지만……

현재 중성미자의 성질을 해명하는 연구가 진행 중이다. 눈에 보이지 않는 중성미자의 효율적인 검출 방법을 연구하고 있다. 10~20년으로는 알아낼 수 없지만, 분명 언젠가 미래에 도움이 될 수 있는 연구다. 남극점 빙하에 가라앉힌 검출기로 중성미자를 관측하는 '아이스 큐브(Ice Cube)' 프로젝트도 진행 중이다.

무엇이든 빠져나가는 관통력에 집중

우주에서 날아오는 초고속 에너지 중성미자는 지구 중심 부근까지 통과하는 성질이 있다. 그래서 지구 내부 구조를 조사하는 데 중성미자를 활용하자는 제안이 나왔다. 지진이 아닌 방법으로 지구의 내부를 규명할 기회를 잡을 수도 있다.

미국의 아곤 국립 연구소에서 관측된 사상 최초 중성미자 (1970년 11월 13일)

새로운 우주 탐사 기법 '멀티 메신저 천문학'

전자파와 중력파, 가시광선 등 여러 가지 전송 방법을 통합해 우주 관측을 수행하는 연구 방법을 '다중신호 천문학(Multi-Messenger Astronomy)'이라고 한다.

지구는 왜 '물의 행성'으로 불릴까?

|지구의 특성 이야기|

물의 존재가 확인된 천체 중에서도 지구는 특별한 존재다.

세 가지만 알면 나도 우주 전문가!

물이 있는 행성은 지구 외에 더 있다

태양계의 많은 행성과 위성에 물이 존재한다는 사실이 밝혀졌다. 예를 들어, 목성의 위성과 화성 등에 많은 양의 물이 존재한다는 사실은 예전부터 알려져 있었다. 하지만 이런 별은 지구보다 태양에서 멀어 대부분 얼음 상태로 존재한다.

물의 행성은 액체 상태의 물이 풍부한 별

지구는 풍부한 액체 상태의 물이 존재하는 특별한 행성이다. 지구 표면의 70퍼센트를 바다가 뒤덮고 있다. 그 물이 수증기, 구름, 비, 눈, 얼음 등 다양한 형태로 변화해 지구의 다채로운 자연을 형성한다.

【물의 행성 지구】

지구 표면의 약 70%가 바다다.

'물의 행성'은 지구의 대명사였다

일본의 과학 탐사선 하야부사 2호가 조사한 소행성 '류구'에 액체 상태의 물이 존재했고, 목성의 위성에 액체 상태의 물이 존재한다는 사실 등이 증명되었다. 어쩌면 지구 이외의 별이 물의 행성이라 불릴 날이 올 수도 있다. 지구보다 태양에 가까운 고온의 수성과 금성에도 아주 적은 양의 수증기가 있다.

지구의 물은 어디서 왔을까?

|지구의 물 이야기|

지구의 풍부한 물은 원시 지구를 형성한 작은 별들 안에 있었다.

세 가지만 알면 나도 우주 전문가!

갓 태어난 지구는 불지옥?

미행성이라 불리는 작은 별들이 충돌을 되풀이해 약 46억 년 전에 지구가 탄생했다. 당시 지구는 충돌로 인한 열 때문에 표면 온도가 엄청 높아 암석이 흐물흐물 녹아 마그마 바다를 이루었다.

물은 소행성 안에 있었다

물은 소행성 안에 얼음 상태로 대량 존재했다. 그 물이 충돌로 증발해서 수증기가 되었고, 이산화탄소 등과 함께 지구 표면을 덮어 원시 대기를 형성했다. 이 무렵에는 지구에 액체 상태의 물이 거의 존재하지 않았다.

과거에 내린 대량의 비와 분출한 온천

지구가 식으면서 마그마 바다의 표면이 굳었다. 그리고 대기 온도가 내려가 수증기가 구름이 되고 비가 되어 내렸다. 일부는 지하로 스며들었다가 온천으로 다시 분출되었다. 대량의 비와 온천이 바다를 형성했다. 지구 탄생 당시에는 물의 양이 현재의 수십 배였을 것으로 추정된다.

지구 탄생 당시에는 마그마 바다였다.

바닷물의 성분이 달라졌을까?

|바닷물의 성분 이야기|

갓 태어난 바다는 짭짤한 오늘날의 바다와 달리 시큼했다.

세 가지만 알면 나도 우주 전문가!

태곳적에는 염산의 바다

원시 지구의 대기에는 염화수소(물에 녹으면 염산)와 이산화황(물에 녹으면 아황산) 등이 포함되어 있었다. 이 성분들이 녹아든 비가 내리며 바다는 산성을 띠었다. 말하자면 염산의 바다였다.

염산의 바다가 암석 성분을 녹였다

기나긴 세월에 걸쳐 바닷물은 암석 속의 철과 칼슘 등을 녹이며 산성에서 점점 중성으로 변화했다. 지구상에 생물이 등장한 약 40억 년 전에는 현재의 성분과 거의 같은 상태에 도달했을 것으로 추정된다.

【바닷물의 염분】

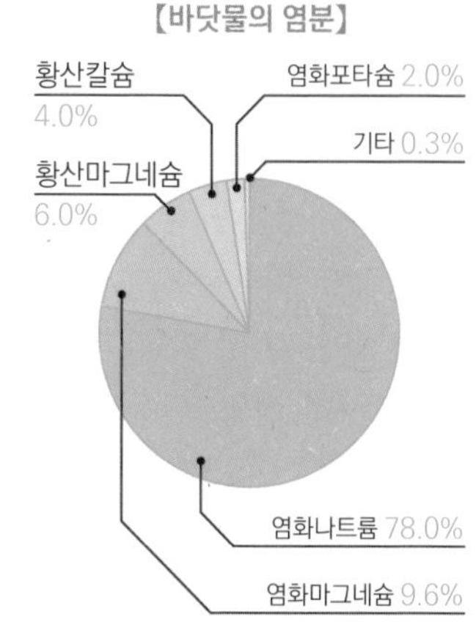

바다의 염분은 강물이 운반했다?

바다의 염분은 강물이 육지에서 운반했다는 가설이 있다. 이 가설이 옳다면 바닷물이 증발하고 강물이 계속 흐르면서 염분 농도가 높아져야 한다. 그러나 실제로는 강물의 영향이 거의 없고, 염분 농도가 일정하게 유지되고 있다. 바닷물의 농도는 측정 지점에 따라 조금씩 다르지만 성분의 비율은 거의 같다.

빙하기는 어떤 상태였을까?

|빙하기 이야기|

빙하기란 지구의 기온이 한랭화하고,
대륙과 고산에 대량의 얼음이 존재하던 시대를 말한다.

세 가지만 알면 나도 우주 전문가!

현재는 빙하기 중 비교적 온난한 간빙기

놀랍게도 현재는 빙하기다. 남극과 그린란드 등지에 대량의 얼음이 존재하기 때문이다. 현재와 같이 비교적 온난한 시기를 '간빙기', 한랭한 시기를 '빙하기'라고 한다. 그런데 빙하기를 '빙기(氷期)'로 이해해서 오해를 불러일으키는 경우가 있다.

빙하기 이전 온난한 기후의 지구

빙하기와 반대 시대에는 이름이 붙어 있지 않다. 중생대(공룡의 시대) 지구의 평균 기온은 현재보다 섭씨 10도 이상 높았다. 남극 등 극지방의 얼음도 모두 녹아 해수면이 현재보다 수십 미터 높았다.

눈덩이 지구 세 차례나 존재

최근 연구 결과에 따르면 과거에 몇 차례 일어난 빙하기 중에서 가장 저온으로, 적도 부근을 포함한 지구 전체가 꽁꽁 언 눈덩이 상태가 세 차례 정도 존재했다는 가설이 나왔다. 이때 생물의 대량 멸종이 발생했다. 대량 멸종을 극복한 생물만이 다음 시대에 번영을 누리게 된다.

그린란드 아이스피오르의
대륙 빙하

빙하기의 '빙하'가 무슨 뜻일까?

|빙하기의 빙하 이야기|

빙하기의 빙하(氷河)란 이동하는 얼음덩어리,
이름 그대로 얼음이 강을 이룬 상태다.

세 가지만 알면 나도 우주 전문가!

얼음덩어리가 천천히 움직인다

빙하란 극지 등에 내려 쌓인 눈이 압축되어 성장하며 자신의 무게에 눌려 서서히 이동하는 얼음덩어리를 말한다. 흐르는 속도가 매우 느려 1년 동안 몇 미터, 경사가 가파른 지점에서도 몇백 미터에서 2,000미터 정도 움직인다.

빙하 형성 과정

1년 내내 기온이 낮은 지역에서는 겨울눈이 여름에도 녹지 않고 매년 눈이 쌓여 두꺼운 만년설이 형성된다. 아래에 깔린 얼음은 큰 압력으로 변형되며, 경사 지역에서는 낮은 지점을 향해 천천히 흘러간다. 이것이 바로 빙하다.

대륙 빙하와 산악 빙하

대륙 빙하란 대륙 전체를 덮은 빙하를 말한다. 빙상(氷床)이라 부르기도 하는데, 거의 움직이지 않는다. 최대 규모 대륙 빙하는 남극 대륙에 있다. 산의 사면과 계곡, 정상 부근의 오목하게 들어간 지형에 있는 산악 빙하는 대지를 침식시키며 서서히 이동한다.

오목하게 들어간 지형을 깎으며
천천히 진행되는 산악 빙하

Day 250 지구 | 지구의 특징

다음 빙하기는 언제일까?

|빙하기의 주기 이야기|

지구의 한랭화와 온난화는 약 10만 년 주기로 교대한다.

세 가지만 알면 나도 우주 전문가!

한랭한 빙기와 온난한 간빙기는 교대로 찾아온다

"다음 빙하기는 언제일까?"라는 질문은 옳지 않다. "다음 빙기는 언제일까?"라고 해야 정확한 표현이다. 마지막 빙기는 약 1만 2,000년 전에 끝났고, 현재는 비교적 온난한 간빙기에 해당한다. 빙기와 간빙기는 약 10만 년 주기로 교대한다.

빙기와 간빙기가 교대로 찾아오는 이유

지구와 태양의 위치 관계(거리와 지축의 기울기) 변화가 주요 원인이다. 태양에 가까워지고 지축의 기울기가 커지면 여름의 일사량이 증가하고 온난화가 진행된다. 반대 위치 관계가 되면 한랭화가 찾아온다.

인류의 활동으로 빙기 도래가 늦어지고 있다

간빙기에 들어선 현재 지구에는 다시 온난화가 진행되고 있다. 언젠가 한랭화로 전환되겠지만 사람이 개입하면서 한랭화가 늦어지고 있다는 설이 있다. 다음 빙기는 적어도 1만 년 이상 지나야 할 것으로 예상된다. 참고로, 화성에도 빙하기가 있다. 빙하기에 들어선 화성은 붉은색이 아니라 하얗게 보인다.

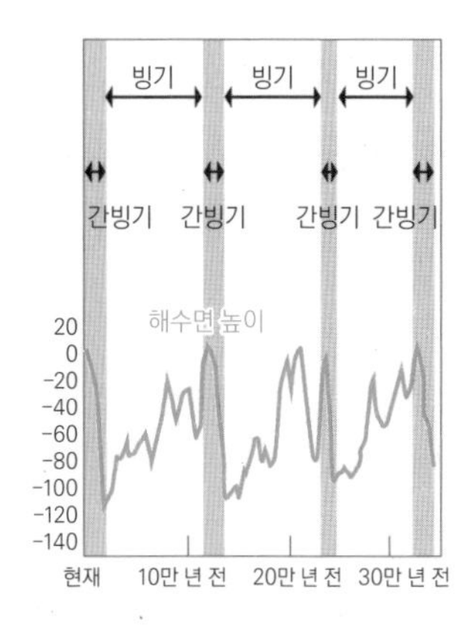

10만 년마다 반복되는 주기

지구에만 생물이 살까?

| 천체의 생명체 이야기 |

현재 지구 외에 생물이 사는 별은 발견되지 않고 있다.

세 가지만 알면 나도 우주 전문가!

지구의 다양하고 풍부한 자연

지구는 8,000미터 이상 고산에서 1만 미터 이상 심해, 남극, 북극의 한랭한 지역부터 열대까지 지축의 기울기에 따라 발생하는 사계의 변화로 다양한 자연환경이 펼쳐진다. 이 다채로운 자연환경이 현재의 생물 다양성을 만들었다.

오직 하나뿐인 지구

수백만 종류의 생물이 생활하는 지구와 달리 현시점에서 다른 천체에서 생물의 존재는 확인되지 않고 있다. 상세한 연구로 생명의 탄생과 관련된 물질이 계속해서 발견되고 있으나 지구와 같이 다양한 생물이 사는 별은 찾지 못했다. 지구가 얼마나 희귀한 천체인지 실감할 수 있다.

우리은하에는 수많은 지구형 행성이 존재

최근 연구로 태양계가 속한 우리은하 안에는 약 100억 개의 지구형 행성이 존재한다는 사실이 밝혀졌다. 하지만 같은 지구형 행성인 금성과 화성처럼 생물이 탄생, 진화하는 조건을 갖춘 행성을 찾는 과정은 절대 쉽지 않다.

생명이 생존하는 지구

수성은 더울까?

|수성 이야기|

낮에는 섭씨 430도, 밤에는 영하 180도로 일교차가 610도다!

세 가지만 알면 나도 우주 전문가!

태양 근처에 있는 수성

수성은 태양계 행성에서 가장 안쪽에 있어 태양과 가장 가깝다. 그래서 수성을 보기가 어렵다. 저녁나절이나 새벽녘 태양에서 수성이 떨어져 있을 때만 볼 수 있다. 그리고 수성에는 전체 면적의 3분의 1에 해당하는, 칼로리스 분지(Caloris Basin)라는 거대한 충돌구가 있다

햇빛이 그대로 내리꽂힌다

수성은 자전 속도가 느리고 공전 속도가 빠르다. 한 바퀴 도는 데 지구 시간으로 176일 걸리고, 1년은 88일이다. 그래서 낮의 길이가 지구 시간으로 88일이나 된다. 낮에는 햇빛이 그대로 내리꽂혀 섭씨 430도까지 올라간다.

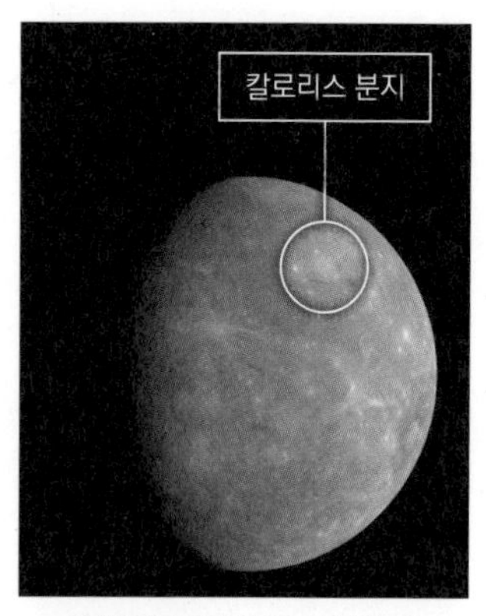

메신저(MESSENGER) 탐사선이 2008년에 촬영한 수성의 모습

대기가 없어 구름도 생기지 않는다

수성은 달과 같이 대기가 희박해 구름이 생기지 않는다. 그래서 낮에는 태양이 구름에 가려지지 않아 뜨겁게 달궈지고, 밤에는 이불 역할을 해주는 대기와 구름이 없어 88일 동안 섭씨 영하 180도까지 기온이 떨어진다.

금성의 구름은 무엇으로 이루어져 있을까?

|금성 이야기|

금성은 짙고 두꺼운 황산 구름으로 뒤덮여 있다.

세 가지만 알면 나도 우주 전문가!

짙은 황산 구름이 생성되어 있다

금성의 대기는 이산화탄소로 이루어져 있고, 기압은 약 90기압에 달한다. 지표면에서 황철석(pyrite) 등이 이산화탄소, 물과 반응해 대기 중에서 이산화황(아황산가스)을 생성한다. 이 화학 반응으로 두껍고 짙은 황산 구름이 만들어진다.

대기 중의 이산화탄소로 고온이 된다

금성에서는 대기 중에서 만들어진 황산 구름이 태양 빛을 가려 지표에 햇빛이 거의 도달하지 않는다. 태양과 거리가 가까운데도 지표에 닿는 열에너지는 지구보다 적다. 하지만 대기 중의 이산화탄소가 일으키는 온실 효과 때문에 지표는 밤낮 모두 섭씨 460도로 매우 뜨겁다. 이렇게 뜨거워서 황산이 비가 되어 내려도 지표에 닿기 전에 증발해버린다.

두꺼운 황산 구름이 1년 내내 뒤덮고 있다

금성은 두꺼운 황산 구름이 1년 내내 뒤덮고 있어 태양 빛을 반사해 매우 밝게 보인다. 2020년 태양 탐사선이 두꺼운 구름에 뒤덮인 금성의 지표 모습을 카메라로 포착했다.

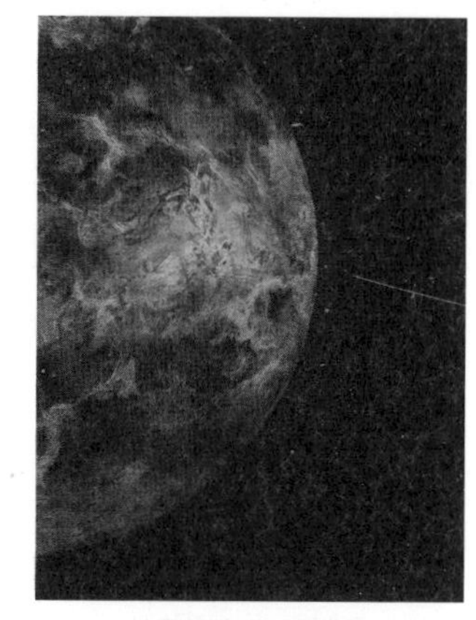

금성의 지상 모습

목성은 가스로만 이루어져 있을까?

|목성 이야기|

목성은 수소와 헬륨으로 이루어져 있고 중심에 핵이 존재한다.

세 가지만 알면 나도 우주 전문가!

목성은 거대한 가스 행성

지름이 약 14만 킬로미터인 목성은 수소와 헬륨 가스로 이루어져 있다. 대기를 따라 100킬로미터가량 내려간 지점에서 대기의 압력으로 액체 수소가 된다. 이런 액체 수소층이 약 2만 킬로미터에 달한다.

압력에 의해 수소가 금속 상태로 변화

더 아래로 내려가면 압력은 약 300만 기압이 되고 수소가 액체 금속 상태로 변화한다. 이 액체 금속층이 4만 킬로미터 정도 이어져 핵에 도착한다. 목성의 핵은 압력이 약 3,600만 기압이고 온도가 섭씨 약 2만 도다. 핵은 암석 상태로 되어 있고 지름이 1만 킬로미터 정도로 추정된다.

가스 상태라서 통과할 수 있을까?

2003년 목성 탐사선 갈릴레오가 목성 내부를 통과하는 시뮬레이션을 시험했다. 가스로 되어 있지만 중심부에 가까울수록 압력과 온도가 매우 높아지고 수소도 액체 금속 상태로 변해 통과할 수 없었다.

목성 줄무늬의 정체는 뭘까?

|목성의 줄무늬 이야기|

목성의 줄무늬는 대기의 무늬, 즉 구름의 무늬다.

세 가지만 알면 나도 우주 전문가!

목성에는 몇 개의 줄무늬가 있다

천체 망원경으로 목성을 관측하면 표면에 평행으로 늘어선 몇 줄의 적갈색 줄무늬를 볼 수 있다. 목성의 적도 부근에서는 서풍이 불고, 적도에서 멀어질수록 서풍과 동풍이 교대로 분다. 암모니아 등의 구름이 줄무늬를 형성한다.

목성의 바람은 초속 약 100미터

목성의 적도 부근에서 부는 서풍은 초속 약 100미터로 매우 빠르다. 이 바람 때문에 목성의 자전이 빠르다. 목성은 지구보다 약 11배 큰데 약 10시간 동안 자전하므로 적도 부근이 줄무늬 방향으로 살짝 부풀어 있다.

지구 두 개가 너끈히 들어가는 태풍 '대적점'

목성의 표면에서는 줄무늬 외에도 원형의 커다란 붉은 반점을 볼 수 있다. 이것을 '대적점(大赤點, great red spot)'이라고 한다. 그런데 지구 두 개가 너끈히 들어갈 정도로 크다. 이 대적점에서는 상승 기류가 관측되는데, 반시계 방향으로 도는 거대한 소용돌이로 태풍과 비슷하다.

보이저 1호가 촬영한
목성의 대적점과 그 주변

천왕성과 해왕성은 왜 푸른색일까?

|천왕성과 해왕성의 색상 이야기|

천왕성과 해왕성의 대기 중에 메탄이 많기 때문이다.

세 가지만 알면 나도 우주 전문가!

메탄이 붉은색을 흡수해 푸른색을 띤다

천왕성과 해왕성의 대기에는 메탄이 존재한다. 메탄은 붉은빛을 흡수하는 성질이 있어 흡수되지 않은 푸른색 빛을 남긴다. 그래서 천왕성과 해왕성은 푸른 별로 보인다.

천왕성과 해왕성은 멀다

태양으로부터 천왕성과 해왕성의 거리는 지구의 각각 약 20배, 약 30배나 된다. 거리가 너무 멀어 태양에서 받는 에너지가 매우 적다. 따라서 천왕성과 해왕성의 표면은 섭씨 영하 200도 이하로 내려가고 엄청 추워 얼음별로 유명하다. 해왕성이 태양을 한 바퀴 돌려면 163년 9개월이 걸린다.

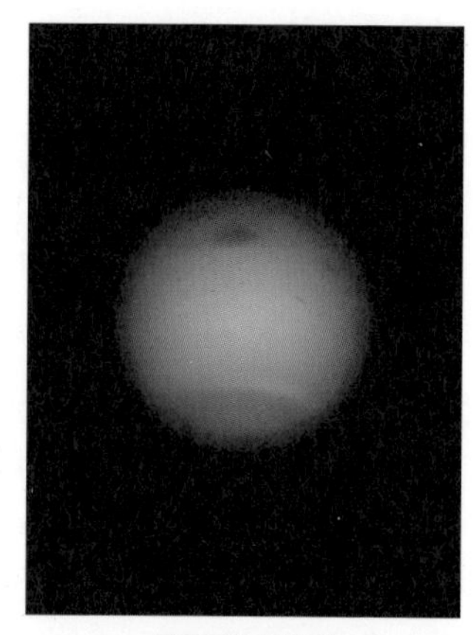

해왕성의 대흑점

암모니아 구름은 없다

목성과 토성에도 메탄이 있지만 암모니아 등의 구름이 줄무늬를 형성해 푸르게 보이지 않는다. 그런데 천왕성과 해왕성에서는 암모니아가 얼어붙어 대기에 암모니아 구름이 거의 존재하지 않는다.

해왕성에는 바다가 있을까?

|해왕성 이야기|

해왕성에 액체 바다는 존재하지 않는다.

세 가지만 알면 나도 우주 전문가!

해왕성은 얼음 행성

천체 망원경과 탐사선 사진에서 해왕성은 짙은 푸른색으로 보인다. 이 신비한 푸른색은 액체 상태의 물이 존재하기 때문이 아니다. 행성이 생성될 때 있던 물도 온도가 낮아 행성 내부의 핵에 얼음으로 남아 있을 것으로 추정된다.

바다를 연상시키는 짙은 푸른색

해왕성의 짙은 푸른색은 표면을 덮은 가스 안에 메탄 성분이 많이 들어 있기 때문이다. 메탄가스는 붉은색을 흡수해 푸른색으로 보이게 만든다.

왜 바다의 신에서 이름을 따왔을까?

'해왕성(Neptune)'은 로마 신화에 나오는 바다의 신 넵투누스의 이름에서 따왔다. 망원경을 사용해 해왕성을 발견했을 당시 푸르게 보여 바다의 신 이름을 붙였다. 그리고 'Neptune'이 중국에서 번역될 때 지배자라는 뜻으로 '신' 대신 '왕'을 붙여 '해왕성(海王星)'이 되었다. 해왕성에서는 지구의 오존홀과 같은 대흑점(大黑點, great dark spot)이 관측된다.

넵투누스상

금성의 자전은 왜 지구와 역회전할까?

|금성의 자전 이야기|

금성은 지구와 반대 방향으로 자전하는데,
자전 속도가 엄청 느리다.

세 가지만 알면 나도 우주 전문가!

금성에서는 서쪽에서 떠오른 해가 동쪽으로 진다

금성에서는 지구와 정반대 현상이 일어난다. 지구에서는 북극을 위에서 보고, 반시계 방향으로 회전하고, 태양이 동쪽에서 서쪽으로 움직이는 것처럼 보인다. 그런데 금성은 시계 방향으로 돌고, 태양이 서쪽에서 동쪽으로 움직인다. 하지만 두꺼운 구름에 가려져 태양이 거의 보이지 않는다.

금성은 왜 지구와 반대 방향으로 돌까?

최초의 행성이 탄생할 때 암석끼리 충돌해 지구와 같은 방향으로 자전하는 행성과 반대 방향으로 자전하는 행성이 생겨났다는 가설이 있다. 또 대기가 두껍고 태양이 가까워 태양의 인력으로 대기가 지면을 조금씩 잡아당겨 긴 시간 반대 방향으로 회전하게 되었다는 가설도 있다. 무엇이 옳은지는 아직 알 수 없다.

행성의 자전 방향

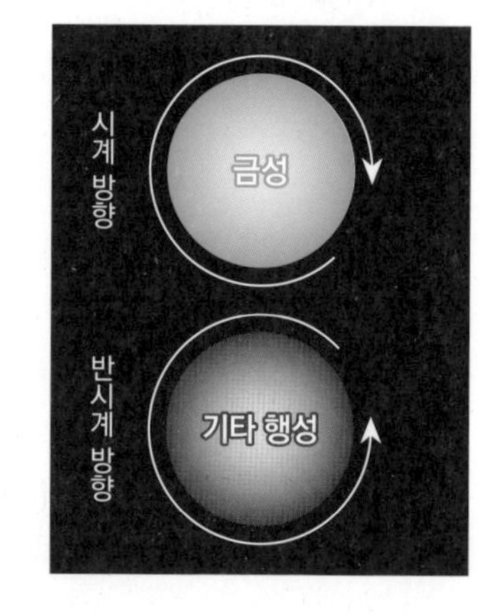

금성의 자전은 엄청 느리다

금성의 자전은 엄청 느려 지구 시간으로 243일이나 걸린다. 반면 공전은 225일이라서 하루가 끝나는 동안 1년이 끝나는 셈이다.

오로라가 뭘까?

|오로라 이야기|

주로 극지방에서 밤에 초고층 대기 중에 나타나는
발광(發光) 현상이다.

세 가지만 알면 나도 우주 전문가!

기상 현상이 아닌 우주 현상

오로라는 밤하늘에 빨강, 초록, 분홍, 파랑 등 다채로운 색의 향연이 펼쳐지는 현상이다. 대체로 커튼처럼 넘실대는 모양이다. 무지개처럼 고도 수백 미터에서 일어나는 지구 규모의 기상 현상과는 다르다. 오로라는 무지개의 1,000배 높이 위치에서 태양에서 오는 입자 무리가 일으키는 우주 현상이다.

출현 방식

자정 전후로 두 시간 정도 나타나는 경우가 많다. 짧게는 20초, 길면 몇 시간까지 이어진다. 또렷한 형태와 흐릿한 형태가 있고, 커튼 모양 외에 하늘 전체가 희붐하게 빛을 내는 형태의 오로라도 있다.

위도가 높은 지역에서 볼 수 있다

북극과 남극(자기권 S극과 N극)을 중심으로 위도가 높은, 주로 추위가 기승을 부리는 지역에서 볼 수 있다. 안전하게 관찰할 수 있는 지역은 한정되어 있다. 지면 가까이 구름이 있으면 보기 어려워 기상 조건도 중요하다.

Day 260 태양 | 오로라

오로라는 왜 생길까?

|오로라의 탄생 이야기|

태양에서 오는 입자 무리(태양풍)가
하늘 높은 곳에서 공기 원자 분자와 충돌해서 빛을 내기 때문이다.

세 가지만 알면 나도 우주 전문가!

태양에서 오는 자기장을 동반한 입자 무리

우리는 물질 상태를 기체·액체·고체라고 생각하는데, 우주에서는 플라스마 상태의 물질이 가장 많다. 태양에서 오는 태양풍을 '플라스마'라고 한다. 여기에는 전자, 양자(전리된 수소 원자) 등이 포함되어 있다(Day 146 참고).

태양풍은 그대로 지구에 충돌하지 않는다

태양풍과 태양풍의 자극으로 나타나는 전하를 띤 입자 무리가 모인 플라스마 시트가 수만 미터 높이로 성장하는데, 그것이 고여 고압이 된다. 그 시트 일부가 떨어지며 대기의 원자 분자를 빛나게 하는 현상이 오로라의 정체로 추정된다. 플라스마 시트에서는 자기장의 세기가 우주 공간을 날아왔을 때보다 1,000배에서 1만 배 커진다.

지구 자기장의 작용

지구 주위에 자기장이 있어 전하를 띤 시트는 지자기의 축 부근에서 원반 형태로 돈다. 하지만 그 균형이 무너지면 추락해 고도 400킬로미터 이하에서 대기와 충돌한다.

Day 261 태양 | 오로라

오로라는 무엇으로 이루어져 있을까?

|오로라의 빛 이야기|

전하를 띠고 있는 대전 입자(charged particle) 무리가
공기층까지 도달해 산소 원자와 질소 분자에 충돌해서 빛을 낸다.

세 가지만 알면 나도 우주 전문가!

지구에는 플라스마 시트의 침입을 허용하는 지점이 있다

만약 입자 무리가 북극과 남극 방향으로 들어오면 진행 방향과 자기장의 방향이 일치해 고리 구조로 회전하는 힘이 약해진다. 그래서 자기장에 말려 들어가면서도 지표면 근처까지 들어온다.

산소 원자와 질소 분자를 격렬하게 자극한다

지상으로부터 100~400킬로미터 층에서 전자와 양자가 산소 원자, 질소 분자에 충돌해 빛을 낸다. 이 부근에서 산소 원자는 태양에서 오는 자외선 원자로 갈라진다. 산소 원자는 분자가 반으로 나뉘고 가벼워 고층에서는 주성분이 된다. 한편 질소는 분자 상태 그대로다.

【오로라의 구성】

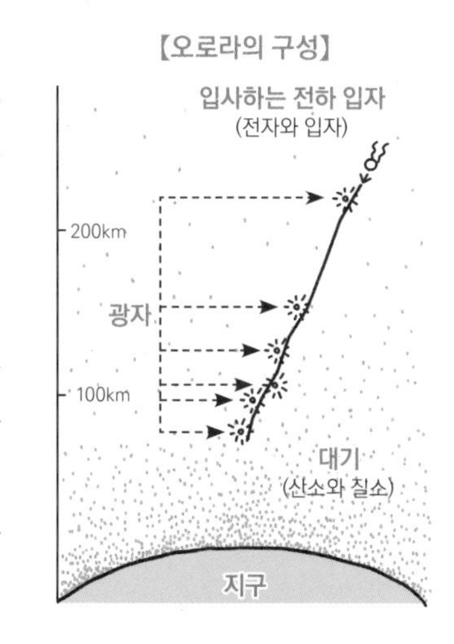

플라스마 스크린형 전광 게시판

원자와 분자에서 발광이 연속적으로 일어난다. 마치 하늘에 있는 플라스마 스크린 전광 게시판에서 각 점이 빛나는 듯한 형상이다. 오로라의 움직임은 이와 같은 자연계의 플라스마 현상이라고 할 수 있다.

오로라는 왜 색깔이 변할까?

|오로라의 색깔 변화 이야기|

산소 원자는 빨간색과 초록색을 내고,
질소 분자는 파란색과 분홍색을 내기 때문이다.

세 가지만 알면 나도 우주 전문가!

원자 내부의 구조

원자 내부에서는 전자가 원 궤도를 그린다. 그러나 그 반지름에는 제한이 있다. 일반적으로 반지름이 작고 안정적인 상태인데, 플라스마로 자극을 받으면 반지름이 크고 에너지가 높은 상태로 변한다.

발광은 에너지 발산 방법

주위에 동료가 많으면 서로 충돌하던 에너지가 외부로 나갔다가 원래대로 돌아온다. 그러나 공기가 희박해 동료가 적은 상황에서는 에너지가 높은 상태가 오래 지속되며 빛을 내고 원래대로 돌아온다.

【고도에 따라 보이는 색이 다르다】

높이에 따라 색이 다르다

산소 원자는 빨간색을 낼 때까지 시간이 길어 주위에 동료 원자가 없을 때보다 높은 지점에서만 빛을 낸다. 반면 초록색을 낼 때까지 시간이 짧아 다소 낮은 지점에서도 발광한다. 질소는 분자 그대로, 또 낮은 지점에서 자극을 받아 빛을 낸다.

오로라를 어디서 볼 수 있을까?

|오로라 목격 장소 이야기|

오로라를 보기 쉬운 장소는 북극과 남극을 중심으로 도넛 모양 지대다. 북위 60~70도 부근이다.

세 가지만 알면 나도 우주 전문가!

오로라를 볼 수 있는 장소는 한정적

안전한 장소로는 캐나다의 옐로나이프, 미국 알래스카의 페어뱅크스 등이 있다. 모두 극한지다. 북극은 난류의 영향으로 따뜻해도 그만큼 맑은 날이 적다. 남반구의 뉴질랜드 남부도 오로라를 볼 수 있는 후보지에 속한다.

오로라를 볼 확률은 얼마나 될까?

오로라를 보는 관광 상품도 있다. 3~4일간 숙박하면 대개 한 번 정도 볼 수 있다. '보인다'고 해도 비행기구름 정도로 작은 규모부터 하늘 전체를 현란하게 수놓으며 장관을 연출하는 초대형 오로라까지 다양하다.

기록을 남기려면 사진 촬영이 편리

사진으로 오로라를 보면 밝고 빛나는데, 맨눈으로 보면 어슴푸레하게 느껴지는 경우가 많다. 밝아도 보름달 정도 밝기다. 눈에는 희끄무레한 초록색으로 보이지만 카메라로 찍으면 훨씬 다채로운 색을 확인할 수 있다. 삼각대 준비는 필수다. 오로라는 사람에 따라 다르게 보인다. 동공 개폐 방식의 차이도 크다.

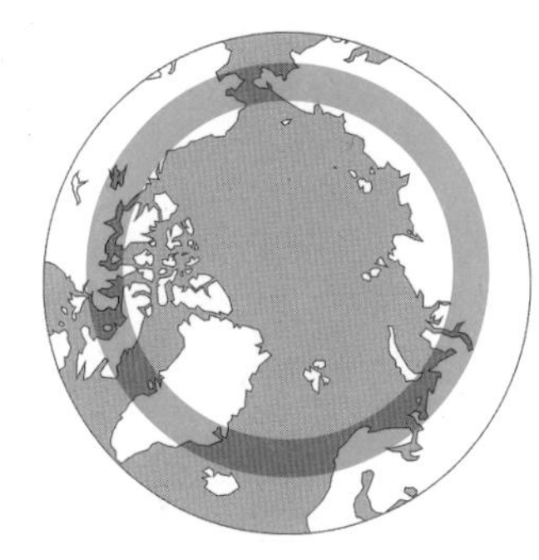

북극 주변의 도넛 모양 지대에서 오로라를 볼 수 있다.

Day 264 태양 | 오로라

일본에서도 오로라를 볼 수 있을까?

|일본의 오로라 이야기|

흑점 활동이 활발한 시기에 홋카이도에서도 오로라를 볼 수 있다.

세 가지만 알면 나도 우주 전문가!

하늘의 넓은 부분이 붉게 물든다

저위도형이라는 이름의 하늘이 붉게 빛나는 오로라가 있다. 이는 북극 가까운 쪽에 나타나는 오로라의 윗부분만 보이는 상황이다. 상단의 붉은 부분이 눈에 들어오기 때문이다. 평지에서 먼 산의 꼭대기만 희미하게 보이는 원리와 같다.

『일본서기』에도 관측 기록이 있다

일본 열도에서 가장 큰 섬인 혼슈(本州)에서도 수십 년에 한 번꼴로 오로라를 볼 수 있다. 『일본서기』 620년 12월 30일 자 기록에 "하늘에 붉은 기운이 서려 있다. 길이는 한 척 남짓하며 꿩 꼬리를 닮았다"라는 내용이 있다.

교토에서도 관측된 사례가 있다

1770년 9월 17일 목격 사례가 유명하다. 일본의 고전 서적 『제이가이(星解)』에 산에서 바큇살 모양으로 뻗어나온 붉은 빗살무늬 오로라 그림이 실려 있는 것으로 보아 당시 일본의 수도였던 교토에서도 오로라가 보였다고 추측할 수 있다.

Day 265 태양 | 오로라

우주에서는 오로라가 어떻게 보일까?

|우주에서 보는 오로라 이야기|

오로라는 고도에 따라 다른 모습으로 보인다.

세 가지만 알면 나도 우주 전문가!

고도 수만 킬로미터의 인공위성에서 보이는 오로라

지표가 밤인 부분에 지자기의 방향을 축으로 아름다운 도넛 모양으로 보인다. 전체를 볼 수 있어 교과서에서나 볼 법한 모범적인 오로라 모습이다. 지구에서 보는 '하늘에서 쏟아지는 듯한' 역동적인 감각과는 사뭇 다른 느낌이다.

국제 우주 정거장(ISS)에서 보면

오로라는 보통 고도 100~320킬로미터에서 발생해 지구의 넓은 면이 배경이 된다. ISS에서 보면 지구 표면에서 일렁이는 얇은 너울 같다. 하지만 현실에서는 지상 도시의 인공적인 빛무리가 더 밝아 오로라가 상대적으로 어두침침하게 보인다. 참고로, 목성과 토성에서도 수소가 자외선 영역에서 내는 오로라가 관측된다.

오로라 관측의 의의

태양풍은 전파 장애 등으로 인공위성의 기능 장애를 일으킨다. GPS 시스템의 유지 관리에 중요한 과제이기도 하다. 인공위성에서 관측(감시)하는 활동은 실용적인 의의에서 비롯되었다.

ISS에서 보는 오로라

월면 기지를 만들 수 있을까?

| 월면 기지 이야기 |

2030년대에 시작하기 위한 건설 계획을 추진하고 있다.

세 가지만 알면 나도 우주 전문가!

NASA의 아르테미스 계획에 여러 나라가 참여

자원이 없는 달에 기지를 건설하는 것은 무모한 도전 같아 보인다. 하지만 미국의 NASA를 중심으로 ISS 참가국이 주축이 되어 한국을 포함한 여러 나라가 참가하는 국제 프로젝트 '아르테미스 계획(Artemis Program)'을 추진하고 있다. 빠르면 2028년 무렵 월면 기지 건설을 시작할 예정이다.

중국은 아시아 공동으로 건설 계획

다른 한편에서는, NASA와 별개로 중국과 러시아가 공동으로 월면 기지 건설 준비를 진행하고 있다. 2030년에는 건설을 시작할 계획이라고 발표했다.

여러 기업이 월면 기지 건설 지원

새로 건설하는 우주 정거장을 중계로 로봇을 이용한 무인 건설, 사람도 월면 작업에 추가 투입, 인간 상시 체재 순서로 계획을 추진하고 있다. 달 모래를 활용한 건축과 정확한 부지 선정을 계측하는 기계, 월면 이동 수단과 로봇 등의 연구 개발에 여러 기업이 참가하고 있다. 의식주 전반이 월면 기지 건설 계획과 연계 중이다. 월면 기지 건설은 화성 유인 탐사를 위한 준비 작업이기도 하다.

별 우주 지구 행성 태양 달 은하 우주개발

최초로 달에 착륙한 사람은 누구일까?

|최초의 달 착륙 이야기|

아폴로 11호를 타고 간 미국의 우주 비행사 닐 암스트롱이다.

세 가지만 알면 나도 우주 전문가!

입에서 입으로 전해진 명언

"한 인간에게는 작은 한 걸음이지만, 인류에게는 위대한 도약이다." 이것은 아폴로 11호를 타고 인류 역사상 최초로 월면 착륙과 보행에 성공한 미국의 우주 비행사 닐 암스트롱(Neil Armstrong)이 한 말이다.

대통령의 연설로 계획이 가동되다

최초로 유인 우주 비행에 성공한 나라는 미국과 냉전 상태에 있던 구소련이다. 1961년 4월 12일 보스토크(Vostok) 1호에 탑승한 유리 가가린(Yury Gagarin)은 우주에서 108분 동안 지구를 한 바퀴 비행하고 돌아왔다. 이에 큰 충격을 받은 미국의 케네디 대통령은 "10년 안에 인간을 달에 착륙시키고 안전하게 귀환하도록 만들겠다"라고 연설했다.

월면 현장 중계는 최장 거리 기록

아폴로 11호는 발사와 월면 착륙 과정을 TV로 생중계했다. 현재 지상 약 400킬로미터에 있는 ISS에서 TV 방송이 이뤄지고 있지만 달의 38만 킬로미터 기록은 아직 깨지지 않았다.

탐사 지점을 어떻게 정할까?

|달의 탐사 지점 이야기|

천체 망원경으로 관측한 뒤 달 근처 표면에서 상세히 조사해 안전성이 확인되면 임무에 따라 탐사 지점을 결정한다.

세 가지만 알면 나도 우주 전문가!

정보를 수집해 '아는 범위'를 넓혀나간다

우선 지구에서 천체 망원경을 통해 전파를 관측한다. 그리고 달 근처에서 표면을 면밀하게 관찰한 뒤 점점 가까이 다가가서 상세하게 조사한다. 심해나 동굴 탐사와 마찬가지 순서로 안전한 탐사를 위한 준비를 마치면 실행에 옮긴다.

최초의 착륙지는 2년에 걸쳐 선정한 '고요의 바다'

아폴로 11호의 최대 임무는 '월면에 착륙해 지구로 귀환'하는 것이었다. 따라서 지구에서 관측을 통해 선정한 30개의 후보지 중에서 가장 안전한 장소를 선택했다. 소련의 무인 월면 탐사선 루나 1호와 미국의 서베이어 계획(Surveyor Program)에 따라 발사된 탐사선들이 활약했다.

두 종류의 무인 월면 탐사선이 대활약

월면의 모습, 표면의 암석과 굴곡 정도, 평평한 부분의 면적 등 표면 정보 외에 표면의 온도와 온도의 특성, 우주선과 자기의 세기 등 다양한 정보를 확보했다. 두 종류의 탐사선이 분담해서 데이터를 수집했다.

우주 비행사는 달에 왜 갔을까?

| 월면 착륙 임무 이야기 |

우주 비행사는 달에서 과학 기술력 증명과 관측 장치 설치, 시료 채취, TV 현장 중계 등의 임무를 수행했다.

세 가지만 알면 나도 우주 전문가!

안전하게 돌아올 수 있는 과학 기술 증명

최대 목적은 안전하게 달 왕복이 가능한 기술과 지식을 보유했다는 사실을 선보이기 위한 선전 효과였다. 과학적 목적 외에도 미국 국민과 여러 나라 사람에게 꿈과 희망을 주고 과학 기술 수준의 진보를 전 세계에 알렸다.

당시 설치한 '역반사체'는 아직도 활동 중

1969년에 설치한 '역반사체(retroreflector)'는 달과 지구의 거리를 측정하기 위한 반사판이다. 정밀한 관측이 가능하며 달은 매년 3.8센티미터씩 지구에서 멀어지고 있다는 사실을 발견해 아인슈타인의 중력 이론을 뒷받침했다.

2시간 내에 임무 수행

메시지가 들어간 금속판과 지진계, 태양풍 측정 장치, 반사경 등을 설치하고, 월면에서 보행을 시도하며 기념사진 촬영까지 하는 모든 과정이 TV로 생중계되었다. 그 밖에도 달의 암석을 약 22킬로그램 채취하는 등 빠듯한 제한 시간 안에 다양한 임무를 완수했다.

임무 중 하나인 태양풍 조성 실험을 하고 있는 우주 비행사의 모습

Day 270 달 | 월면 탐사

달에서는 지구가 어떻게 보일까?

|달에서 보이는 지구 이야기|

위상의 변화는 있어도 하늘의 한 점에 멈춘 채 움직이지 않는다.

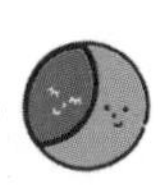

세 가지만 알면 나도 우주 전문가!

뜨거나 지지 않는다

달은 항상 지구에 같은 면을 보여준다. '조석 고정(tidal locking)'이라는 이 현상은 달이 지구를 도는 공전 주기와 달의 자전 주기가 완전히 일치하기 때문에 생긴다. 그래서 달에서 볼 때 지구는 하늘의 일정한 지점에 멈춰 있는 것 같다.

낭만적인 오해를 불러일으킨 사진

달 표면과 깜깜한 하늘을 배경으로 푸른 지구의 모습을 찍은 '지구돋이(Earthrise)' 사진은 1968년에 아폴로 8호 우주 비행사 윌리엄 앤더스(William Anders)가 선내에서 촬영한 것이다. 지구에서 살면 '해돋이'와 '해넘이'가 당연하기에 달에서도 같은 광경을 볼 거라고 상상하는 사람이 많다.

하늘의 한 점에서 위상이 변하는 지구

달에서 본 지구도 지구에서 본 달과 매한가지로 태양 빛을 반사해 빛나 보인다. 달과 태양의 위치 관계로 초승달과 보름달처럼 모습을 바꾸는 지구는 지구에서 보는 달의 모습과 같다.

달에서 본 지구, '지구돋이'

달 탐사로 무엇을 알아냈을까?

|달과 지구의 관계 이야기|

달을 자세히 분석하면 초기 지구에 관해 알 수 있을 것으로 기대된다.

세 가지만 알면 나도 우주 전문가!

달은 지구의 타임캡슐

달과 지구는 같은 시기에 태어났고 같은 재료로 만들어졌다는 설이 유력하다. 달은 중력이 지구의 6분의 1 정도라서 대기와 물을 표면에 고정할 수 없다. 따라서 풍화 작용이 일어나지 않는다. 생물도 화산 활동도 없어 태곳적 지구의 모습을 유추하는 데 중요한 단서가 될 수 있다.

지구는 변화무쌍하다

지구 탄생 무렵을 알아야 태양계의 진화를 파악하고 별이 어떻게 탄생했는지 이해할 수 있다. 지구 표면은 물과 대기, 대륙판 등으로 연동하고 있다. 그런데 달은 이런 활동이 약 20억 년 전에 멈추었다.

아폴로 16호가 충돌구 부근
월면 고원에서 채취한 회장석(anorthite)

지구와의 대비로 알아낼 수 있는 정보도 많다

대기가 없는 달에서는 작은 운석 등도 달 표면에 그대로 내리꽂힌다. 이러한 외부의 영향과 우주방사선, 태양풍 등 우주 공간에서 일어나는 현상이 지구에 미치는 영향을 예측하는 자료가 될 수 있다.

Day 272 달 | 월면 탐사

달 탐사선 '가구야'는 어떤 임무를 수행했을까?

|월주회 위성 '가구야' 이야기|

달의 기원과 이용 가능성을 탐사하기 위한 자료 수집과 궤도 자세 제어 실증 실험을 했다.

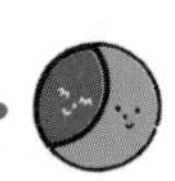

세 가지만 알면 나도 우주 전문가!

하이비전 카메라로 사진과 동영상을 대량 촬영

일본의 월주회(月周回) 위성 '가구야'의 정식 명칭은 '셀레네(Selenological and Engineering Explorer, SELENE)'다. 가구야는 월면의 모습과 월주회궤도에서 본 지구의 모습 등을 사상 최초 하이비전 촬영으로 기록해 선명한 월면의 모습을 보여주었다. 관련 자료를 인터넷으로 확인할 수 있다.

자위성(子衛星) '오키나(OKINA)'와 '오우나(OUNA)'

'가구야'는 릴레이 위성 '오키나'와 전파 관측 VRAD 위성 '오우나'와 함께 활동하면서 전파의 중계와 전자파 등의 계측 임무를 종료한 뒤 월면에 착륙했다. 가구야가 달 표면 충돌 시 일으킨 섬광이 관측되었다.

탐사선의 이름 유래

각 나라의 달 탐사선에는 주로 신화와 전설에서 따온 이름을 붙였다. 일본의 달 탐사선 '가구야'는 일본의 옛날이야기에 나오는, 달에 유배된 공주의 이름에서 따왔다. 중국의 달 탐사 차량은 '옥토끼'에서 이름을 따와 '옥토끼 로버'라는 이름을 붙였다.

'가구야'가 확보한 달 지형도
© 일본 국립천문대 / 지바공업대학교 / JAXA

방위 자석은 왜 북쪽을 가리킬까?

|방위 자석 이야기|

지구는 쉽게 말해 거대한 자석이다.
방위 자석도 자석이라서 항상 같은 방향을 가리킨다.

세 가지만 알면 나도 우주 전문가!

자석의 N극은 북쪽(north)를 가리킨다는 의미

옛날 사람들은 천연 자석에 철사를 감으면 자석이 된다는 사실을 알아냈다. 철사 자석을 아래로 늘어뜨리거나 물에 띄우면 일정한 방위를 가리킨다는 사실을 발견하고 북쪽과 남쪽 방위를 정했다. 그리고 각각 'N극'과 'S극'이라고 불렀다.

지구의 북쪽에는 S극이 존재

북쪽 방위를 가리키는 N은 north, 남쪽 방위를 가리키는 S는 south의 머리글자를 딴 것이다. 자석의 N극과 지구의 북쪽은 서로 끌어당겨 지구의 북쪽에는 S극이 존재한다.

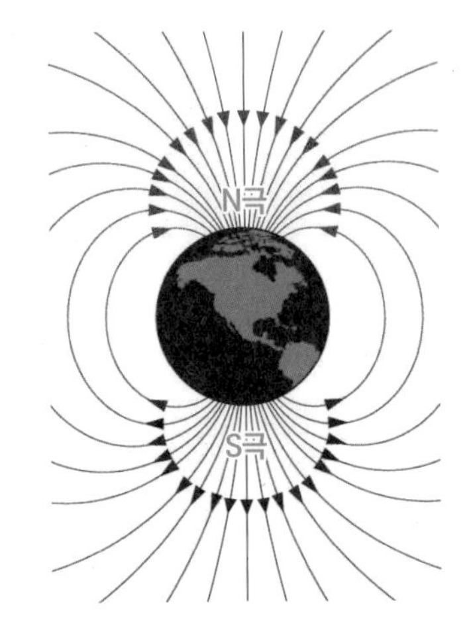

옛날 사람들이 생각한 지구의 북쪽

옛날 사람들은 지금처럼 '지구는 거대한 자석'이라는 사실을 알지 못했기에 자석이 북쪽을 가리키는 이유를 상상했다. 북극성이 자석을 끌어당기기 때문이라거나 북쪽 어딘가에 자석으로 만들어진 섬이 있다는 등의 믿음이 생겨났다. 이러한 믿음을 영국의 물리학자 윌리엄 길버트(William Gilbert)가 바로잡았다.

지구 자기의 수수께끼를 어떻게 풀었을까?

|지구의 자석 증명 이야기|

월리엄 길버트는 구형 천연 자석을 이용해
'지구가 거대한 자석'이라는 가설을 증명했다.

세 가지만 알면 나도 우주 전문가!

북반구에서 방위 자석은 N극 쪽이 아래로 기운다

만약 북극성이 자석의 N극을 잡아당긴다면 방위 자석의 N극이 하늘로 향해야 한다. 그런데 런던에서 실험한 결과, 중심에서 늘어뜨렸는데 N극이 아래로 기울었다. 이는 '북쪽 어딘가에 자석 섬이 있다'라는 주장을 반박하는 증거다.

북극에서는 방위 자석의 N극이 거의 바로 아래를 가리킨다

의사이자 물리학자였던 윌리엄 길버트는 로버트 노먼(Robert Norman)이라는 뱃사람이 쓴 책에서 장소에 따라 방위 자석의 N극이 수평면이 되는 방위(복각)가 달라진다는 구절을 읽고 흥미를 느꼈다.

천연 자석으로 '작은 지구'를 만들어 실험

길버트는 '지구는 거대한 자석'이라고 생각했다. 구형으로 깎은 자석을 제작해 다양한 장소에 방위 자석을 두었더니 방위 바늘이 뱃사람이 말한 것처럼 움직였다. 적도 부근에서는 거의 수평이고 북극에서는 거의 바로 아래를 향했다. 그는 이 연구로 '자기학의 아버지'라는 별명을 얻었다.

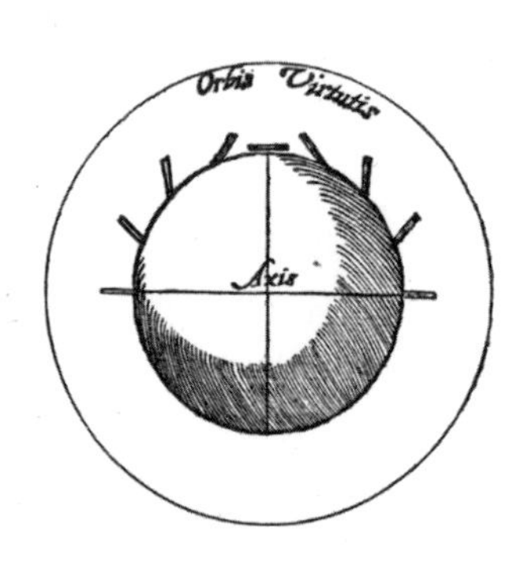

월리엄 길버트의 실험.
구형으로 만든 천연 자석에서
방위 바늘이 극에서는 바로 아래로 향하고,
적도에서는 수평이 되었다.

북극과 북자극은 완전히 일치하지 않는다는 말이 사실일까?

| 북극과 북자극 이야기 |

방위 자석의 N극은 항상 북에서 약간 어긋난 방위를 가리키는데, 오차는 장소에 따라 다르다.

세 가지만 알면 나도 우주 전문가!

북극과 지구의 S극이 있는 북자극은 약간 어긋나 있다

자석이 가리키는 방위와 실제 방위의 오차를 '편각(declination)'이라고 한다. 편각은 수평면 안에서 북쪽과의 오차 각도로, 동쪽으로 도는 방향을 정방향으로 잡는다. 도쿄에서는 −7도, 진북에서는 7도 서쪽으로 어긋난 방향을 가리킨다.

편각의 보정

이처럼 편각이 존재해 보정 작업이 필요하다. 도쿄에서는 N극이 가리킨 방향에서 동쪽으로 7도 어긋난 방향이 진북이 된다. 자이로(고속으로 회전하는 팽이) 컴퍼스를 활용하면 정확한 방위를 알 수 있다.

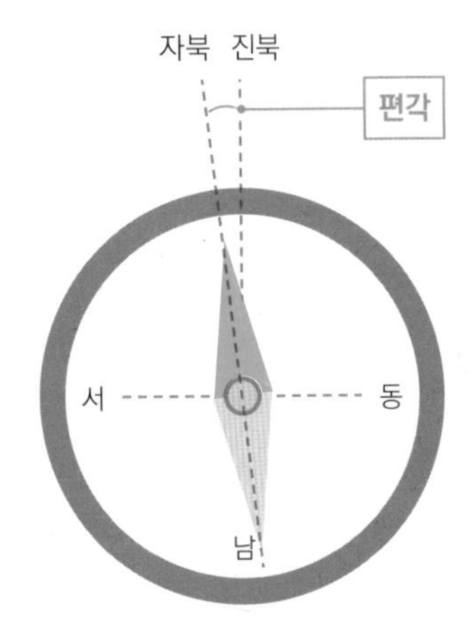

지구의 자석은 천천히 이동한다

도쿄에서는 약 350년 전에 지금과 반대인 동쪽으로 8도 어긋나 있었다. 즉, 편각이 +8도였다. 이런 현상은 지구의 자석이 천천히 이동하기 때문에 생긴다. 약 200년 전 이노 다다타카(伊能忠敬)가 지도를 작성할 때는 편각이 마침 동에서 서로 옮겨가던 시기라서 편각이 0에 가까워 영향이 없었다.

지구의 S극과 N극이 뒤바뀔 수 있을까?

|자석의 역전 이야기|

지금까지 몇 차례나 방위 자석의 N극이 남(南)자극을 가리키거나 자기장이 0이 되는 현상이 발생했다.

세 가지만 알면 나도 우주 전문가!

온도가 올라가면 자석의 성질이 사라진다

자석 온도를 올리면 일정 온도(퀴리 온도, 철은 섭씨 770도)에서 자석의 성질을 잃는다. 지하에서 올라온 액체 상태의 마그마에는 자석 성질이 없는데, 식으면서 퀴리 온도 이하가 되어 암석이 되었을 때 지구 자기장 방향으로 자화된다.

마쓰야마 모토노리가 발견한 '자석 역전 현상'

일본의 지구물리학자 마쓰야마 모토노리(松山基範)는 1926년 효고현에 있는 겐부(玄武) 동굴에서 암석 자기를 분석하다가 반대로 자화하는 현상을 발견했다. 그는 이후 일본과 다른 나라를 돌아다니며 36개 지점에서 현장 조사를 해 1929년에 세계 최초로 지자기 역전설을 발표했다.

일본의 지구물리학자
마쓰야마 모토노리

몇 차례나 자극이 역전되었다!

그 후 지자기 역전의 역사가 계속 연구되어 지금까지 몇 차례나 역전이 반복된 사실이 밝혀졌다. 전체 지자기가 점점 약해져 0이 된 후 반대 방향의 지자기가 서서히 커지는 방식으로 지자기 역전 현상이 일어났다.

Day 277

지바절이라는 지질 시대가 뭘까?

| 지바절 이야기 |

일본의 지바(千葉)에서 최초로 발견되어
'지바절'이라는 이름이 붙은 지질학적 기간이다.

세 가지만 알면 나도 우주 전문가!

지구의 역사 46억 년을 보여주는 지질 시대 연표

지구의 역사를 지층 속 화석 등으로 읽을 수 있는 생물의 멸종과 환경 변화를 바탕으로 각각의 층을 117개로 나누어 '지질 시대'라고 한다. 이름이 붙지 않은 시대가 10가지 정도 남았다. 그중 하나에 갱신세(更新世) 중기라는 이름이 붙었다.

최후의 지자기 역전

지구에서는 방위 자석이 가리키는 N극이 북쪽 반대가 되는 '지자기 역전' 현상이 이따금 일어난다. 약 77만 년 전에 마지막으로 일어났다. 그리고 지금처럼 북극 가까이가 S극이 되었다. 이후 약 13만 년 전까지가 이름이 정해지지 않은 갱신세 중기다.

지바현 절벽 지층에서 발견된 지바절

갱신세 중기를 가리키는 높이 5미터가량의 지층이 일본 지바현 이치하라시(市原市)에서 발견되어 갱신세 중기에 '지바절(Chibanian)'이라는 이름이 붙었다. 2020년 1월 정식으로 채택된 지바절은 77만 년 전부터 12만 6,000년 전까지의 지질학적 기간을 말한다.

대륙 이동설이 부활했다는 말이 사실일까?

| 대륙 이동설 부활 이야기 |

자기 이동 연구 결과 알프레트 베게너 등 여러 학자가 주장한 대륙 이동설이 부활했다.

세 가지만 알면 나도 우주 전문가!

베게너의 대륙 이동설

독일의 기상학자이자 지구물리학자 알프레트 베게너(Alfred Wegener)는 거대하고 단일한 대륙(판게아)이 존재했다고 주장했다. 남북 아메리카 대륙과 유럽·아프리카 대륙의 해안선 굴곡이 일치한다는 사실, 각 대륙의 고생대 말부터 중생대 초의 식물 화석과 공통적으로 나타나는 육상동물 화석이 있다는 사실을 근거로 삼아 '대륙 이동설'을 제창했다.

대륙 이동설이 되살아난 계기

현재 형태로 되었다는 주장은 지질 연구자들의 반대로 학계에서 폐기되었다. 이후 1950년대에 정밀도 높은 자력계로 암석의 자석 양상을 분석하면서 대륙 이동설이 재평가되었다.

알프레트 베게너

'대륙 이동설'의 부활

세계 각지에서 암석에 남겨진 자기와 방사성 연대 측정으로 추정한 데이터를 지도에 그려 넣자 암석이 나타내는 '북쪽'이 오래될수록 북극에서 점점 떨어져 나와 자화(磁化)된 암석이 있는 대륙이 이동했다는 사실을 알게 되었다.

지구에는 왜 자기가 존재할까?

| 거대한 발전기 이야기 |

지구 자체가 발전기가 되어 전류를 발생시키고 전자석이 된다는 가설이 학계에서 유력하게 받아들여지고 있다.

세 가지만 알면 나도 우주 전문가!

지구의 핵은 철이 주성분이고 내핵은 고체, 외핵은 액체 상태

옛날에는 지구의 중심(핵)에 영구 자석이 존재한다고 믿었다. 하지만 철의 퀴리 온도(Day 276 참고)가 섭씨 770도인데 핵 온도는 적어도 섭씨 3,000도 이상이라서 핵의 철은 영구 자석이 될 수 없다.

전류는 자기장을 만들어낸다

철심에 코일을 감고 코일에 전류를 흘려보내면 전자석이 만들어진다. 철심 주위의 코일에 전류를 흘려보내면 자기장이 발생하고, 그 자기장으로 철심은 자화된다.

학계에서 인정한 지구 다이너모 이론

지구 내부가 발전기라는 지구 다이너모 이론(Dynamo Theory)이 학계에서 유력하게 받아들여지고 있다. 발전소에서는 자기장 속에서 코일을 회전시켜 발전하는데, 지구 내부에서 코일의 회전에 해당하는 작용이 일어나고 있다. 외핵 액체 금속인 철 성분 때문에 발생한 전류(열과 자선으로 인한 대류 추정)가 내핵 주위를 흐르며 전자석을 만든다는 이론이다.

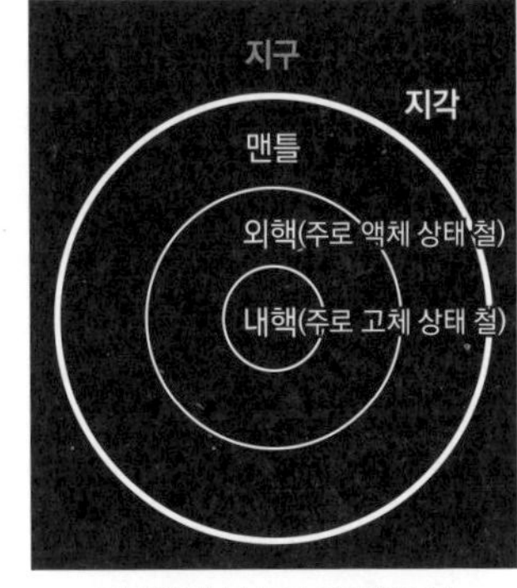

외핵 액체 금속의 움직임으로 자석이 되었을 것으로 추정된다 (지구 다이너모 이론).

Day 280 별 | 운석

운석이 뭘까?

|우주의 돌 이야기|

운석이란 우주에서 떨어진 암석 등을 말한다.

세 가지만 알면 나도 우주 전문가!

운석은 우주에서 떨어진 것이다

지구 등의 행성이 있는 우주 공간에는 행성처럼 커다란 천체 외에 자그마한 돌멩이 같은 천체가 수없이 존재한다. 그 일부가 행성과 위성의 인력으로 떨어져 지면에 도달한 것을 '운석'이라고 한다.

운석이 공기를 눌러 빛을 낸다

운석은 지구에 떨어질 때 엄청난 속도로 추락한다. 이때 운석 앞에 있는 공기가 눌리며 열을 낸다. 그 열로 운석과 공기 원자가 플라스마화되어 빛을 낸다. 작은 운석은 녹아서 증발하지만 덩어리가 큰 운석은 지상까지 도달한다.

세계에서 가장 오래된 운석 목격 기록

861년 5월, 현재 일본의 후쿠오카현(福岡県) 노가타시(直方市)에 운석이 떨어지는 광경을 목격한 기록이 남아 있다. 당시 떨어진 운석이 스가신사(須賀神社)에 보존되어 있다. 세계에서 가장 오래된 운석 낙하 목격 기록이다. 1969년 멕시코 치와와 지역에 떨어진 아옌데(Allende) 운석은 지구에서 회수된 가장 큰 탄소질 콘크리트 운석이다.

멕시코에 떨어진 아옌데 운석

운석은 무엇으로 이루어져 있을까?

|운석의 성분 이야기|

주로 콘드라이트라는 운석 특유의 암석으로 이루어져 있다.

세 가지만 알면 나도 우주 전문가!

대다수 운석은 콘드라이트

지구에 떨어지는 대다수 운석은 콘드라이트(chondrit, 구립 운석)다. 콘드라이트는 콘드룰(chondrule)을 풍부하게 함유하고 있다. 콘드라이트가 아닌 것을 '아콘드라이트(achondrit, 무구립 운석)', 철을 풍부하게 함유하면 '철 운석'이라고 한다.

콘드룰 생성 과정

콘드룰은 운석에만 존재하는 성분이다. 주로 산화규소로 이루어진 구형의 물질이다. 태양계가 탄생했을 때 존재하던, 원시 태양계 원반이라는 거대한 소용돌이 안에서 가열되어 생성되었을 것으로 추정된다. 암석이 녹은 후 냉각해서 만들어졌다.

철 운석과 유성도

운석에는 철이 풍부해 칼 등의 재료로 사용하기도 했다. 일본 전통 도검 중 하나인 유성도(流星刀)는 운석을 벼려서 만든 것이다. 제철 기술이 확립되지 않은 고대에는 순도가 높은 철을 함유한 철 운석이 귀중한 재료로 여겨져 대접을 받았다. 콘드룰 사이를 채우는 성분에 철이 많아 운석은 자석에 붙는다.

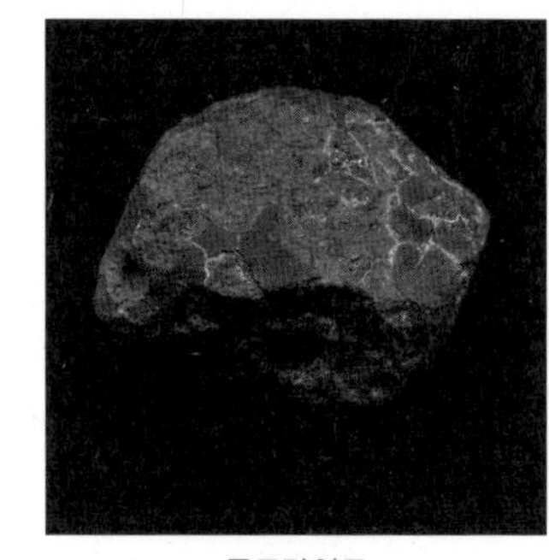

콘드라이트

Day 282 별 | 운석

운석은 어디서 왔을까?

|운석의 고향 이야기|

운석은 주로 소행성대 영역에서 온다고 알려져 있다.

세 가지만 알면 나도 우주 전문가!

소행성대를 통과하는 운석이 많다

운석은 우연히 떨어질 때가 많아 찾아온 방향을 정확하게 알아내기 어렵다. 그러나 이따금 운 좋게 각도와 방향을 관측할 수 있는 경우도 있다. 관측 자료를 수집해 운석의 궤도를 조사한 결과, 소행성대를 통과하는 운석이 많았다.

소행성대는 어디 있을까?

소행성은 그림처럼 화성과 목성 사이에 자리하고 있다. 몇몇 소행성과 행성, 그리고 채 위성이 되지 못한 암석 덩어리가 공전하는 영역이다. 이 영역에 있는 천체는 통상적인 공전 궤도에서 벗어나 독자적인 궤도를 지니기도 한다. 이 궤도가 지구 공전 궤도와 겹치면 운석이 된다.

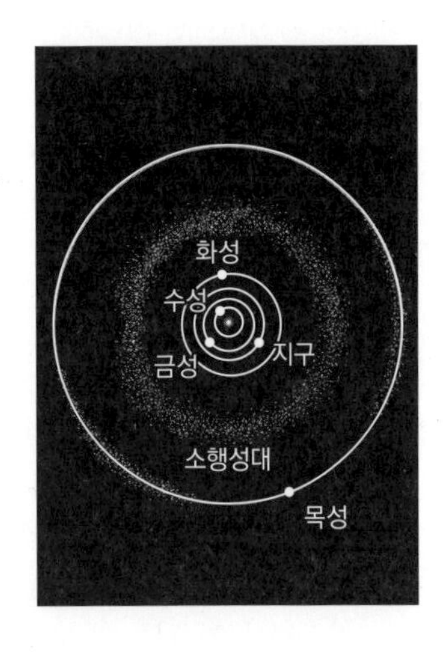

화성과 달에서 오는 운석도 있다

운석이 소행성대에서만 오는 것은 아니다. 화성과 달에 충돌한 운석이 화성과 달의 암석을 튕겨내며 새로운 운석이 지구로 향하기도 한다. 참고로, 대형 천체는 궤도를 관측할 수 있어 지구와 충돌하지 않는지 감시할 수 있다.

화구가 뭘까?

|밝은 유성 이야기|

화구는 특히 밝은 빛을 내는 유성을 말한다.

세 가지만 알면 나도 우주 전문가!

화구는 유성의 일종

우주 공간의 작은 돌멩이 같은 물체를 '우주진'이라고 한다. 우주진은 무수히 존재하며 때때로 지구 대기에 뛰어든다. 지름 1밀리미터에서 몇 센티미터가량의 우주진은 일반적으로 유성이 되고, 그보다 크면 환한 빛을 내는 화구(fireball, 불꽃별똥)가 된다.

플라스마로 빛난다

우주진은 지구를 향해 초속 약 10킬로미터로 떨어진다. 이 속도로 이동하면 우주진 앞의 공기가 한꺼번에 압축되어 열을 내고, 그 열로 먼지와 공기 원자가 전자와 원자핵으로 분리되어 플라스마로 변화해 빛을 낸다.

화구는 눈에 잘 띄어 동시에 관측된다

화구가 출몰하면 눈에 잘 띄어 많은 사람이 동시에 관측하는 사례가 많다. 2013년 2월 15일 러시아 첼랴빈스크 하늘에 불덩어리가 쏟아지는 장관이 연출되었는데, 이것이 대기권에서 화구가 폭발해서 떨어진 운석이었다.

Day 284 별 | 운석

운석은 지구에만 떨어질까?

|운석 낙하 이야기|

운석은 지구에만 떨어지는 것이 아니라
다른 천체에도 낙하해 충돌구를 만든다.

세 가지만 알면 나도 우주 전문가!

운석이 달에 떨어지면 선명한 충돌구를 남긴다

운석이 지구에 떨어지면 충돌구를 형성하는데, 달에서는 지구보다 선명한 충돌구를 남긴다. 달에는 대기와 물이 없어 형성된 충돌구가 침식되지 않기 때문이다. 달이 태어난 30억~40억 년 전 충돌구도 남아 있다.

달에는 지금도 새로운 충돌구가 만들어지고 있다

지금도 달에는 충돌구가 계속 만들어지고 있다. 그래서 달 표면의 모습이 빠른 속도로 변한다. 앞으로 월면 기지를 건설한다면 운석 낙하 위험이 있어 상당히 튼튼하게 지어야 할 것이다.

운석은 다양한 천체에 떨어진다

운석은 달뿐 아니라 태양계에 있는 여러 천체에 끊임없이 떨어지는데, 목성에도 운석이 떨어진다. 목성에 낙하하는 소행성 등의 모습이 자주 관측되고 있다. 낙하 당시 에너지가 너무 무시무시해 목성에 떨어진 크기의 운석이 만약 지구에 떨어진다면 대재앙이 벌어질 수도 있다.

Day 285 별 | 운석

거대 운석이 떨어지면 어떻게 될까?

|거대 운석 이야기|

거대 운석이 떨어지면 과거 공룡이 멸종했던 당시처럼 대격변이 일어난다.

세 가지만 알면 나도 우주 전문가!

약 6,600만 년 전 거대 운석 충돌 사건

지름 약 10킬로미터의 거대 소행성이 지구에 충돌하면 어떻게 될까? 약 6,600만 년 전에 실제로 이런 일이 일어났다. 멕시코 유카탄반도에 그 증거가 남아 있다.

지구상의 생물 75퍼센트가 멸종

유카탄반도에 떨어진 운석은 너무나 거대해 지각의 암석이 벗겨지며 들썩일 정도였다. 쓰나미처럼 땅이 물결쳐 주위를 덮쳤고, 뒤이어 바다에서 쓰나미가 발생했다. 말려 들어간 먼지 등이 햇빛을 가려 하루아침에 지구 한랭화가 진행되었다. 공룡을 포함한 지상의 약 75퍼센트 종이 멸종했다.

수수께끼가 많은 퉁구스 대폭발

1908년 6월 30일, 시베리아 퉁구스 지방에서 일어난 대폭발은 넓은 범위의 나무가 쓰러질 정도로 거대한 충격을 주었다. 충돌구도 낙하한 운석도 오랫동안 발견되지 않아 여러 가설이 난무했다. 현재는 운석 충돌로 보는 견해가 대세다. 퉁구스 대폭발의 위력은 히로시마에 투하된 원자폭탄의 185배로 추정된다.

Day 286 별 | 운석

지구에 떨어진 가장 큰 운석은 뭘까?

|호바 운석 이야기|

지구에 떨어진 가장 큰 운석은
아프리카 나미비아에 있는 호바 운석이다.

세 가지만 알면 나도 우주 전문가!

무게 60톤의 철 운석

아프리카 남서부 나미비아의 오초존주파(Otjozondjupa) 지역에 떨어진 호바 운석(Hoba meteorite)은 세로 2.7미터, 가로 2.7미터, 높이 0.9미터의 직사각형이다. 무게가 무려 60톤에 이르고, 84퍼센트가 철로 이루어진 철 운석이다.

농장에서 발견되었다

1920년, 농장에서 일하던 인부가 발견했다. 지표 부근에 묻혀 있던 운석을 파냈더니 입이 떡 벌어질 만큼 어마어마한 크기였다. 충돌구가 없어 발견이 늦어졌는데, 약 8만 년 전에 떨어졌을 것으로 추정된다. 또한 낙하 당시 가속으로 충돌구가 나타나지 않은 것으로 추정된다.

거대 운석이 되는 이유 중 하나는 철 성분

철로 이루어져 있어 커다란 덩어리를 유지한 채로 떨어질 수 있었다. 일반적인 대형 운석은 대기권에 돌입하면 대체로 조각조각 부서지는데, 철 운석은 부서지지 않고 온전한 형태를 유지한 채 지표면에 낙하하는 사례가 많다.

나미비아에 떨어진 호바 운석

누가, 언제 최초로 우주 비행에 성공했을까?

|최초의 우주 비행 이야기|

인류 최초로 우주 비행에 성공한 사람은
1961년 구소련의 우주 비행사 유리 가가린이다.

세 가지만 알면 나도 우주 전문가!

인류 최초 우주 비행은 지구 일주, 비행 시간은 108분

보스토크 1호에 탑승한 유리 가가린은 카자흐스탄 기지를 이륙해 지구 궤도를 한 바퀴 선회했다. 당시 고도는 약 300킬로미터, 비행 시간은 약 108분이었다. 참고로, 최초로 우주 비행에 성공한 포유류는 구소련에서 보낸 '라이카'라는 수컷 개였다.

가가린이 선발된 이유

가가린은 100명의 우주 비행사 중에서 선발되었다. 가가린은 당연히 혹독한 훈련을 견딘 우수한 비행사였다. 키가 160센티미터로 남자치고 아담한 체구였다. 보스토크 1호는 1인용 우주선이라서 내부가 좁아 체구가 작은 가가린이 뽑힌 것이다.

우주 개발 경쟁에서 구소련에 패한 미국

미국은 최초의 인공위성에 이어 우주 개발 경쟁에서도 구소련에 패했다. 이에 자극을 받은 케네디 대통령은 1961년 5월, "10년 안에 인간을 달에 착륙시키고 안전하게 지구로 귀환하게 만들겠다"라고 선언했다. 이것이 훗날 아폴로 계획으로 이어졌다.

발사 로켓 최상단과 결합한
보스토크 1호

Day 288 우주 개발 | 우주 비행

최초 우주 비행 성공 직후 가가린이 한 말은?

| 가가린의 명언 이야기 |

인류 최초로 우주 비행에 성공한 가가린은 "지구는 푸른빛이었다"라고 말하지 않았다.

세 가지만 알면 나도 우주 전문가!

"지구는 푸른빛이었다"라는 말은 일부 국가에서만 유명

가가린의 명언은 일부 국가에서만 유명하다. 부정확한 번역이 명언을 만들었다. 원문은 "하늘은 매우 어두웠다. 반면 지구는 푸르게 빛나고 있었다"였다. 게다가 우주에서 한 말이 아니라 나중에 인터뷰에서 한 말이었다.

왜 '푸르다'는 표현이 강조되었을까?

지구에서 우주를 보면 새까만 세상이 펼쳐진다. 그런데 깜깜한 세계에서 물의 행성이라는 별명이 붙은 지구의 아름다움을 강조하는 낭만적인 표현으로 치환되어 "푸르다"라는 말만 유독 널리 알려진 것으로 여겨진다.

"우주에서 신을 보지 못했다"라는 말이 더 유명

어떤 나라에서는 "우주에서 신을 보지 못했다"라는 말이 더 유명하다. 그런데 이것도 가가린이 뱉은 말이 아니라 가가린 다음으로 우주에 다녀온 우주 비행사가 지구로 귀환한 뒤에 한 말이다. 신의 존재를 믿는 기독교 문화권 특유의 가치관에서 비롯된 오해로 보인다. 가가린이 한 말은 발사 직전에 한 "자, 가볼까"뿐이다.

가가린의 기념우표

우주 비행사는 무슨 일을 할까?

|우주 비행사의 업무 이야기|

우주 비행사의 업무는 크게
조종사, 기술자, 연구자로 나눌 수 있다.

세 가지만 알면 나도 우주 전문가!

우주 비행사의 업무는 크게 세 가지

우주 비행사의 업무는 우주와 지구를 오가는 우주 왕복선을 조종하는 조종사, 우주에서 기기 조작과 정비를 맡는 기술자, 우주에서 조사와 연구를 수행하는 연구자로 나눌 수 있다. 모두 수많은 테스트를 통해 선발된 전문가다.

우주가 일터인 기술자

모든 시스템에 관한 지식을 보유한 탑승 운용 기술자는 시스템 운용 외에 로봇 팔 조작, 선외 활동 실시 등의 임무와 실험 운용에도 참여하는 등 우주 비행에서 팔방미인 역할을 한다.

우주 실험실에서 연구를 수행하는 과학자

연구를 수행하는 과학 기술자는 시스템 운용에 관여하는 훈련을 받지 않지만, 실험 내용에 관해서는 자세한 숙지 과정을 거쳐 전문 지식을 보유하고 비행 목적에 맞춰 실험을 진행하는 것이 임무다. 그래서 주로 과학자와 연구자 중에서 선발한다. 오늘날에는 일이 아니라 관광으로도 우주 비행이 가능해졌다.

1984년, 우주 왕복선 '챌린저'에 탑승하고 인류 최초로 구명줄 없이 선외 활동을 수행한 브루스 매캔들리스(Bruce McCandless)

우주 비행사가 되려면 어떻게 해야 할까?

|우주 비행사의 자격 이야기|

우주 비행사는 전문 인력이기 때문에 자격 조건을 통과해야 한다.

세 가지만 알면 나도 우주 전문가!

NASA의 우주 비행사가 되려면

NASA의 우주 비행사가 되려면 기본적으로 엔지니어링, 생물과학, 물리과학, 수학 분야 학사 학위를 가진 사람으로, 관련 분야에서 최소 3년 이상 일한 경력이 있어야 한다. 또한 시력과 혈압, 키 등의 신체검사를 통과해야 한다.

일본 우주 개발의 중심 JAXA

일본에서 우주 비행사가 되려면 우주항공연구개발기구(JAXA)에 들어가거나 우주 비행사 후보 공모에 응모해야 한다. 일본의 항공우주 개발정책을 담당하는 JAXA는 우주 비행사 파견뿐 아니라 인공위성 발사, 행성 탐사 등 우주 개발의 중심 역할을 한다.

우주 비행사는 지상에서 더 바쁘다

우주 비행사 후보가 되어도 바로 우주에 갈 수 있는 것은 아니다. 많아야 10년에 두 번 정도다. 오히려 지상 업무로 더 바쁘다. 일상적인 훈련을 소화하고 로켓 발사 지원 등의 업무를 하느라 분주하게 일한다. 미국에서는 민간 기업이 주관하는 유인 우주선 개발·운용도 시작되었다.

JAXA는 13년 만인 2021년에 우주 비행사 후보 모집 공고를 냈다.

우주복에는 어떤 기능이 있을까?

|우주복의 종류 이야기|

우주 공간에서 입는 활동 우주복은 성능이 매우 뛰어나다.

세 가지만 알면 나도 우주 전문가!

선외 활동용 우주복은 인간을 보호하는 소형 우주선과 같다

우주복(선외 활동 유니트)은 우주 비행사가 우주의 가혹한 환경(진공, 강렬한 태양광, 극저온, 우주진 등)에서 활동하기 위해 착용하는 복장이다. 우주복 착용만으로도 우주 공간에서 인체를 보호할 수 있어 '소형 우주선'이라고 한다.

생명 유지를 위한 다양한 장치

호흡을 위한 산소를 공급하고 인체에 해로운 이산화탄소를 제거하는 기능이 중요하다. 해가 드는 곳에서는 섭씨 120도, 해가 없는 곳에서는 섭씨 영하 150도를 오가는 환경이라서 냉각 장치와 단열 및 보온 기능이 필수적이다. 진공에서는 소리가 전달되지 않아 통신 기능도 중요하다.

우주복은 무거워도 문제없다

우주복의 무게는 무려 120킬로그램이나 된다. 하지만 무중력 상태라서 문제없다. 중력이 월면에서도 지구의 6분의 1, 화성에 가더라도 3분의 1 수준이기 때문이다. 지구상에서 우주복 착용 훈련을 할 때는 물속에서 진행한다.

우주복을 왜 입어야 할까?

| 우주복의 기능 이야기 |

진공 상태에서는 여압복이 꼭 필요하다.

세 가지만 알면 나도 우주 전문가!

기압이 없으면 사람은 살 수 없다

호흡을 위해서라면 잠수용 산소 탱크로 충분할 것 같지만, 실제로는 잠수 장비로 부족하다. 몸을 보호하기 위한 기압이 중요하기 때문이다. 우주 공간에서의 활동과 발사 및 귀환 시 충격에 견딜 수 있는 우주복이 필수적이다.

지상과 같은 1기압을 유지해주는 여압복

지상에서 생활할 때는 항상 공기의 무게(대기압)가 가해진다. 인체는 그 힘에 언제나 견디고, 반대로 외부에서 오는 힘이 사라지면 몸을 유지할 수 없다. 그래서 진공 상태에서는 기압을 가하는 '여압복'이라는 특별한 복장이 필요하다.

우주복이 파손되면 어쩌지

우주 공간에 맨몸으로 내동댕이쳐지면 "몸이 폭발하면서 산산조각 난다", "순식간에 온몸의 피가 부글부글 끓어오른다"와 같은 괴담도 있고, 이런 장면이 나오는 영화도 있다. 하지만 실제는 이와 다르다. 그러나 급격한 감압으로 수십 초 만에 목숨을 잃는다.

여압복을 착용한 우주 비행사

우주복은 왜 주황색일까?

|우주복의 색상 이야기|

수색할 때 발견하기 쉽도록 눈에 띄는 색상을 채택했다고 한다.

세 가지만 알면 나도 우주 전문가!

만일의 사태에 대비한 배색

로켓 발사 시, 지구로 귀환 시 비상사태나 긴급 사태를 상정하고 수색할 때 발견하기 쉬운 색상을 채택했다. 상공에서 볼 때 장애물로 인식할 수 있도록 하늘 및 바다 색깔과 선명하게 구별되는 주황색으로 정했다.

챌린저 사고 이후 주황색 우주복 채택

1986년에 일어난 우주 왕복선 챌린저 폭발 사고 이후 발사 시와 귀환 시 착용하는 주황색 우주복이 개발되었다. 이 주황색은 항공 업계와 우주 산업에서 채택되어 '인터내셔널 오렌지(international orange)'라는 색조 코드까지 붙었다.

선외 활동용 우주복은 하얀색

선외 활동과 월면 활동 때는 흰색(또는 은색) 우주복을 착용한다. 새까만 우주 공간에서는 흰색이 가장 두드러지고, 해가 드는 곳에서는 섭씨 120도까지 올라가는 우주 공간에서 일광을 반사해 우주복이 일정 온도 이상 올라가지 않게 해주기 때문이다.

선외 활동 중인 우주 비행사

하루에 몇 개의 항성이 탄생할까?

| 하루에 탄생하는 별의 개수 이야기 |

가스의 수축으로 별이 생성되는 방식은
우주의 장소와 시대에 따라 다르다.

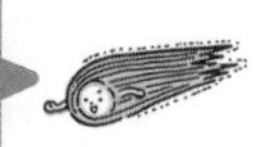

세 가지만 알면 나도 우주 전문가!

별의 수를 세는 법

1년간 탄생한 별의 총질량을 태양 질량 단위로 측정한다. 관측 결과 약 100억 년 전에 정점을 맞이해 현재 10분의 1 수준이 되었다. 한 변이 1,000만 광년인 정육면체 안에 0.3태양 질량 정도다. 우주의 크기를 한 변이 700억 광년인 정육면체로 본다면 1년에 1,000억 태양 질량, 하루에 3억 태양 질량 정도다.

평균 계산으로는 한계가 있다

이 관측 결과는 우주 공간을 평균으로 계산한 수치다. 대부분의 별이 태어나는 은하의 분포는 그림처럼 듬성듬성한 '거품'과 같은 구조를 이룬다. 평균을 다루기보다 각 은하의 '출생률' 수치를 고려해야 한다.

우리은하계는 상당히 활발

지름이 10만 광년인 우리은하가 한 변이 3만 광년인 정육면체의 부피를 지녔다고 가정하면 평균 연 0.00000001태양 질량이 된다. 그런데 실제로는 수 태양 질량이 만들어진다. '저출산·고령화' 현상이 진행 중인 은하도 있다.

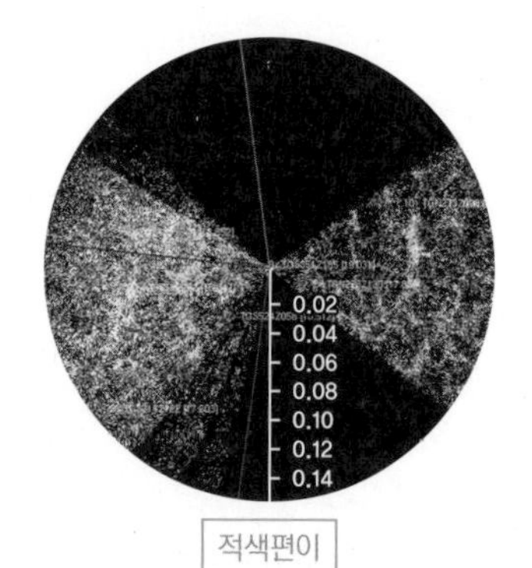

우주 대규모 구조 / 은하의 공간 분포

우주의 종말은 어떻게 올까?

|우주의 종말 이야기|

팽창이 유지되면서 확장하면
동결하거나 뿔뿔이 흩어진다는 가설이 유력하다.

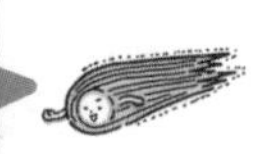

세 가지만 알면 나도 우주 전문가!

팽창의 최종 모습

최근 관측으로는 우주 팽창의 가속이 커지고 있다. 여기에는 암흑 에너지가 관여하는 것으로 추정된다. 이 연장선상에서 도달하게 될 모습을 그려보는 것은 여러모로 의미가 있다(Day 126 참고).

대동결 모델과 대파열 모델

현재 수준으로 계속 팽창하면 마침내 각 은하는 독립하고, 가속도의 증가 정도에 따라 나타날 모델로 '대동결(Big Freeze)' 모델과 '대파열(Big Rip)' 모델이 제안되었다.

거듭되는 가속 팽창의 결과

가속 팽창을 거세게 거듭하면 이윽고 시공 자체가 파열되어 은하도 별도 아무런 구조가 남지 않는다. 팽창으로 힘이 작용하지 않는 상황이어서 최종적으로는 물체를 구성하는 원자와 원자핵도 부풀어 파열된다. 팽창 속도가 힘의 전달 속도를 웃돌면 힘과 그에 따른 결합 상태를 유지할 수 없다.

【팽창하는 우주】

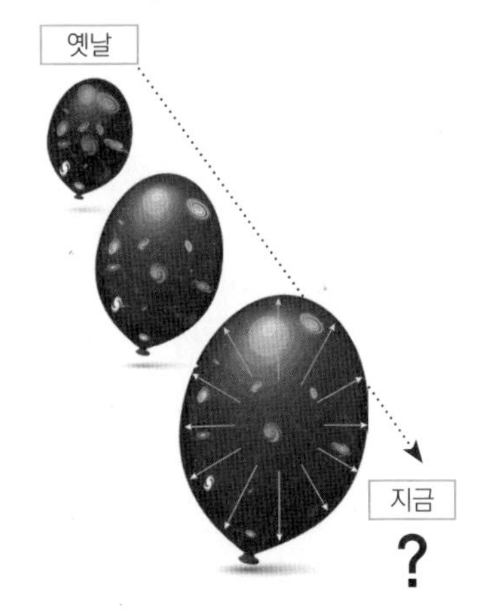

우주는 다시 수축할까?

|우주의 수축 이야기|

우주 팽창은 어느 순간 멈추며 수축한다는 가설도 학계에서 뿌리 깊은 지지를 받고 있다.

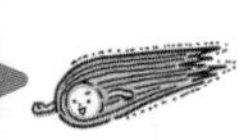

세 가지만 알면 나도 우주 전문가!

대함몰 가설

우주의 팽창이 어느 순간 멈추고 중력의 작용으로 다시 수축한다는 '대함몰(Big Crunch) 가설'도 유력하다. 빅뱅 상태로 되돌아간다고 할 수 있다. 우주 마이크로파 배경의 파장이 점점 짧아져 초고온이 되며 빛을 내고 한 점으로 찌그러져 종말을 맞이한다는 가설이다.

팽창에서 수축으로 가는 변환점

원래대로 돌아간다는 모델에는 변환점이 필요하다. 현재 급속히 팽창 중이어서 이 가설을 판정하기에는 우주가 너무 젊을 수도 있다. 수축하는 과정은 블랙홀 내부의 상황과 흡사하다(Day 178 참고).

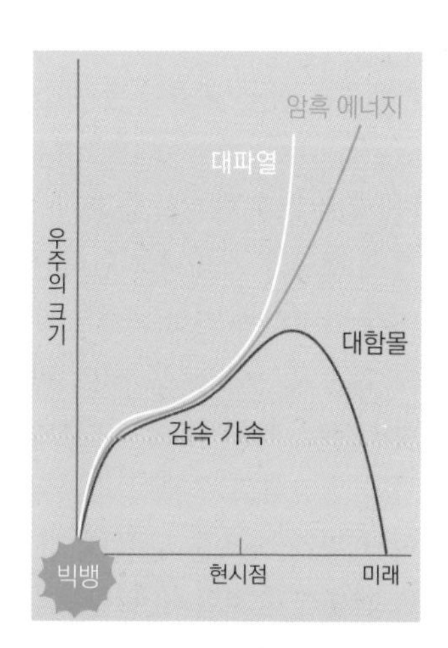

모르는 부분이 너무 많다!

현재 은하의 움직임 등으로 암흑 에너지의 존재가 유력해지고 있다. 알고 있는 에너지보다 양적으로 크다고 한다(Day 126 그림 참고). 우주의 팽창에서 수축으로 전환되는 메커니즘을 규명하려면 해결해야 할 과제가 많다.

빅 바운스 이론이 뭘까?

|우주의 진동 이야기|

대함몰 후 수축으로 찌그러진 한 점에서
팽창으로 전환된다는 이론이다.

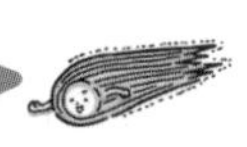

세 가지만 알면 나도 우주 전문가!

출발점으로 되돌아오는 우주

대함몰과 빅뱅은 반대 현상이라서 '반동(bounce)'이라고 할 수도 있다. 그리고 수축과 팽창을 주기적으로 반복한다는 이론이 탄생했다. 이를 '빅 바운스 이론(Big Bounce Theory)'이라고 한다.

팽창에서 수축으로의 변환은 특이점

이 변환점은 밀도가 무한대다. 시간과 공간 안에서 십자가 끝처럼 뾰족해져 이론적인 계산으로는 밀도 등의 양이 무한대로 커져 인간의 이해를 넘어선다.

특이점을 집어삼켜 주위와 연결한다

이 단계에서 특이점의 꼭짓점을 둥글게 해서 주위와 부드럽게 연결하려는 시도가 이루어졌다. 시간과 공간을 뒤섞는 숫자의 조작이다. 우주의 시작이라는 점이 특이점이 아니라 수많은 우주의 발생으로 이어진다는 방향으로 인간의 상상력이 확장되고 있다. 물리학자 스티븐 호킹(Stephen Hawking)이 뾰족한 특이점을 둥글게 하는 이론의 중심 역할을 했다.

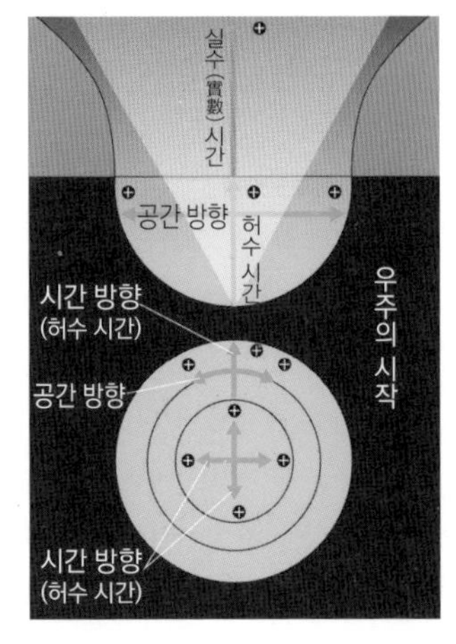

입자와 반입자는 왜 대칭으로 발생할까?

|빛의 입자 창조 이야기|

에너지를 지닌 공간 안의 빛 덩어리가
진동으로 입자를 낳기 때문이다.

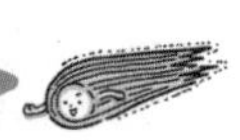

세 가지만 알면 나도 우주 전문가!

폭발 중인 공간에 존재하는 빛

빅 바운스 이론에서는 에너지가 극도로 높은, 즉 파장이 짧은 빛으로 충만하다. 그 온도가 섭씨 1,000조 도(10^{15}K)인 경우, 방사 온도를 견디는 빛의 파장은 약 10^{-24}미터다.

빛은 질량이 있는 입자를 대발생(對發生)시킨다

양자론에 따르면 이처럼 고에너지의 빛으로 충만한 공간에서 광자는 입자와 반입자를 대칭으로 발생시켜 사라져간다. 여기서 말하는 입자는 '질량'이라는 운동성 제한이 생겨 빛처럼 광속으로 움직이지 않는다.

전자와 양전자

섭씨 1조 도 정도에서는 빛의 파장이 10-21미터로, 광자가 전자와 양전자를 대발생시킨다. 각각의 전하는 같은 크기에서 부호가 반대라서 보존(총량 0)된다. 전하 사이에서는 전기적인 쿨롱의 법칙(Coulomb's law)이 발생하는 동안만 작용한다. 정전하와 부전하의 대발생 이론은 반도체·전자공학에도 널리 활용된다.

물질과 반물질 우주가 뭘까?

|반물질 우주가 생기지 못한 이야기|

우리가 사는 물질 우주는 대발생, 대소멸에서 밀려난 물질로 만들어졌다는 이론이다.

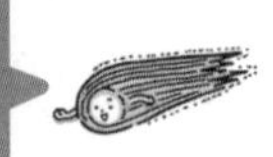

세 가지만 알면 나도 우주 전문가!

입자와 반입자는 결합해서 사라지는 순간 어긋난다

광자로 대발생한 입자와 반입자는 완전한 대칭성이 있으면 모조리 대소멸한다. 하지만 '대칭성의 파괴'로 생겨난 오차로 입자가 살아남는다. 대칭성 파괴는 관측 사례가 존재해 이론적 증거도 있다(고바야시 마코토와 마스카와 도시히데, 2008년 노벨 물리학상 수상).

미세한 어긋남으로 생긴 물질 우주

대발생 과정에서 약 10억 쌍 중 1쌍만 입자·반입자로 존재하는 동안 한쪽이 단독으로 소멸해 빛으로 돌아가지 못하고 남겨진다. 남은 쪽을 '정상적인 입자'라고 한다. 이 정상적인 입자가 우리가 사는 물질 우주를 만든다.

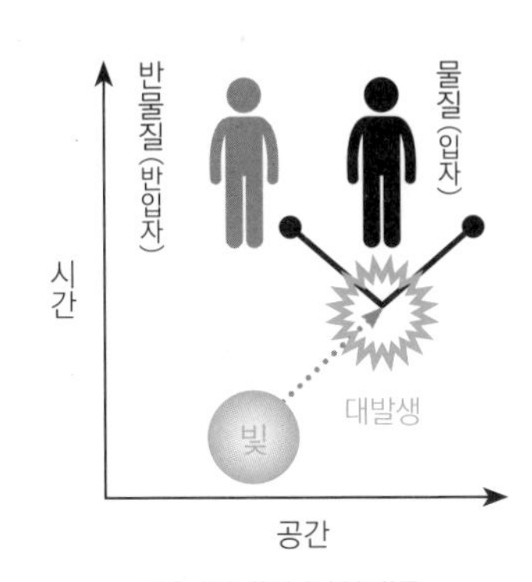

빛은 '입자'와 '반입자'를 대칭으로 발생시키는데, '입자'만 '물질'이 되어 '우주'까지 성장하고 '반물질'은 소멸한다.

우주는 틈투성이

'정상적인 입자'가 만드는 물체가 존재하는 것은 극소수다. 하지만 그 예외적 존재가 별이 되고 성단이 되어 물질 우주를 만든다. 물론 우리 몸도 만든다. 반입자는 '반물질', '반물질 우주'까지 성장하지 못한다.

Day 300

상대성 이론으로 무엇을 알 수 있을까?

|우주를 표현하는 이론 이야기|

우주에서는 광대한 공간과 시간 안에서
만유인력이 작용하는 것을 관측할 수 있다.

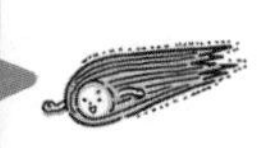

세 가지만 알면 나도 우주 전문가!

1905년에 특수 상대성 이론 발표

아인슈타인은 빛을 타고 빛을 보면 어떨지 궁금했다. 이 궁금증에서 출발해 '어떠한 상황에서도 광속을 일정하게 유지해야 한다'라고 결론 내리고, 공간과 시간의 관계를 뉴턴 역학과 별도로 재정의했다. 공간과 시간은 뒤섞여 있다는 이론이다.

일반 상대성 이론은 수학자와 함께 만들었다

가속도와 중력을 같은 것으로 치고 시간과 공간을 통일적으로 구부렸다. 가속도를 가진 시스템은 중력이 작용하는 공간으로 묘사하는 것과 구별할 수 없음을 밝혔다. 현대에는 GPS 등 응용 분야에서 널리 활용되는 이론이다.

양자론은 시간, 공간의 최소 단위

우주의 기원 탐구에서는 공간, 시간의 최소 단위가 문제가 된다. 흔들림의 기점이기도 하다. 그 언저리를 연구하는 학문이 '양자론'이다. 일반 상대성 이론과 양자론을 결합한 통일장 이론(Unified Field Theory)은 아직 완성되지 않았다.

지면을 가장 깊이 판 구멍은 어디일까?

|지면의 구멍 이야기|

러시아 북서부의 콜라반도 초심층 시추공이
깊이 약 12킬로미터로 가장 깊다.

세 가지만 알면 나도 우주 전문가!

콜라반도 초심층 시추공

콜라반도의 초심층 시추공은 구소련에서 지질 구조와 지하자원 조사 및 개발을 위해 굴착한 구멍이다. 1970년 미국과 소련의 치열한 우주 개발 경쟁 당시 굴착을 시작해 1989년에 약 12킬로미터까지 도달했다.

지하 온도는 지형에 따라 다르다

북극점의 사막인 콜라반도에서 굴착한 지하 약 12킬로미터 시추공의 온도는 섭씨 205도였다. 일본 니가타현(新潟県)에서 자원 조사 목적으로 파내려간 6,310미터 시추공은 섭씨 210도였다. 일본은 화산이 많아 지하 온도가 높다.

지각이 얇은 해저 맨틀 굴착 계획도

일본은 2007년에 지구 심부를 조사하기 위해 건조한 해양 시추선을 이용해 해저 맨틀 굴착 계획을 추진했다. 해저에서 865.5미터를 굴착해 해면에서부터 깊이 7,740미터가 해저 세계 최심(最深) 기록이다.

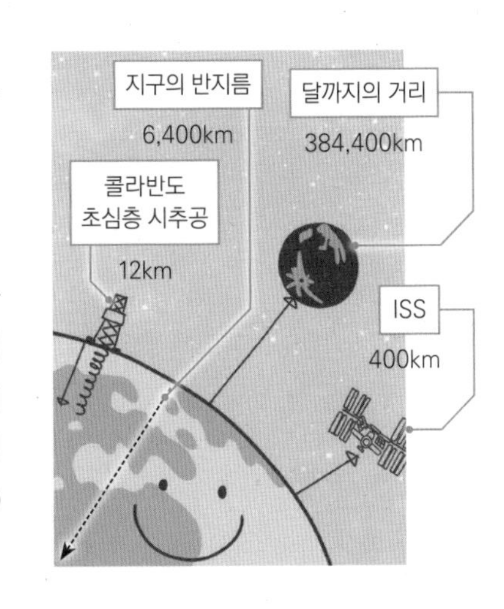

지구를 덮고 있는 판은 무엇일까?

|지구의 판 이야기|

지구는 맨틀 위를 서서히 이동하는 대륙판과 해양판으로 덮여 있다.

세 가지만 알면 나도 우주 전문가!

두꺼운 대륙판과 얇은 해양판

지구의 표면을 덮은 지각과 맨틀 가장 윗부분은 판(plate)이라는 암반으로 이루어져 있다. 두꺼운 대륙판과 해저의 얇은 해양판이 있는데, 두께는 수십에서 200킬로미터에 이른다. 크게 10여 장의 판으로 나뉘어 있다.

판끼리 충돌하고 엇갈린다

가장 큰 대륙판은 유라시아판이다. 해양판에서는 태평양판이 최대다. 판은 해저의 산맥(해령)에서 탄생해 심해저의 좁고 긴 고랑(해구)으로 서서히 가라앉으며 이동한다. 그 과정에서 충돌하고 엇갈리며 지각 운동을 일으킨다. 태평양판은 일본 주변에서 북서 방향으로 연간 8~10센티미터 속도로 움직인다.

판의 마찰로 발생하는 화산 활동과 지진

네 개의 판 충돌부인 일본 열도는 북미·유라시아판 사이에 끼여 태평양·필리핀해판의 침하로 압축되며 마찰이 발생해 화산 활동과 지진이 자주 일어난다.

대륙이 정말 움직일까?

| 대륙 이동의 증거 이야기 |

대륙이 올라가 있는 판이 맨틀의 대류로 움직이고 있다.

세 가지만 알면 나도 우주 전문가!

상황 증거로 추정한 대륙 이동설

최초의 대륙 이동설은 1921년에 독일의 알프레트 베게너가 발표했다. 세계 지도의 대륙 형태를 보면 퍼즐처럼 맞출 수 있고, 떨어진 두 개의 대륙에서 같은 생물의 화석이 발견되며, 남극점이 이동한다는 등 상세한 증거로 가설을 세웠다.

맨틀 대류와 판 구조론

베게너의 발표 이후 지구 내부 구조가 하나둘 해명되며, 맨틀이 대류를 원동력으로 삼아 판마다 대륙이 이동한다는 이론으로 발전했다. 이것이 대륙 이동을 설명하는 대표적 지질학 이론인 판 구조론(plate tectonics)이다.

전파 천문학과 지진 연구로 해명

전파 천문학 관측으로 하와이가 1년에 몇 센티미터씩 일본에 가까워지고 있다는 사실이 밝혀졌다. 또 지진 연구로 판의 이동 방향은 맨틀 내부 고온 부분의 상승과 저온 부분의 하강이 원인이라는 플룸 구조론(Plume tectonics)으로 발전했다.

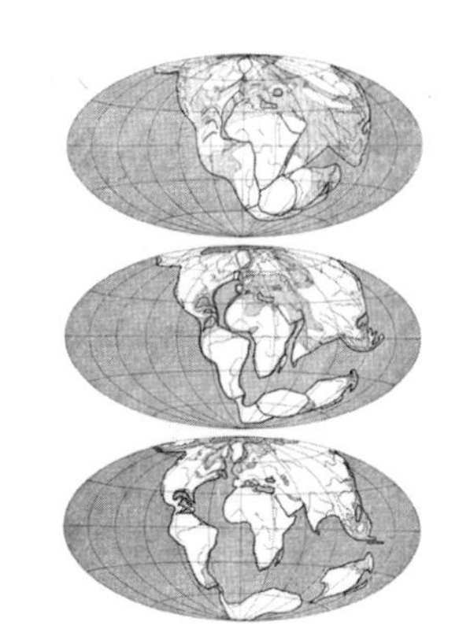

알프레트 베게너의 저서
『대륙과 해양의 기원』 제4판(1929)에서

Day 304 지구 | 지구의 대륙

옛날에는 대륙이 하나였을까?

|판게아 이야기|

맨틀의 대류로 대륙이 충돌하거나 밀리며 분리되는
지각 현상이 반복된다.

세 가지만 알면 나도 우주 전문가!

'모든 대륙'이라는 뜻의 판게아

1912년에 대륙 이동설을 발표한 알프레트 베게너는 옛날에는 대륙이 하나였다는 가설을 세우고, 그리스어로 모든 대륙이라는 뜻의 '판게아(Pangea)'라고 이름 붙였다. 현재는 약 3억 년 전에 판게아가 생겼고, 약 2억 년 전에 여섯 개로 나누어지기 시작했다는 부분까지 밝혀냈다. 그리고 2억 5,000만 년 후까지 아마시아(Amasia = America+Asia) 대륙이 생길 거라는 가설이 제기되기도 했다.

5억~8억 년마다 대륙이 모였다

지상에는 유라시아, 아프리카, 남·북아메리카, 오스트레일리아, 남극, 이렇게 여섯 개 대륙이 있는데, 지금도 계속 이동 중이다. 지금까지 적어도 세 차례, 약 5억~8억 년마다 대륙이 하나로 모였을 것으로 추정된다.

대륙 이동을 슈퍼컴퓨터로 재현

일본해양연구개발기구(JAMSTEC)는 슈퍼컴퓨터를 이용한 맨틀 대륙 계산기 시뮬레이션으로, 판게아에서 현재까지의 대륙 이동 양상을 세계 최초로 재현했다.

대륙이 하나로 이어져 있던 시절의
판게아 대륙

지구에도 충돌구가 있을까?

|지구의 충돌구 이야기|

약 180개의 운석이 충돌해서 만들어진 충돌구가 발견되었는데, 3분의 1은 묻혀 있다.

세 가지만 알면 나도 우주 전문가!

묻히며 사라진 운석 충돌 구덩이

달의 충돌구처럼 운석 충돌로 생긴 구덩이는 지구에서 해저를 포함해 약 180개 발견되었다. 하지만 그중 3분의 1은 지각 이동과 풍화로 묻혔다. 달의 충돌구가 사라지지 않고 남은 것은 달에 비바람이 없기 때문이다.

일본의 운석 충돌구도 국제적으로 인정

운석 충돌로 생긴 충돌구로 인정받으려면 강력한 충격의 흔적과 운석 물질 등의 증거가 필요하다. 일본 나가노현(長野県) 오이케야마산(御池山) 충돌구는 2003년 운석 시료 감정을 마쳐 국제적으로 인정받았다.

칼레라도 충돌구?!

충돌구(crater)는 입구가 넓고 바닥으로 갈수록 좁아지는 그리스 양식의 그릇 크레타르(cretar)에서 이름을 따왔다. 운석 충돌뿐만 아니라 핵폭탄 실험과 화산 활동으로 생긴 구덩이도 '충돌구'라고 한다. 그래서 분화로 생긴 칼데라(caldera, 스페인어로 '가마솥'을 뜻함)도 화산성 충돌구라고 할 수 있다.

충돌구의 유래가 된 그리스의 크레타르

Day 306

암석은 어떻게 만들어질까?

|암석의 생성 이야기|

생성 방식의 차이에 따라 화성암, 퇴적암, 변성암으로 나뉜다.

세 가지만 알면 나도 우주 전문가!

마그마에서 생긴 광물이 모여 만들어진 화성암

'암석 행성'으로 분류되는 지구는 지각의 95퍼센트 이상이 마그마에서 생긴 화성암이다. 마그마가 급격히 식으며 굳어 광물 결정의 크기가 들쭉날쭉한 암석이 화산암이다. 마그마가 지하 깊은 곳에서 천천히 식으며 굳어서 결정의 크기가 고르면 심성암이다.

토사가 쌓여 지층을 형성한 퇴적암

퇴적암은 물속에서 토사가 밀려 올라오며 뭉쳐 지층을 형성하는 경우가 많아 화석이 발견되기도 한다. 진흙과 모래 등 입자 크기와 화산암에서 응회암, 석회질 산호 등으로 이루어진 석회암처럼 생성 당시 성분으로 분류된다.

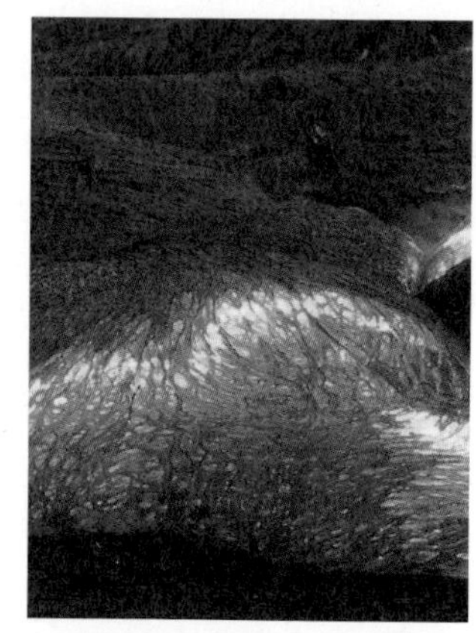

하와이 킬라우에아 화산의 용암

열과 압력 등 변성 작용을 받은 변성암

화성암과 퇴적암이 열, 압력, 운석 충돌 등으로 성분과 성질이 변성된 암석이 변성암이다. 띠 모양의 변성대 지역 변성암을 연구해 지구판 구조 운동의 역사가 해명되고 있다.

흙은 어떻게 만들어질까?

| 흙의 생성 이야기 |

물리·화학·생물학적 풍화로 생기며 암석과 생물로 이루어져 있다.

세 가지만 알면 나도 우주 전문가!

암석이 물리적 풍화로 인해 모래로 변화

풍화는 암석이 긴 세월에 걸쳐 자연의 작용으로 흙이 되는 현상이다. 지구가 탄생한 약 45억 년 전에는 흙이 없었고, 마그마가 식어 굳으면서 생긴 지표의 암석이 일사, 비바람, 온도 변화 등 자연의 힘으로 부서지고 깎여나가 서서히 모래로 변화했다.

화학적 풍화로 점토가 되기도

모래로 변화한 암석이 산성수와 지열 등의 화학적 풍화로 결정화해 점토가 되기도 했다. 그리고 암석과 모래가 점토 사이에 녹아 나온 미네랄 등을 양분으로 삼아 이끼류와 미생물 등이 서식하기 시작했다.

생물적 풍화로 '부식토'가 증가하며 완성

이끼류와 미생물 그리고 그 사체가 증가하자 이를 양분으로 삼는 생물학적 풍화가 진행되었다. 동식물의 사체가 분해된 '부식토'가 모래, 진흙과 함께 부식토가 되어 지구는 흙으로 덮인 대지가 되었다. 흙의 원천인 암석을 '모암(母巖)'이라고 하며, 화산재와 식물 사체까지 포함해서 흙의 '모재(母材)'라고 한다.

수성의 표면은 왜 충돌구투성이일까?

|수성의 충돌구 이야기|

수성에는 대기가 거의 없어 충돌구가 온전히 보존된다.

세 가지만 알면 나도 우주 전문가!

수성은 태양계에서 가장 작고 태양에 가까운 행성

수성은 질량과 지름 모두 태양계 최소 행성이다. 질량은 지구의 약 18분의 1, 지름은 지구의 약 5분의 2(달의 약 3분의 1)이다. 태양과의 평균 거리는 약 5,800만 킬로미터로 지구의 약 3분의 1이다. 태양과 가장 가까운 행성이다.

대기가 매우 얇아 운석이 지표에 도달하기 쉽다

질량이 작아 중력도 작고(지구의 약 3분의 1), 태양에 가까워 지표가 고온(지표 온도는 최고 섭씨 400도 이상)이며, 대기가 수성의 중력에서 달아났다. 수성의 대기는 매우 얇아 운석이 수성의 지상까지 도달하기 쉽다.

풍화와 침식이 없어 충돌구가 잘 보존된다

대기가 없으면 풍화와 침식 작용이 일어나지 않는다. 그래서 운석이 지표에 충돌해서 만들어진 충돌구 지형의 형태가 깎여나가지 않고 약 40억 년 동안 수성 표면에 온전하게 보존되어 있었다. 지름이 약 1,550킬로미터나 되는 칼로리스 분지는 수성 지름의 약 4분의 1 가까이 된다.

수성의 충돌구

별 우주 지구 행성 태양 달 은하 우주개발

금성과 지구는 왜 크기가 다를까?

|금성 이야기|

태양까지의 거리가 두 행성의 운명을 결정했다.

세 가지만 알면 나도 우주 전문가!

'쌍둥이별'인 지구와 금성의 거리 차

태양에서 두 번째로 가까운 금성은 지구 바로 안쪽에서 공전한다. 지름은 지구의 약 95퍼센트, 질량은 지구의 약 82퍼센트로 지구를 빼닮아 '쌍둥이별'로 불린다. 다만 태양과의 평균 거리는 지구보다 약 4,200만 킬로미터 가깝다.

태양에 가까워 고온이 된 금성

이 거리 차이로 금성의 환경은 지구와 완전히 달라졌다. 가령 금성에는 이산화탄소를 주성분으로 하는 매우 두꺼운 대기가 존재하는데, 이 대기의 온실 효과로 표면은 밤이나 낮이나 최고 온도가 섭씨 470도다.

금성

두껍고 진한 황산 구름에서 비가 내린다

대기압은 지구의 약 90배나 된다. 대기 중에는 두꺼운 황산 구름이 있고, 그 구름에서 황산 비가 내린다. 과거에 존재했을 것으로 추정되는 물은 이제 존재하지 않는다. 지구에서 볼 때 아름답게 빛나 보이는 것은 두껍고 진한 황산 구름의 태양광 반사율이 높기 때문이다. 실제로는 이글이글 불타오르는 행성이다.

지구

화성은 왜 불그스름해 보일까?

|화성의 표면 이야기|

화성의 표토(表土)가 붉은 산화철로 이루어져 있기 때문에
불그스름하게 보인다.

세 가지만 알면 나도 우주 전문가!

옛날부터 붉은 별로 관찰되어 온 화성

붉은 별로 관찰되어 중국 고대 철학인 오행설에 따라 '화성(火星)'이라고 부르게 되었다. 화성을 천체 망원경으로 관찰하면 밝고 불그스름한 색의 표면과 흐릿하고 어슴푸레한 표면이 보이는데, 그 표면의 무늬가 조금씩 변화하고 있다.

화성의 표면이 불그스름한 것은 산화철 때문

화성의 표면은 70퍼센트 이상이 불그스름한 흙으로 덮여 있다. 1976년에 탐사선 바이킹이 화성의 모래와 흙을 정밀 분석한 결과 철 산화물(녹슨 철)의 붉은색 성분 때문이라는 사실이 밝혀졌다.

모래 폭풍으로 붉은 무늬가 변화한다

화성의 대기는 지구의 약 100분의 1 이하로 매우 얇은 데다 대부분 이산화탄소로 이루어져 있다. 강한 바람과 모래 폭풍으로, 지구에서 관찰하면 화성의 표면 무늬가 변화하는 것을 볼 수 있다. NASA는 2020년에 발사한 화성 탐사선 퍼서비어런스(Perseverance)가 기록한 화성 사진과 소리를 공개하고 있다.

화성에 물이 있다는 말이 사실일까?

|화성의 물 이야기|

과거에 물이 흘러서 형성된 지형이 존재하며,
최근에 탐사선이 물을 검출했다.

세 가지만 알면 나도 우주 전문가!

화성에는 과거에 물이 존재했다

수십억 년 전에는 화성에 액체 상태의 물로 이루어진 강과 연못이 존재했고, 미생물이 서식할 정도의 환경이었을 것으로 추정된다. 물이 흘러 형성된 구불구불한 하천 같은 지형과 계곡, 삼각주 등이 관측되고 있다. 그러나 현재는 액체 상태의 물이 존재하지 않는다.

물은 어디로 갔을까?

화성의 대기가 점점 얇아짐에 따라 기온이 상승해 물이 증발했고, 중력이 작아 우주로 날아갔으며, 광물로 표면에 흡수되었다고 여겨진다. 다만 극지방에 있는 극관에는 얼음으로 일부 존재한다. 두께 1.5킬로미터인 극관의 얼음을 채굴할 수 있는 탐사 기술 개발이 필요하다.

탐사선이 관측해 물 검출

지금까지 액체 상태의 물은 검출되지 않았으나 NASA와 유럽우주국(ESA)의 탐사선이 관측해 물과 물을 암시하는 물질을 검출했다. 20억 년 전에는 화성에 물이 존재했다는 증거를 발견해 2021년에 발표했다.

화성에 정말 태양계 최대 화산이 있을까?

|화성의 화산 이야기|

화성에 있는 올림푸스산은 태양계 최대 화산이다.

세 가지만 알면 나도 우주 전문가!

화성에 있는 거대 화산

화성의 북반구에 펼쳐진 평원에서 거대한 화산이 발견되었다. 완만한 경사면을 형성한 '순상 화산(楯狀火山, shield volcano)' 형태다. 그중에서 가장 거대한 올림푸스산(Olympus Mons)은 타르시스(Tharsis) 화산 지대에 있다.

올림푸스산은 초거대 화산

올림푸스산은 주위 평지를 기준으로 높이 약 25킬로미터, 산 전체의 지름 약 700킬로미터에 이르는 거대 화산이다. 정상에 있는 칼데라 화구는 지름이 약 70킬로미터나 된다. 높이를 기준으로 하면, 올림푸스산은 해발 고도 8,848미터인 에베레스트산의 약 세 배다. 최신 연구에서 올림푸스 화산이 너비 7,000킬로미터의 초거대 화산체의 일부라는 가설이 제기되기도 했다.

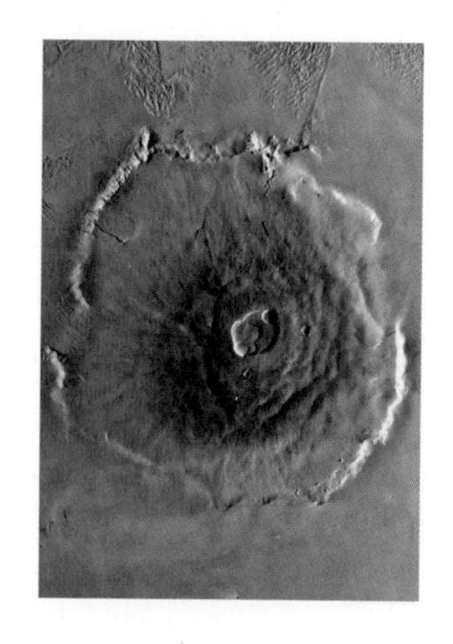

화성의 화산은 모두 휴면 상태

화성의 화산은 모두 10억 년 이상 전에 활동을 중지한 것으로 추정된다. 화산 활동 상황에 대한 추가 조사가 필요하다.

목성에는 위성이 몇 개나 있을까?

|목성의 위성 수 이야기|

현재 약 80개의 위성이 발견되었다.

세 가지만 알면 나도 우주 전문가!

약 400년 전 갈릴레이의 관측으로 발견

갈릴레이 위성은 1610년 갈릴레오 갈릴레이가 직접 만든 천체 망원경으로 목성 주변에서 발견한 네 개의 위성을 말한다. 그 후 관측 기술의 발전과 탐사선 관측으로 2021년까지 80개의 위성이 발견되었다. 2018년에만 12개가 발견되었다.

갈릴레이 위성은 천체 망원경으로 볼 수 있다

갈릴레이 위성은 목성의 위성 중에서도 큰 편이다. 반지름이 1,600~2,600킬로미터로 달과 거의 맞먹거나 그 이상이다. 모두 목성의 적도면 안을 공전하며, 목성에 가까운 순서대로 이오(Io), 유로파(Europa), 가니메데(Ganymede), 칼리스토(Callisto)라고 한다.

추가 발견이 예상된다

갈릴레이 위성을 제외한 약 60개의 위성은 지름이 10킬로미터 미만으로 매우 작다. 관측 기술이 향상되면 수십 개에서 수백 개의 위성이 더 발견될 것으로 예상된다. 목성은 거대한 위성 집단을 거느리고 있다. 참고로, 토성의 위성은 80개가 넘는다(2021년 기준).

Day 314

목성 위성의 표면은 어떤 모양일까?

|목성 위성의 표면 이야기|

이오의 표면은 화산 분출물, 유로파의 표면은 두꺼운 얼음으로 덮여 있다.

세 가지만 알면 나도 우주 전문가!

활발한 화산 활동이 관측되는 목성의 제1위성 이오

미국의 탐사선 보이저와 갈릴레오가 60~300킬로미터 높이까지 유황과 이산화황으로 이루어진 재와 연기를 내뿜는 활화산을 몇 개나 발견했다. 화산 분출물이 계속 축적되어 이오에서는 충돌구가 발견되지 않았다.

목성의 제2위성 유로파

유로파의 표층은 적어도 두께 3킬로미터에 이르는 얼음으로 덮여 있고, 그 아래에 액체 상태의 물이 존재한다는 증거가 발견되었다. 표면의 검은 막 무늬 얼음이 갈라진 틈으로 하층의 암석과 가스가 분출될 것으로 추정된다.

목성의 제1위성 이오

갈릴레이 위성 표면의 모습

목성의 제3위성 가니메데의 표면은 지각 변동이 적은 면과 얼음으로 이루어진 면으로 나뉜다. 제4위성인 칼리스토의 표면은 두께 200킬로미터 정도의 얼음층으로 덮여 있는데, 그 얼음층 아래에 지하 바다(액체 상태 물)가 존재할 가능성이 제기되고 있다.

1등성과 2등성이 뭘까?

|별의 밝기 이야기|

등급은 별의 밝기를 나타낸다.
1등급부터 6등급까지 있으며 숫자가 작을수록 밝다.

세 가지만 알면 나도 우주 전문가!

별의 밝기를 숫자로 나타낸다

밤하늘의 별을 올려다보면 밝은 별부터 어두운 별까지 다양한 밝기의 별이 존재한다. 이런 별들을 밝기로 분류한 것이 별의 '등급'이다. 지금으로부터 약 2,200년 전에 시작되었다.

히파르코스가 시작했다

그리스의 천문학자 히파르코스(Hipparchos)가 밝은 별을 1등성, 어두운 별을 6등성이라고 분류했다. 당시 사람이 맨눈으로 볼 수 있는 별을 대상으로 했다. 현재 전체 천체에서 6등성까지 약 8,600개가 있는데, 그중에서 1등성은 21개다.

정밀하게 측정해서 등급을 정한다

현재는 별의 밝기를 정밀하게 측정한다. 6등성보다 어두운 별도 있고 1등성보다 밝은 별도 있다. 계산으로 산출해 마이너스가 붙는 등급도 있다. 가장 밝은 항성은 큰개자리의 시리우스로 −1.44등급이다. 1등성 별은 2등성 별의 2.5배, 6등성 별의 100배 밝기다.

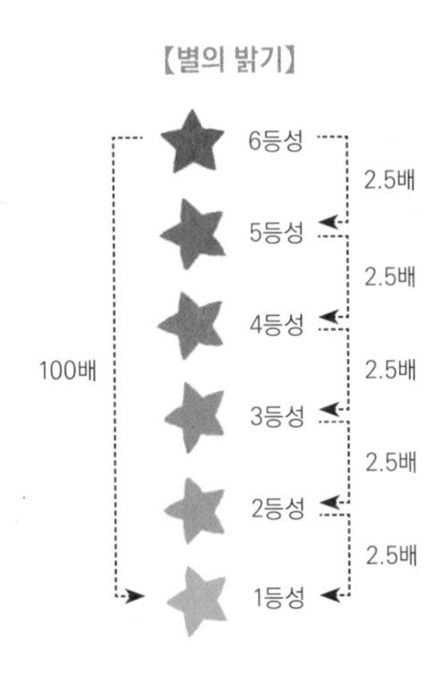

절대 등급이 뭘까?

|별의 실제 밝기 이야기|

절대 등급은 같은 거리에 두었을 때 별의 밝기를 나타낸 것이다.

세 가지만 알면 나도 우주 전문가!

태양과 북극성을 비교하면 태양이 밝다

태양의 겉보기 등급은 -27등급으로 매우 밝다. 한편 지구에서 448광년 위치에 있는 북극성은 2등급으로 태양보다 훨씬 어둡다. 이는 북극성보다 태양이 지구에 훨씬 가깝기 때문이다.

절대 등급은 별의 실제 밝기

별과의 거리가 가까우면 밝고 멀면 어둡다. 그래서 실제 별의 밝기가 어느 정도인지 가늠할 수 없다. 별을 일정 거리(10파섹)에 두었을 때 밝기를 계산한 수치가 절대 등급이다.

절대 등급으로 비교하면 북극성보다 태양이 더 어둡다

태양과 북극성을 절대 등급으로 비교하면 북극성은 -3.6등급이고 태양은 4.8등급이다. 따라서 태양이 훨씬 어둡다. 여러 항성의 절대 등급을 분석하면 항성의 성질을 알 수 있다. 절대 등급 계산법은 별의 위치와 종류에 따라 다양하다.

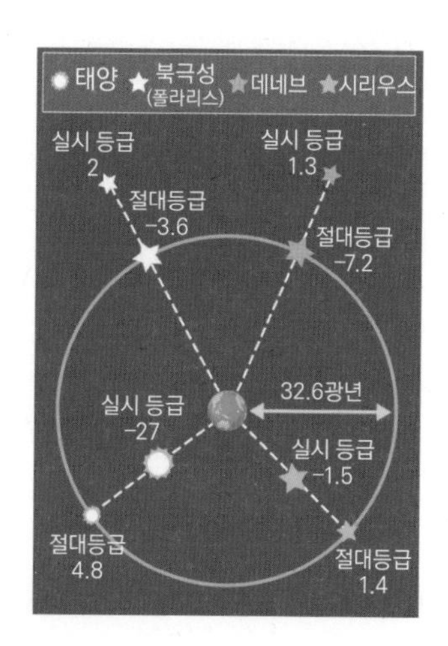

Day 317 별 | 천문학

별의 밝기를 무엇으로 결정할까?

|별의 밝기 이야기|

항성은 온도와 크기, 지구로부터의 거리로 밝기가 달라진다.

세 가지만 알면 나도 우주 전문가!

항성은 온도가 높으면 밝다

항성은 온도와 색으로 알 수 있다. 흰색에 가까울 정도로 푸른 별이 온도가 가장 높다. 흰색, 노란색, 빨간색으로 갈수록 온도가 낮아진다. 온도가 가장 낮은 별은 약 4만 K 이상, 가장 높은 별은 2,500K다. 온도가 높으면 에너지를 많이 방출하기 때문에 밝다.

항성은 클수록 밝다

온도(색의 유형)와 절대 등급의 관계를 그림으로 나타낸 등급도를 '헤르츠스프룽·러셀도(Hertzsprung-Russell diagram)' 또는 '색 등급도'라고 한다. 그림 한가운데 부근에 대부분의 별이 들어가 있는데 이 별들을 '주계열성(main sequence star)'이라고 한다.

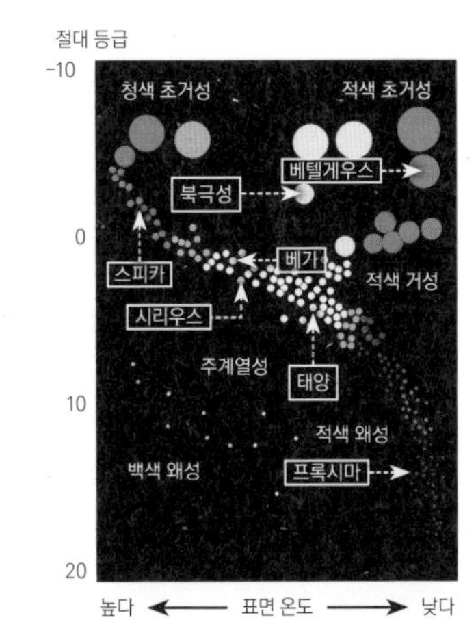

항성은 가까우면 밝다

지구와 가장 가깝고 주계열성보다 더 중앙 부근에 있는 태양은 가까워서 밝아 보인다. 백조자리의 데네브는 태양보다 실제로 약 4만 7,000배 밝지만 엄청 멀리 있어 더 어둡다.

달까지의 거리를 어떻게 측정할까?

|달까지의 거리 측정 이야기|

삼각 측량과 중력 가속도, 레이저 측량 등으로 거리를 잴 수 있다.

세 가지만 알면 나도 우주 전문가!

달까지의 거리는 삼각 측량으로 구할 수 있다

2,200년 전 히파르코스는 정밀한 측량으로 달과 지구의 거리를 계산했다. 달이 수평선에서 나올 때 같은 시각에 남중하는 지점과의 거리로 구해 35만 4,000킬로미터라고 계산했다. 실제로는 약 38만 킬로미터로 근사치에 가깝다.

달의 공전 궤도로도 구할 수 있다

케플러의 행성 운동 제3법칙을 사용하면 달의 공전 주기를 정밀하게 구해 달까지의 거리를 계산할 수 있다. 중력에 따른 가속도와 지구의 반지름을 알면 지구의 중심에서 달까지의 반지름을 계산할 수 있다. 17~20세기에 학계에서 주류를 이룬 방법이다.

현재는 레이저로 정밀하게 측정

현재는 레이저 광선으로 직접 계측해 거리를 정밀하게 측정한다. 1971년, 우주선 아폴로 14호와 15호가 설치한 반사경에 레이저 광선을 발사해 반사되어 오는 시간을 측정해서 거리를 계산했다. 측정 결과, 달이 매년 3.8센티미터씩 멀어지고 있음을 알아냈다.

아폴로 15호가 설치한 월면 레이저 반사경

Day 319

천문단위가 뭘까?

|태양계의 거리 이야기|

태양계 행성 사이의 거리를 나타내기 위한 최적의 '잣대'다.

세 가지만 알면 나도 우주 전문가!

천체의 거리는 매우 길다

우주의 천체와 천체 간 거리는 매우 멀다. 가령 가장 가까운 천체인 달조차 약 38만 킬로미터 떨어져 있다. 지상에서는 킬로미터가 거리를 재는 가장 긴 단위인데, 천체 사이의 거리를 킬로미터 단위로 나타내려면 숫자가 너무 많아진다.

1천문단위(AU)는 1억 4,960만 킬로미터

태양과 지구 사이의 평균 거리도 약 1억 5,000만 킬로미터다. 이를 1로 잡으면 태양계 항성 사이를 한눈에 수치로 표현할 수 있다. 2012년에 열린 국제천문연맹(IAU) 총회에서 1AU는 '1억 4,960만 킬로미터'라고 결의했다. AU는 astronomical unit의 약자다.

【천문단위】

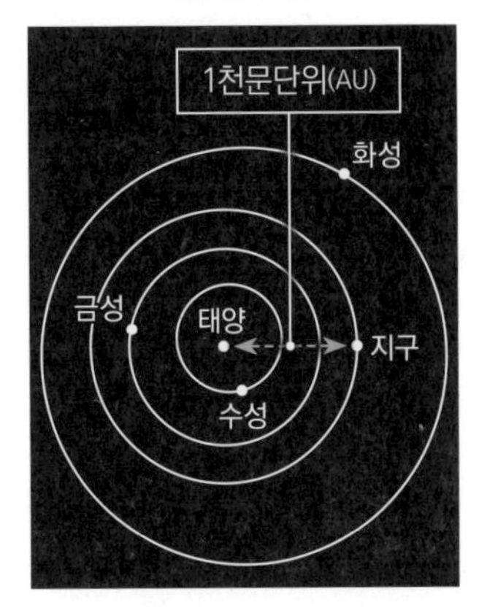

천문단위는 태양계의 '잣대'

천문단위를 사용해 태양계 항성 간 거리를 측정하면 태양과 목성의 거리는 약 5AU, 태양과 토성의 거리는 약 10AU, 태양과 해왕성의 거리는 30AU임을 알 수 있다. 하지만 이웃 항성까지는 26만 AU로 숫자가 커져 다른 단위를 사용한다.

파섹이 뭘까?

|파섹 이야기|

멀리 떨어진 천체와의 거리를 나타날 때 사용하는 편리한 단위다.

세 가지만 알면 나도 우주 전문가!

시차를 바탕으로 해서 만든 단위

멀리 떨어진 대상을 두 지점에서 보면 각도가 생긴다. 이 각도가 '시차'다. 가까우면 각도가 커지고 멀면 작아진다. 1천문단위(AU)에 대응하는 각도가 1각초 될 때의 거리가 파섹(parsec, pc)이다.

1각초는 1도의 3,600분의 1

각도는 원을 360등분해서 그 하나를 1도로 잡은 개념이다. 1각초(arcsecond)는 1도를 다시 3,600등분한 각을 나타낸다.
삼각형의 한 변이 1억 5,000만 킬로미터라 해도 각도가 작아 아주 길쭉한 삼각형이 된다.

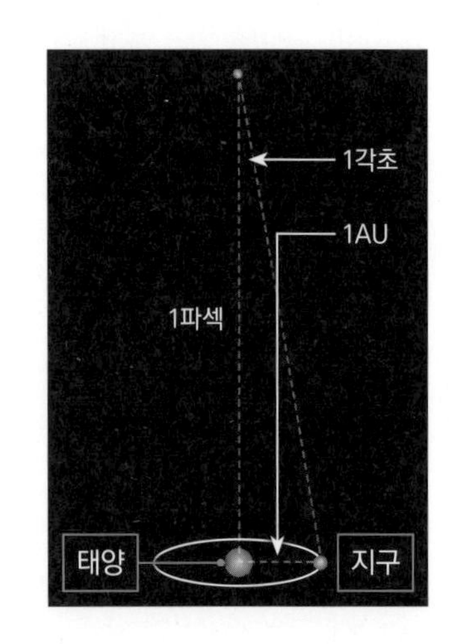

파섹은 별의 밝기, 거리와 관계있다

절대 등급 계산에서 파섹은 꼭 필요한 개념이다. 절대 등급은 항성을 10파섹으로 두었을 때의 밝기를 나타낸다. 정확한 밝기를 관측해서 시차를 적용한 거리를 합치면 계산이 편리해진다. 참고로, 기술의 발달로 이제는 아주 약간의 시차도 우주 망원경으로 관측할 수 있게 되었다.

Day 321 별 | 천문학

광년이 뭘까?

|광년 이야기|

'년(年)'이 붙지만 거리 단위다.

세 가지만 알면 나도 우주 전문가!

빛의 속도를 기본으로 한 거리 단위

'광년'은 거리 단위다. 빛이 1년 동안 가는 거리를 '1광년'이라고 한다. 킬로미터로 환산하면 약 9조 4,600억 킬로미터가 된다. 아주 긴 거리도 나타낼 수 있어 태양계 바깥의 천체와 거리를 나타내기에 편리하다.

바로 이웃 별까지는 4.2광년

태양과 가장 가까운 항성은 약 4.2광년 거리에 있는 켄타우루스자리의 적색 왜성 프록시마 켄타우리다. 이웃이지만 엄청나게 멀리 떨어져 있는 셈이다. 그 사이에는 항성이 없다.

우주 거리 사다리

300광년 정도까지는 우주 망원경으로 아주 미세한 연주 시차도 측정할 수 있지만, 그보다 먼 천체는 다양한 방법을 동원하는 수밖에 없다. 한 가지 방법으로 모든 천체의 거리를 측정할 수 없어 각각의 거리 척도에 따라 다양한 방법을 사용하는 것을 '우주 거리 사다리(cosmic distance ladder)'라고 한다.

프록시마
NRAOAUINSF; D. Berry

Day 322 지구 | 바다

조석 현상은 왜 생길까?

|조석 현상 이야기|

조석 현상은 달과 태양의 인력이 원인이다.

세 가지만 알면 나도 우주 전문가!

달과 태양의 인력으로 바닷물이 밀고 당겨진다

물때를 이용해 조개를 캐는 체험 행사 때는 썰물로 물이 빠져나간 개펄에서 밀물이 다시 들어오기 전까지 조개를 잡을 수 있다. 조석(밀물과 썰물)은 해면이 12시간 또는 24시간 간격으로 크게 위아래로 움직이는 현상이다. 조석 현상은 달과 태양이 일으킨다.

조석 현상의 최대 원인은 달의 인력

조석 현상은 달과 태양의 인력이 일으킨다. 태양의 인력으로 지구는 태양 주위를 도는데, 그 힘이 바닷물에도 미친다. 그러나 달보다 태양이 훨씬 멀리 있어 그 영향은 달의 절반 정도다.

【조석 현상】

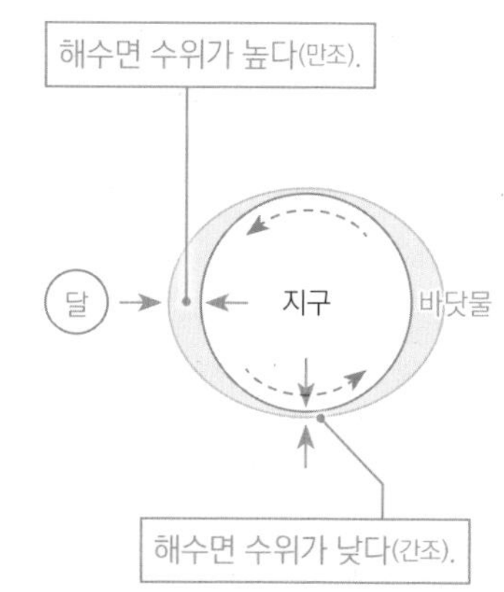

달 반대편도 잡아당긴다

달이 있는 쪽의 바닷물이 잡아당겨질 때 그 반대편은 달에서 멀어 중력이 약한 바닷물이 달에서 멀어진다. 결과적으로 바닷물이 들려 올라간다. 양쪽이 들려 올라가 90도 어긋난 지점에서 조석 현상이 나타난다.

Day **323** 지구 | 바다

파도는 왜 일어날까?

|파도가 일어나는 원리 이야기|

파도는 주로 바람의 작용으로 일어난다.

세 가지만 알면 나도 우주 전문가!

바람이 파도를 일으킨다

파도는 바람이 일으키는 현상이다. 바람이 센 날은 파도도 거세진다. 그렇다고 바람이 없이 잔잔한 날에 파도가 없는 것은 아니다. 바다 위 어딘가에서는 반드시 바람이 불고 있기 때문이다. 파도는 매우 먼 곳까지 전해지는 성질이 있다.

풍랑과 너울

해상에서 바람이 불어 일어나는 파도를 '풍랑'이라고 한다. 풍랑은 불규칙하고 파도의 마루가 뾰족하다는 특징이 있다. 풍랑이 바람이 없는 곳까지 전해지는 파도를 '너울'이라고 한다. 너울은 먼 곳까지 전달되어 해안 근처 얕은 물가에서 부서지며 큰 파도가 되기도 한다.

【파도 생성법】

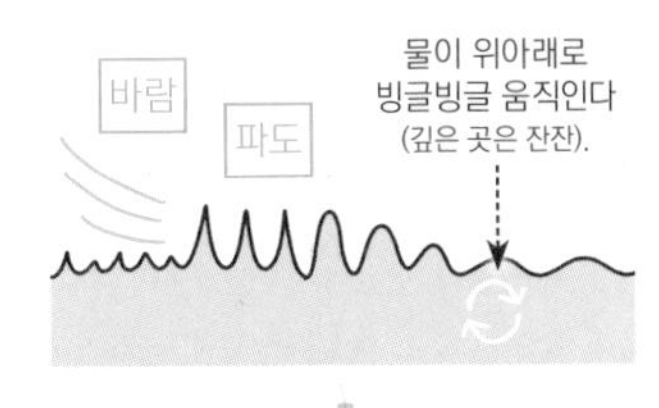

해변에 가까워지면

파도를 일으키는 또 하나의 원인은 달

달의 작용으로 조석 현상이 발생한다(Day 322 참고). 달과 태양의 인력으로 바닷물이 잡아당겨지며 해면에 굴곡과 뒤틀림이 생긴다. 뒤틀림 자체와 뒤틀림의 원인이 되는 힘으로 바닷물이 이동하며 파도가 발생한다.

바닷물을 전부 합치면 그 양이 얼마나 될까?

|바닷물의 양 이야기|

지구에 있는 물의 약 98퍼센트를 차지하는 바닷물은 14억 세제곱킬로미터 정도 된다.

세 가지만 알면 나도 우주 전문가!

바닷물은 지구 전체 물의 약 98퍼센트를 차지한다

바닷물의 양은 약 14억 세제곱킬로미터에 이른다. 이렇게 숫자로 표현하면 감이 잡히지 않으니 직육면체라고 가정하면 한 변이 약 1,100킬로미터가 된다.

바닷물의 양을 어떻게 계산할까?

해저는 형태가 매우 복잡하기 때문에 부피를 정확하게 분석하기가 쉽지 않다. 따라서 평균 깊이로 면적을 곱해 대략적인 양을 구한다. 태평양은 평균 심도, 면적 모두 세계 최대 바다다.

【지구의 수자원】

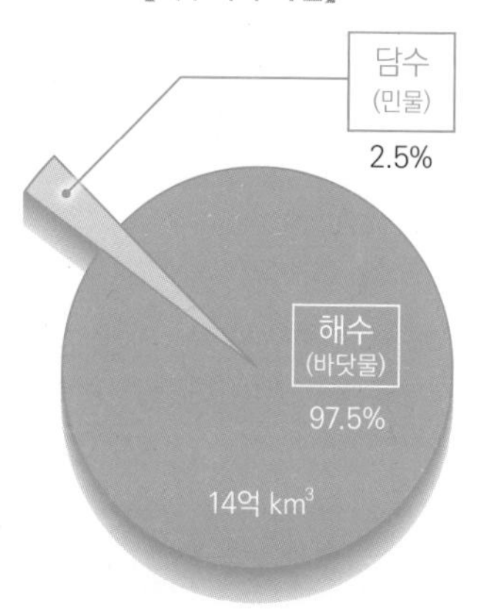

지구의 크기 대비 물의 양은 많지 않다

지구를 지름 1미터 구 크기로 축소해서 계산해보면 바닷물의 양은 700밀리리터가 조금 안 된다. 이 축도로 바다의 깊이를 구하면 평균 깊이는 0.3밀리미터 이하다. 세계에서 가장 깊은 마리아나 해구(Mariana Trench)도 1밀리미터가 안 된다. 바닷물이 해저로 스며들어 수억 년 후에는 사라진다고 주장하는 과학자도 있다.

Day 325 지구 | 바다

가장 깊은 바다는 어디일까?

|가장 깊은 바다 이야기|

세계에서 가장 깊은 바다는
마리아나 해구의 챌린저 해연이다.

세 가지만 알면 나도 우주 전문가!

세계에서 가장 깊은 바다의 깊이는 1만 미터(10킬로미터)가 넘는다

세계에서 가장 깊은 바다는 세계에서 가장 높은 에베레스트산을 뒤집어 넣어도 바닥에 닿지 않을 만큼 깊은 마리아나 해구의 챌린저 해연(Challenger Deep)이다. 북태평양의 서쪽 대양에 있는 마리아나 해구는 동쪽과 남쪽에 마리아나 제도가 있고, 괌과도 가깝다.

판 충돌로 깊은 바다가 생겼다

마리아나 해구에서는 태평양판이 필리핀판 아래로 가라앉았다. 처음에는 완만한 경사로 가라앉다가 서서히 경사가 가팔라지면서 지구 내부와 거의 수직으로 떨어졌다. 이 움직임으로 깊은 바다가 만들어졌다.

깊이를 어떻게 측정했을까?

음파가 해저에 반사되어 오는 시간을 측정해서 깊이를 쟀다. 1951년에 영국의 챌린저 8세호가 음파 탐사로 조사한 뒤, 약 64킬로그램의 추를 매단 피아노 줄을 해저에 내려 측정의 정확성을 증명했다.

Day 326 지구 | 바다

생명체가 정말 바다에서 탄생했을까?

|생명의 탄생 이야기|

모든 생물은 바닷물에 들어 있는 물질에서 탄생했다.
그래서 바다를 '생명의 어머니'라고 한다.

세 가지만 알면 나도 우주 전문가!

생물의 몸을 구성하는 성분이 모두 바닷물에 들어 있다

바다가 생기기 전 지구는 섭씨 1,000도가 넘는 가혹한 환경이었다. 따라서 생물이 전혀 존재하지 않았다. 생명의 탄생에 관해서는 아직 수수께끼가 많은데, 생물의 몸을 구성하는 성분이 모두 바닷물에 들어 있다는 점은 틀림없는 사실로 밝혀졌다.

단백질은 바닷속에서 만들어졌다

생물의 몸에서 기본은 단백질이다. 단백질은 아미노산이라는 물질이 연결된 구조다. 아미노산은 주로 탄소, 수소, 산소, 질소의 원자로 이루어져 있다. 이 물질들이 바닷속에서 결합해 생명이 탄생했다.

최초의 생물은 단세포 생물이었다

약 40억 년 전에 탄생한 최초의 생물은 하나의 세포밖에 갖지 못한 단세포 생물이었다. 단세포 생물 중에서 광합성을 하는 개체가 등장해 대기에 산소가 축적되었다. 산소가 증가하면서 다세포 생물이 나타났다. 그러나 그 과정은 아직 완전히 밝혀지지 않았다.

최초의 세포는 바닷속에서 등장했다.
약 30억 년을 세포(박테리아)처럼
단세포 상태로 지냈고, 약 6억 년 전에
다세포 생물이 등장했다.
그 뒤 육상으로도 진출했다.

Day 327 지구 | 바다

해저 열수 분출공이 뭘까?

| 해저 열수 분출공 이야기 |

해저 열수 분출공은
지열로 달궈진 물이 분출하는 심해의 균열이다.

세 가지만 알면 나도 우주 전문가!

마그마로 데워진 열수가 분출하는 지점

열수 분출공(熱水噴出孔)은 이름 그대로 해저에서 고온의 열수(온천)가 분출되는 구멍이다. 그 열수가 바닷물로 급격하게 식으면서 금속 성분 등이 침전되어 굴뚝형 구조물인 '침니(chimney)'가 만들어진다. 크기는 수십 미터에 달한다고 알려져 있다.

현대에 남은 생명 탄생의 무대

엄청난 수압이 가해지는 심해에서는 물이 끓는 온도가 섭씨 100도가 아니라 섭씨 400도 가까이 된다. 많은 성분이 고온에 노출되며 다양한 화학 변화를 일으키기 때문이다. 이러한 공간에서 최초의 생명이 탄생했다는 유력한 가설이 제기되었다.

심해의 오아시스, 해저 열수 분출공

굴뚝형 구조물인 침니 주위에는 새우와 게 등 다양한 생물이 모여든다. 햇빛이 닿지 않는 심해에는 열수에 포함된 물질을 에너지원으로 삼아 영양을 생성하는 미생물을 먹이사슬의 출발점으로 하는 독자적인 생태계가 형성되어 있다.

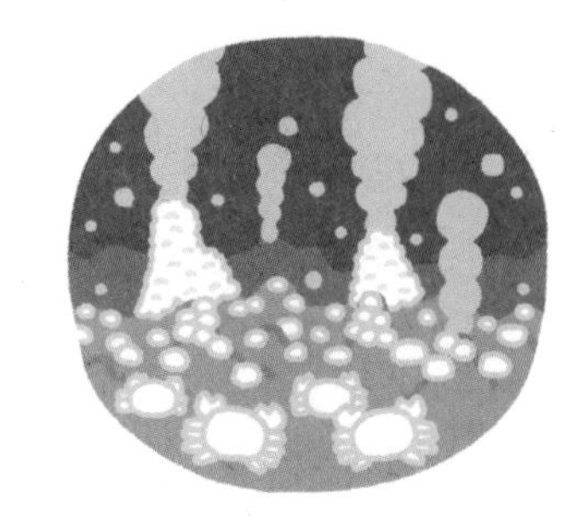

해저 열수 분출공

Day 328 지구 | 바다

바닷물은 어떻게 움직일까?

|해류 이야기|

바닷물은 전 지구 범위에서 항상 일정한 방향으로 움직인다.

세 가지만 알면 나도 우주 전문가!

해류는 전 지구 범위에서 일어나는 바닷물의 수평 방향 흐름의 총칭

해류는 거의 일정한 방향으로 흐른다. 적도 근처에서부터 남북 방향으로 흐르는 난류와 역방향으로 흐르는 한류로 나눌 수 있다. 비슷한 현상인 조류(밀물과 썰물)는 시간의 경과와 더불어 흐름이 변화하고 짧은 주기성이 특징이다.

해류의 주요 원인은 바람과 지구의 자전

태평양 적도 부근에서 동쪽에서 서쪽으로 부는 무역풍과 남북 반구의 중위도 부근을 중심으로 서쪽에서 동쪽으로 부는 편서풍이 큰 영향을 미친다. 또 지구 자전의 영향으로 해류는 북반구에서는 오른쪽으로 돌고, 남반구에서는 왼쪽으로 돌며 흐른다.

【세계의 해류】

① 쿠로시오 해류 ② 쿠릴 열도 ③ 북태평양 해류 ④ 북적도 해류 ⑤ 적도 반류 ⑥ 남적도 해류 ⑦ 남인도 해류

출처: 일본 기상청

난류와 한류

한반도 남쪽으로는 세계에서 두 번째로 큰 쿠로시오 해류가 흐른다. 한반도 주위로는 대한해협을 흐르는 쓰시마 해류와 서해를 흐르는 황해 난류, 동해를 지나는 동한 난류가 있다. 난류와 한류가 부딪치는 지역에 풍부한 어장이 형성된다.

화성에는 화성인이 있을까?

|화성인 이야기|

화성인이 존재한다고 소문이 나 미국에서 소동이 벌어진 적이 있다.

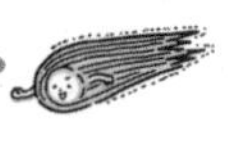

세 가지만 알면 나도 우주 전문가!

화성에 운하가 있으므로 화성인이 존재한다!

이탈리아의 천문학자 조반니 스키아파렐리(Giovanni Schiaparelli)가 화성을 상세히 그린 스케치에서 몇 가지 직선 구조물을 찾아내 이탈리아어로 '수로(canale)'라고 불렀다. 이것이 영어로 옮겨지면서 운하(canal)로 오역되어 운하를 건설할 수 있는 화성인이 존재한다는 소문으로 와전되었다.

화성 운하설을 믿은 미국의 자산가

화성에 운하가 있다는 이야기를 실제로 믿은 미국의 자산가 존 록펠러(John Rockefeller)는 천문대를 건설하고 화성 관측에 몰두했다. 그러나 화성인의 존재를 규명하지 못한 채 세상을 떠났다.

라디오 드라마로 미국 전역에 대소동

미국의 SF 작가 오슨 웰스(Orson Welles)의 소설 『우주전쟁』이 1938년 미국에서 라디오극으로 방송되었다. 이를 들은 사람들이 문어처럼 생긴 화성인이 지구를 침공한다면서 대소동을 벌였다. 아쉽게도 화성 탐사선은 아직 생명의 흔적을 발견하지 못하고 있다.

오슨 웰스가 과학적으로 상상해서 그린 화성인

태양계에 다른 생명체가 존재할까?

|태양계의 생명체 존재 이야기|

생명체가 존재할 수도 있고 과거에 존재했을 수도 있는 별은 있지만, 현재 시점에서는 확인이 안 된다.

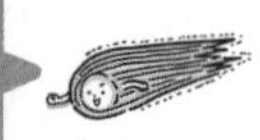

세 가지만 알면 나도 우주 전문가!

지구의 이웃인 금성은 불지옥 세계

금성은 평균 표면 온도가 섭씨 464도다. 게다가 기압은 지구의 90배나 된다. 그런데 2020년에 지구의 미생물이 만들어내는 것과 같은 링 형태의 수소 가스가 발견되었다. 상공 50킬로미터에서 '하늘에 뜬 생명체'라면 가능성이 있다.

생명체가 존재했을 가능성이 있는 화성

화성은 지각이 단단하고 평균 표면 온도가 섭씨 영하 63도로 저온이다. 그래서 사막과 같이 엄청 춥다. 그런데도 먼 옛날에는 물이 흘렀고 생명체가 활동할 정도로 온난했기에 생명체의 흔적이 남아 있을 가능성도 있다.

화성의 암석에 있는 물의 흔적. 과거에는 두꺼운 대기층이 존재했고, 기후가 따뜻해 물이 순환하며 강과 바다를 만들었을 것으로 추정된다.

목성과 토성의 위성에도 가능성은 있다

목성의 위성 유로파와 토성의 위성 엔켈라두스(Enceladus)의 표면을 덮은 얼음 아래에는 액체 바다가 있을 것으로 추정된다. 토성의 위성 타이탄에는 액체 메탄 바다와 메탄가스 대기가 있어 생명체가 존재하더라도 지구형 생명체와 다를 가능성이 높다.

'생명체 거주 가능 영역'이 뭘까?

|생명체 거주 가능 영역 이야기|

중심 항성에서부터 생명이 탄생·발전하는 환경을 보유한 행성 표면까지의 거리 범위를 말한다.

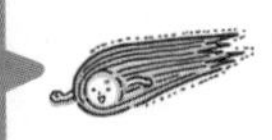

세 가지만 알면 나도 우주 전문가!

'생명체 거주 가능 영역' 또는 '골디락스 행성(Goldilocks planet)'

생명체 거주 가능 영역(habitable zone)은 생명체들이 살아가기에 적합한 환경을 전제하고, 이러한 환경을 지니는 우주 공간의 범위를 말한다. 생명체가 탄생하려면 중심 별에서 에너지를 받고, 행성이 너무 덥거나 너무 춥지 않아야 하며, 물이 액체 상태로 있어야 한다.

태양계에서는 지구가 유일

중심 별에서 에너지를 받고 물이 안정적이고 액체 상태로 존재하면 생명체의 재료로 녹아 있던 유기물들이 모여들며 생명체가 탄생한다. 중심 별이 태양보다 밝으면 생명체 거주 가능 영역보다 바깥이고 어두우면 안쪽이다.

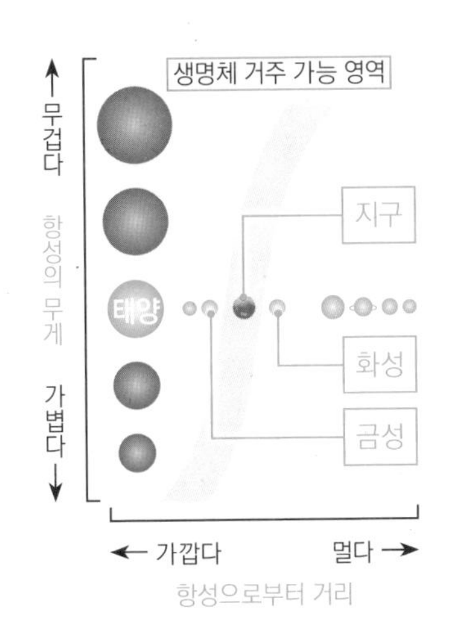

2020년 기준, 태양계 밖에서 약 20개 발견

생명체 거주 가능 영역에 있는 암석형 행성을 발견하면 대륙과 해양이 있고 모종의 생명체가 깃들 제2의 지구일 가능성이 제기된다. 태양계 밖 행성 탐사에 나선 케플러 위성이 제2의 지구 후보를 찾고 있다.

생명체가 존재할 가능성이 가장 높은 별은 어디일까?

|태양계 내부의 생물 이야기|

생명체 거주 가능 영역에서 벗어나
생물이 존재할 가능성이 있는 별은 목성의 위성 유로파 정도다.

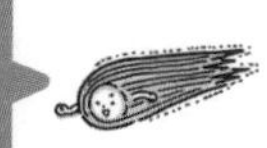

세 가지만 알면 나도 우주 전문가!

얼음으로 덮인 내부에 액체 상태의 물(바다)이 존재할 가능성

유로파는 갈릴레이가 1610년에 발견한 목성의 제2위성이다. 크기는 달보다 약간 작고 표면은 얼음으로 덮여 있다. 얼음 아래에는 깊이 100킬로미터가 넘는 바다가 펼쳐져 있을 것으로 추정된다. 표면에서 물의 분출도 관측되고 있다.

에너지원은 조석 가열

목성과 기타 위성에서 가해지는 중력으로 지구와 달 사이의 조석 현상처럼 서로 잡아당기는 힘을 받아 끊임없이 변형하며 (상호 마찰) 열이 발생한다. 생명체 거주 가능 영역에서 멀지만, 그 열이 에너지원이 될 가능성이 있다.

해저 화산과 열수 분출공이 존재할 가능성

해저에는 지구와 같은 해저 화산과 열수 분출공이 있을 수도 있다. 지구에서 열수 분출공은 생명체 탄생의 요람으로 여겨지고 있다. 실제로 지구의 열수 분출공 주변에서 다양한 생물이 발견되었다. 따라서 유로파의 해저에서도 생명체가 탄생할 가능성이 있다.

유로파 표면 상상도

드레이크 방정식이 뭘까?

|드레이크 방정식 이야기|

미국의 천문학자 프랭크 드레이크(Frank Drake)는
우주의 지적 문명과 인간이 접촉할 가능성을 방정식으로 추산했다.

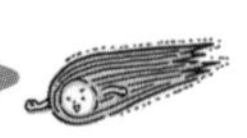

세 가지만 알면 나도 우주 전문가!

일곱 가지 변수를 곱해 결정되는 방정식

드레이크 방정식은 우리은하 안에 존재하는 교신이 가능한 문명의 수를 '우리은하의 평균 항성 탄생 비율', '항성 주변에 행성이 형성될 수 있는 확률', '행성계에서 생명체가 살 수 있는 행성의 수', '생명체 거주 가능 영역에 생명체가 탄생할 확률', '탄생한 생명체가 지적 문명으로 진화할 확률' 등 일곱 가지 변수를 고려해서 만든 것이다.

【드레이크 방정식】

$$N = R^* \times f_p \times n_e \times f_l \times f_i \times f_c \times L$$

R^*	우리은하의 평균 항성 탄생 비율
f_p	항성 주변에 행성이 형성될 수 있는 확률
n_e	행성계에서 생명체가 살 수 있는 행성의 수
f_l	생명체 거주 가능 영역에 생명체가 탄생할 확률
f_i	탄생한 생명체가 지적 문명으로 진화할 확률
f_c	지적 문명이 교신을 시도할 확률
L	지적 문명이 실제로 신호를 보내는 기간 또는 문명이 존재할 기간

N은 숫자, R은 비율, f는 분수, *는 별,
p는 행성, e는 환경, i는 지적 생명체, c는 문명,
L은 수명을 가리킨다.

지구형 행성이 수십억 개

이 모든 변수를 고려해서 방정식을 풀어야 하는데, 추측성 요소가 너무 많다. 세 번째 변수까지 계산하면 생명체 거주 가능 영역에 있는 지구형 행성이 수십억 개라는 결과가 나온다.

네 번째 변수 이후는 불확정성이 너무 크다

일곱 가지 변수에는 아직 풀어야 할 문제가 많다. 특히 마지막 변수는 지구조차 미지다. 수 광년부터 수백 광년 떨어진 행성과 서로 통신하려면 그 광년의 몇 배는 걸린다.

외계의 지적 생명 탐사 프로젝트가 뭘까?

| SETI 프로젝트 이야기 |

지구 밖의 생물이 보내는 신호를
포착하기 위해 수립된 프로젝트다.

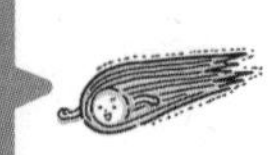

세 가지만 알면 나도 우주 전문가!

외계 지적 생명체 탐사(Search for Extra-Terrestrial Intelligence, SETI) 프로젝트

SETI 프로젝트는 미국 캘리포니아 대학교 버클리 캠퍼스에서 시작된 외계의 생명체를 포착하기 위한 작업이다. 전파 망원경이 수집한 우주 관측 데이터부터 지적 문명을 보유한 외계인이 발신하는 전파 신호까지 탐색했다.

SETI@home에 수백만 명의 자원봉사자가 참여

SETI@home(https://setiathome.berkeley.edu/)에서는 가정용 컴퓨터로도 SETI가 실시하는 전파 해독이 가능하다. 세계 각지에서 수백만 명의 자원봉사자가 자신의 컴퓨터로 참여해 해독한 결과를 취합해서 분석했다.

2020년 3월 31일 중지

SETI@home은 2020년 3월 31일 활동을 중지했다. 그러면서 앞으로 수집되는 데이터 해독 작업에 주력한다고 발표했다. 지금까지 한 번도 외계인이 보낸 신호로 볼 만한 것을 입수하지 못했다. 1974년에 M13 성단을 향해 메시지를 발신했는데, 도착하는 데 2만 5,000년이 걸린다.

SETI@home 참가 안내. 참가자는 전파 망원경 데이터를 내려받아 분석하는 프로그램을 실행한다.

태양계 밖으로 메시지가 전송되었을까?

| 탐사선 파이어니어 이야기 |

무인 우주 탐사선 파이어니어 10호와 11호에
메시지를 실어 발사했다.

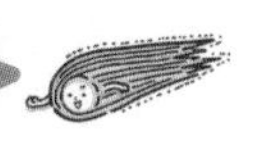

세 가지만 알면 나도 우주 전문가!

무인 우주 탐사선 파이어니어 10호와 11호

1972년에 쌍둥이 탐사선 파이어니어 10호와 11호를 발사했다. 1977년에 발사한 탐사선 보이저의 선발대 격이었다. 이 두 탐사선은 사상 최초로 목성과 토성을 방문한 뒤 더 머나먼 우주로 날아갔다.

특별한 금속판을 부착했다

항성 공간을 비행하는 두 대의 탐사선 중 하나를 외계인이 발견할 가능성을 고려해 두 대 모두에 특별한 금속판을 부착했다. 금속판 표면에 태양과 지구의 위치, 인간 남녀의 모습, 인류의 존재를 알리는 내용 등을 담았다.

칼 세이건이 제안한 아이디어

보이저에도 은하계 내부의 지구 위치를 그린 금속판과 지구의 음악과 음성이 담긴 '골든 레코드'를 탑재했다. 이 아이디어는 천문학과 우주과학 대중화 등을 위해 활약하며 『코스모스』로 세계적 명성을 얻은 미국의 천문학자 칼 세이건(Carl Sagan)이 제안했다.

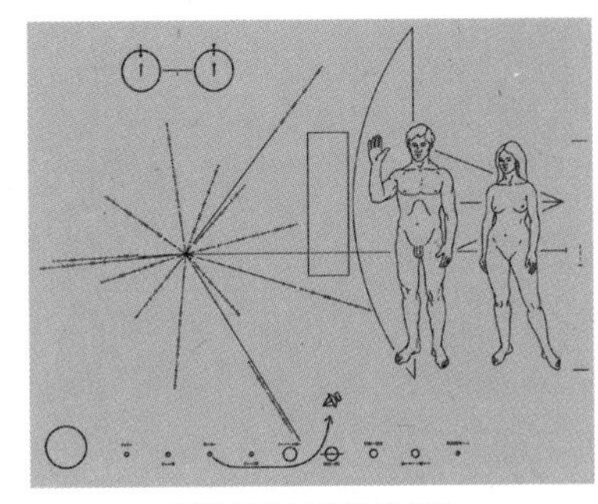

탐사선에 부착된 메시지

UFO가 뭘까?

| UFO 이야기 |

UFO는 '미확인 비행체(Unidentified Flying Object)'로,
'전문가의 확인을 거치지 않았다'는 뜻이다.

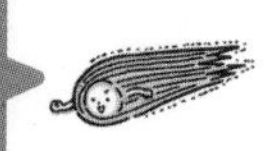

별 우주 지구 행성 태양 달 은하 우주개발

세 가지만 알면 나도 우주 전문가!

UFO를 조사하는 미국 공군 보고서의 정의

'미확인 비행체'를 뜻하는 UFO는 미국 공군의 공식 용어다. 입수할 수 있는 모든 증거가 엄밀하게 검증되어도 존재 확인이 불가능한 대상, 즉 전문가의 '확인을 거치지 않은 것(정체불명)'을 말한다. 본래 'UFO'라는 용어가 가리키는 '미확인' 비행체는 존재한다.

목격자에게도 미확인

하늘을 가리키며 "어, UFO다!"라고 외칠 때가 있다. 목격자에게는 UFO가 일반적인 자연 현상이 아니라 불가사의한 광경처럼 보이는 대상이다.

외계인이 보낸 우주선?

"어제 UFO를 봤다"라고 주장하는 사람 대다수는 '외계인이 타고 온 우주선일 수도 있다'고 생각하는 것 같다. 하지만 외계인이 왔다는 확실한 증거는 없다. 조사해보면 구름이나 비행기구름, 비행기, 금성·목성 등의 행성, 항성, 탐조등, 인공위성, 유성과 화구, 새와 박쥐, 드론 등으로 밝혀진 경우가 많다.

Day 337 우주 | 지구 이외의 생명체

우주선이 지구에 올 수 있을까?

| 외계인과 우주선 이야기 |

외계인이 타고 온 우주선이라면
그 우주선의 파편과 외계인의 증거가 필요하다.

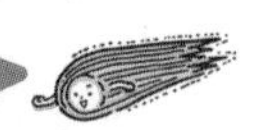

세 가지만 알면 나도 우주 전문가!

목격자의 이야기가 많더라도 착각하는 우리 뇌를 믿을 수 없다

목격자의 기억은 증거가 될 수 없다. 뇌는 눈으로 본 대상과 경험을 완벽하게 재현하지 못한다. 기억도 변화하고 왜곡되어 진짜 과거를 재현한다고 보장할 수 없다. 현재도 완벽히 올바르게 보고 있다는 증거는 없다.

사진과 동영상도 증거 능력이 약하다

우주선으로 목격되거나 촬영된 사진 또는 동영상이 비행기구름, 비행기나 금성, 목성 등의 별일 때가 많다. 동영상 조작도 많다. 예를 들어, 옛날에 유명한 비디오 중에 '외계인 해부' 장면을 녹화했다는 영상이 있었는데, 확인 결과 금전을 목적으로 조작된 영상임이 밝혀졌다.

확고한 증거가 필요하다

외계인이 타고 온 우주선이라면 과학자가 분석할 수 있는 우주선 파편과 외계인(생사 불문)의 증거가 필요하다. 그러나 현재까지 외계인과 우주선의 존재를 뒷받침할 만한 확고한 증거는 하나도 발견되지 않았다. 천문학자들이 계속해서 외계인과 전파 교신을 시도하고 있으니 앞으로 연구 결과가 기대된다.

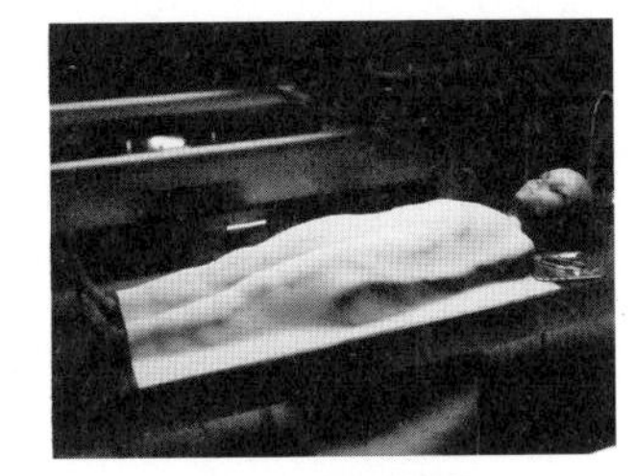

외계인 해부 장면을
촬영했다고 주장한 동영상은
금전 목적으로 제작된 가짜였다.

Day 338

우주 비행사는 왜 우주식을 먹을까?

|우주식 이야기|

제약된 환경에서 건강을 유지하고,
임무에 대한 의욕과 효율을 높이기 위해서다.

세 가지만 알면 나도 우주 전문가!

제약된 환경에서도 맛있고 안전한 식사

국제 우주 정거장(ISS)은 매우 좁고 냉장고와 충분한 조리 설비도 없다. 게다가 무중력 상태다. 이렇게 제약된 환경에서도 맛있고 안전하게 영양을 보급할 수 있도록 우주식은 위생, 영양, 품질, 안전 등 여러 요소를 고려해서 만든다.

개발 계기 중 하나인 빵 부스러기 사건

최초의 우주식은 튜브에 담긴 유동식이었다. 빨아 먹는 이 우주식을 질색했던 우주 비행사가 샌드위치를 주머니에 숨겨 가지고 왔다가 부스러기가 날아다니면서 기계를 고장 낼 가능성이 제기되어 한바탕 소동이 벌어졌다. 이를 계기로 우주 생활의 고충을 고려해 우주식 개발에 박차를 가하게 되었다.

마트에서 일반적으로 팔리는 식품도

지금은 지구와 같은 메뉴를 갖추고, 마트에서 팔리는 식품도 가루와 액체가 날리지 않도록 패키지를 활용하거나 수분이 많은 식품은 점성을 더하는 등 가공을 거쳐 제공된다. 우주식은 스트레스 완화와 재충전 역할도 한다.

우주식을 어떻게 만들까?

|우주식의 제조법 이야기|

국제 우주 정거장에 공급하는 우주식은
ISS 푸드 플랜의 기준을 충족해야 한다.

세 가지만 알면 나도 우주 전문가!

ISS 푸드 플랜의 기준

우주식을 제조하는 기준은 매우 엄격하다. 위생은 기본이고 효율적으로 영양을 섭취할 수 있는 품질과 안전성, 1년 반 동안 상온 보관이 가능한 보존성이라는 까다로운 조건을 충족해야 한다. 우주식은 레토르트 식품, 통조림, 동결건조 식품 등 종류가 다양하다.

1960년대 NASA에서 우주식에 대한 위생관리 기준 결정

메뉴는 나라별로 다르다. 기본적으로 우주 비행사의 종교와 가치관에 맞는 식사를 제공한다는 방침이라서 유대인을 위한 코셔 식단, 채식주의자를 위한 비건 식단 등도 있다. ISS 표준식에는 ISS 푸드 플랜을 충족한 각 나라의 음식이 포함되어 있다. 한국에서는 김치와 불고기 등 총 14종을 우주식으로 등록했다.

자급자족하는 미래식

우주식 분야에서는 작물의 수경·분무 재배, 식용 곤충과 배양육, 3D 프린터 이용 등 자급자족 식품이나 미래식 연구도 진행하고 있다.

ISS에서 채소 재배 이미지

우주식을 어떻게 운송할까?

|우주식의 운송 이야기|

연구 자료 및 생활용품과 함께
각국에서 무인 우주 보급선으로 운송한다.

세 가지만 알면 나도 우주 전문가!

일본 보급선은 '황새'라는 뜻의 '고노토리(KOUNOTORI)'

고노토리는 ISS로 연구 자료와 의류 등의 생활용품을 공급하는 일본의 무인 우주 보급선 HTV(H-II Transfer Vehicle)의 애칭이다. 세계 최대 보급 능력을 가진 고노토리는 통상적인 우주식을 비롯해 물, 사과, 귤 등의 신선식품도 함께 운송했다.

다네가시마섬 우주 센터에서 발사한 H-II B 로켓

우주식을 실은 고노토리는 H-II B 로켓에 탑재되어 가고시마현 다네가시마섬 우주 센터에서 발사되었다. 신선식품은 최대한 싱싱함을 보존하기 위해 발사 직전에 실었다. 2009~2020년에 보급 임무를 완수한 고노토리 1~9호기는 보급 완료 후 사용하지 않는 물품을 싣고 대기권으로 재돌입해 소각 폐기되었다. 그러나 후속 HTV-X는 보급 후 다른 임무를 수행하게 된다.

무인 우주 화물선 폭발 사건

2014년에 ISS로 향하던 미국의 무인 우주 화물선이 발사한 지 6초 만에 폭발하는 사고가 일어나 큰 충격을 주었다.

ISS에서는 물을 어떻게 확보할까?

| ISS의 물 확보 이야기 |

보급선 등으로 운송된 물을 쓰며,
사용한 물과 소변 등도 정수를 거쳐 식수로 사용한다.

세 가지만 알면 나도 우주 전문가!

귀중한 물을 한 방울도 낭비하지 않는다

우주에서 물은 너무나 귀중한 자원이다. 보급선 등이 ISS에 물을 운송한다. 식수와 식사로 물방울이 공중에 날아다니지 않도록 급수 장치에서 직접 팩에 따른다. 또 사용한 물과 땀, 소변도 깨끗하게 정수해 재활용해서 식수로 사용한다. 지구에서 ISS로 운송된 물 한 잔 가격은 300~400만 원으로 알려져 있다.

작은 지구와 같은 물 순환

지구상에서는 하수 처리장에서 깨끗하게 정수된 물이 강과 바다로 흘러가고, 그 물이 증발해 비구름이 되어 다시 지구로 돌아온다. ISS에서도 작은 지구처럼 물이 순환한다. 우리가 정수장에서 깨끗하게 정화한 물을 마시는 것과 같다.

공기 중의 수분도 효율적으로 이용

ISS 내 공기를 제습해서 얻은 물(응축수)도 전기분해를 거쳐 산소를 생산하거나 재활용해 마실 물로 사용한다. 마실 물은 요소와 은을 첨가해서 살균하고 잡균 번식 방지 처리를 거치기 때문에 안심하고 마실 수 있다.

우주에서도 욕조에 몸을 담글 수 있을까?

|우주에서 목욕 이야기|

욕조 목욕이 불가능하지는 않지만
번거롭고 위험해 절전 절수형 샤워를 한다.

세 가지만 알면 나도 우주 전문가!

기계가 고장 나거나 물방울이 넘쳐 익사할 위험이 있다

무중력 공간에서는 물이 아래로 흐르지 않고 용기에 담아도 고이지 않는다. 지구에서처럼 욕조에 몸을 담그려면 물방울이 공중에 둥둥 떠다니면서 코와 입을 막아 익사할 위험이 있다. 기계가 고장 날 수도 있다.

ISS에서 '샤워'는 물수건으로 닦는 형태

ISS에서는 비누를 포함해 건조 상태로 만든 '위생 수건'을 뜨거운 물에 적셔 몸을 닦는 행위를 '샤워'라고 한다. 머리카락은 물로 적시고 헹굼이 필요하지 않은 건식 샴푸로 감고 수건으로 닦거나 전용 부직포로 두피를 마사지한다. 치약은 거동이 불편한 환자용으로 사용해도 안전한 가루 치약을 사용한다.

물방울을 닦아내는 데 한 시간 걸리는 샤워

과거에는 샤워룸에 고글과 코를 막는 집게를 착용하고 들어갔다. 배수는 펌프로 빨아들였다. 그런데 사용 후 물기를 닦는 데 한 시간이 걸려 쾌적함이 떨어졌다.

우주에서는 화장실을 어떻게 사용할까?

| ISS의 화장실 이야기 |

대변은 지름 10센티미터 구멍이 뚫린 변기에 전용 주머니로 흡입한다.

세 가지만 알면 나도 우주 전문가!

공기를 빨아들이는 팬으로 대변과 냄새를 흡입

ISS의 화장실은 너비와 깊이가 각각 1미터가량 되는 남녀 공용 개인실이다. 대변용 변기와 소변용 호스가 있다. 변기 뚜껑을 열면 공기를 빨아들이는 팬이 가동하고, 대변은 지름 10센티미터 구멍이 뚫린 전용 주머니에 수거된다. 화장실은 성별, 나이, 장애, 언어 등의 제약을 받지 않는 유니버설 디자인(universal design) 개념이 적용되어 여성도 사용하기 편리하다.

대기권에서 쓰레기와 함께 소각

대변 주머니는 입구를 단단히 막아 건조 과정을 거쳐 탱크에 저장된다. 밀봉된 탱크는 정기적으로 오는 보급선에 실려 다른 폐기물과 함께 대기권에 돌입해 소각된다.

우주로 출발하기 전에 화장실 훈련

중력이 적은 ISS에서는 변비에 걸리기 쉽다. 몸을 안정시키고 용변을 볼 때 필요한 힘을 주는 연습도 해야 한다. 우주로 출발하기 전에 훈련을 통해 이 세상에서 가장 비싼 화장실 사용법을 익힌다.

우주에서는 근력이 약해진다는 말이 사실일까?

|근육에 미치는 영향 이야기|

우주에서는 중력의 영향이 적어 근육이 점점 쇠약해진다.

세 가지만 알면 나도 우주 전문가!

중력이 약하면 근육에 가해지는 부담이 줄어든다

지구에서는 중력에 대항하며 무의식적으로 항상 근육을 사용한다. 반면 중력이 약한 우주에서는 몸을 똑바로 지탱하거나 다리를 써서 걸을 필요가 없어 근육에 가해지는 부담이 줄어든다. 그래서 오랜 기간 우주에 머물면 근육이 쇠약해지고 근육이 빠지며 몸무게도 줄어든다. 5일 동안만 우주에 있어도 최대 20퍼센트의 근육이 빠진다.

근육을 쓰지 않으면 신체 기능이 저하된다

중력이 있는 지구에서도 몸을 움직이지 못하고 와병 생활을 하는 환자는 몸무게가 줄고 신체 기능도 저하된다. 중력의 약 절반을 차지하는 근육은 내장과 혈관 벽, 심장에도 있다.

매일 2시간 운동으로 근력 유지

근력 저하를 예방하기 위해서는 균형 잡힌 식사와 훈련이 필요하다. ISS에서 일하는 사람들은 몸 일부를 고정해서 사용하는 트레드밀과 고정식 자전거, 특별한 근육 훈련 장치 등을 이용해 매일 약 2시간 동안 운동을 한다.

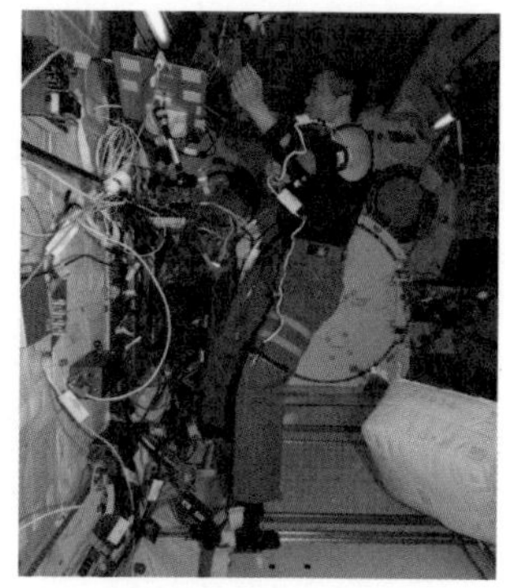

떠오르지 않도록 몸을 고정하고 트레드밀에서 달리거나 운동 장치로 근력 운동을 한다.

태양의 수명은 어느 정도일까?

|태양의 수명 이야기|

약 100억 년 동안 빛나다가 커다란 붉은 별, 성운, 작은 별이 된다.

세 가지만 알면 나도 우주 전문가!

크고 무거운 별은 밝다

항성은 수소가 헬륨으로 바뀔 때의 핵융합 반응 에너지로 빛을 낸다. 큰 별은 모인 수소가 많기 때문에 수소가 서로 다른 중력으로 점점 반응이 진행된다. 그래서 대량의 수소를 보유한 무거운 별은 밝고 수명이 짧다.

작고 가벼운 별은 어둡다

작은 별은 수소가 그다지 많이 모이지 않아 핵융합 반응이 서서히 진행된다. 그래서 어둡지만 수명은 길다.

태양 정도 크기의 별이라면

태양 정도 크기의 항성은 수명이 약 100억 년으로 알려져 있다. 탄생한 지 100억 년이 지나면 점차 팽창해 붉고 거대한 별(적색 거성)이 된다. 그리고 행성상 성운이 되었다가 마지막에 지구 정도 크기의 작은 별(백색 왜성)이 된다. 그런 다음 시간이 좀 더 지나면 식으면서 일생을 마칠 것으로 추정된다. 일생을 마친 태양은 가스와 먼지가 되어 다음에 탄생할 별의 재료가 된다.

방대한 양의 가스와 성간 물질이 모여서 만들어진 오리온 성운
ⓒ 일본 국립천문대

태양보다 큰 행성의 일생은 어떻게 될까?

|큰 별의 일생 이야기|

최후에 초신성 폭발을 일으키며 블랙홀이 되기도 한다.

세 가지만 알면 나도 우주 전문가!

별은 가스와 먼지에서 태어난다

가스와 먼지가 모이며 성간운(星間雲)이 생기고, 가스가 모여 압력이 높아졌다가 자신의 중력으로 다시 수축해 중심 부분에서 핵융합 반응이 일어난다. 그리고 별로 빛나기 시작한다.

별의 크기, 무게로 수명이 결정된다

대체로 별의 크기와 무게로 수명이 결정된다. 크기가 태양과 비슷하면 100억 년, 두 배면 10억 년, 다섯 배면 1억 년 정도다.

큰 별의 최후는 초신성 폭발

태양의 8~25배 무게의 더욱 거대한 별의 수명은 수백만 년에서 수천만 년으로 짧아지고, 최후에는 초신성 폭발을 일으킨다. 대부분 별은 날아가고 중심에 매우 무거운 중성자별이 남는다. 또 무게가 25배 이상인 별은 초신성 폭발 후 무거워서 빛조차 빠져나갈 수 없는 블랙홀로 남는다. 오리온자리의 베텔게우스가 초신성 폭발을 일으킬 수 있다는 예상이 나와 천문학계에서 화제가 되었다.

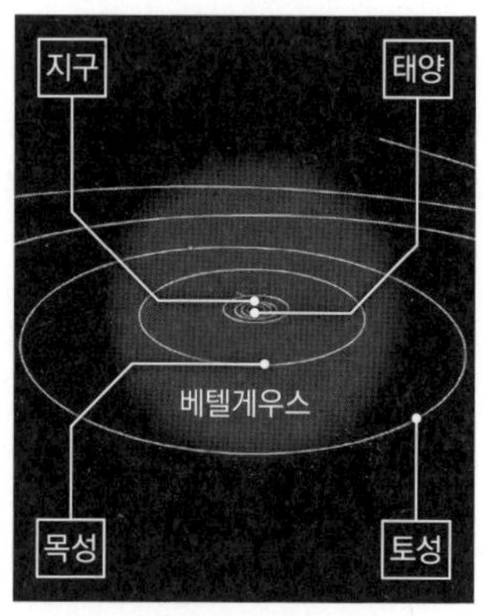

목성의 궤도가 들어갈 정도로 거대한 베텔게우스는 초신성 폭발을 일으킬 수 있다.

초신성 폭발이 뭘까?

|초신성 폭발 이야기|

커다란 별이 일생을 마치며 최후에 일으키는 대폭발이다.

세 가지만 알면 나도 우주 전문가!

별의 수명이 다하는 적색 거성

초신성 폭발은 스스로 빛을 내는 별의 마지막 폭발이다. 우주 공간의 가스가 모여 자신의 중력으로 핵융합 반응이 시작되며 별이 탄생한다. 그리고 중형 이상 크기 별의 수명이 끝나는 날이 다가오면 서서히 크고 붉어지며 적색 거성과 적색 초거성이 된다.

적색 거성은 폭발한다

태양과 비슷한 크기(무게)의 별이라면 적색 거성, 행성상 성운, 그 후에 작은 백색 왜성이 된다. 태양의 여덟 배 이상 크기라면 적색 초거성이 되고 더욱 거대한 폭발을 일으킨다. 이를 '초신성 폭발'이라고 한다.

신성이란 별의 최후?!

별이 마지막 숨을 내쉬며 폭발하는데 왜 '신성(新星)'이라고 할까? 그때까지 별이 없던 공간에 느닷없이 새로운 별이 탄생하는 것처럼 보이기 때문이다. 초신성 폭발이 일어난 후에는 중성자별이나 블랙홀이 된다.

지구에서 별까지 거리는 얼마나 될까?

| 지구에서 별까지 거리 이야기 |

삼각 측량, 별의 색상, 변광성, 초신성, 은하의 속도 등을 활용해서 측정한다.

세 가지만 알면 나도 우주 전문가!

가까운 별은 삼각 측량의 원리를 활용해서 측정한다

지구는 지름이 약 3억 킬로미터인 궤도를 돌고 있다. 그래서 지구가 반년 동안 3억 킬로미터를 움직일 때 별이 보이는 방향(각도)이 얼마나 달라지는지 측정한다. 이를 '연주 시차'라고 한다. 멀리 떨어진 별일수록 이 각도가 작아진다. 독일의 천문학자 프리드리히 빌헬름 베셀(Friedrich Wilhelm Bessel)이 발견했다.

별의 색상으로 측정한다

색깔을 보고 그 별의 진짜 밝기를 가늠할 수 있다. 그리고 밝기와 겉보기 밝기의 차이로 거리를 측정할 수 있다. 은하까지의 거리를 측정하려면 그 은하의 초신성 등을 기준 밝기로 활용한다.

멀리 있는 은하는 멀어지는 속도를 활용한다

멀리 있는 은하의 거리는 그 은하가 멀어지는 속도를 활용한다. 우주는 팽창하고 있어 멀어질수록 그 속도가 빨라진다. 이 속도로 거리를 알아낼 수 있다. 속도를 보면, 해당 별의 실제 색과 겉보기 색이 얼마나 다른지 알 수 있다.

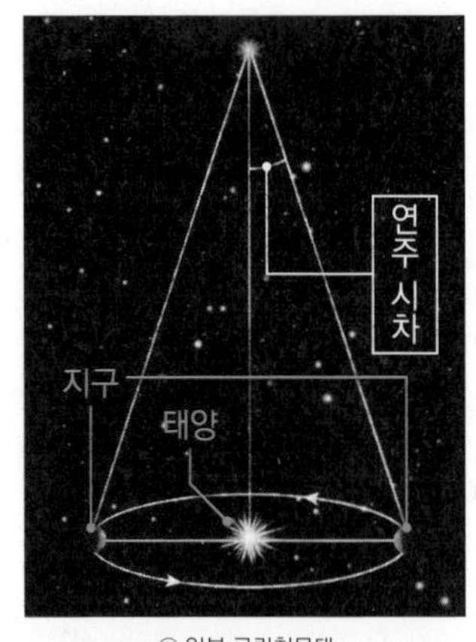

© 일본 국립천문대

다이아몬드로 이루어진 별이 있다고?

|다이아몬드 별 이야기|

게자리 별 주위를 도는 행성이
다이아몬드로 이루어져 있을 가능성이 있다.

세 가지만 알면 나도 우주 전문가!

40광년 너머에 있는 게자리 55 별 주위의 행성

게자리 55 별을 도는 행성 중 하나가 다이아몬드로 이루어졌을 가능성이 있다는 사실이 밝혀졌다. 이 별은 주로 탄소로 구성되어 있다. 내부에서 탄소가 거대한 압력에 의해 다이아몬드로 변성되었을 것으로 추정된다.

이 별은 슈퍼 지구

반지름은 지구의 두 배 정도이고, 질량은 여덟 배이며, 지구보다 커다란 암석형 행성이 '슈퍼 지구(super-Earth)'다. 이 별의 1년은 지구 시간으로 18시간이므로 상당한 속도로 항성 주위를 돌아 별의 표면이 섭씨 2,150도 정도로 높은 편이다.

어떻게 다이아몬드의 존재를 알게 되었을까?

예전부터 관측을 통해 주성인 게자리 55 별이 산소보다 탄소를 많이 함유하고 있다는 사실이 알려져 있었다. 그래서 행성의 재료인 탄소가 상당량 존재할 것으로 추정했다. 이러한 환경에서 태어난 행성이므로 다이아몬드가 존재할 거라고 예상할 수 있다.

게자리 55를 도는 행성과
지구의 지름 비교

별에 직접 이름을 붙일 수 있을까?

|별의 이름 이야기|

직접 이름을 붙일 수 있는 별이 있다.
실제로 자기 이름을 붙인 천체도 있다.

세 가지만 알면 나도 우주 전문가!

자기 이름을 붙인 별, 혜성

혜성에는 발견한 사람의 이름(발견 순서대로 세 명까지 자동)을 붙일 수 있다. 1965년에 발견된 이케야-세키 혜성은 일본인 발견자 두 사람의 이름이 붙었다. 1996년에 소행성을 발견한 일본인 천문학자는 한국의 왕 '세종'이라는 이름을 붙였는데, 작명 이유에 대해 "위대한 인물의 이름을 붙이고 싶어서"라고 밝혔다.

이름을 붙일 수 있는 소행성

소행성을 발견하면 일단 번호를 붙인다. 그리고 발견자에게 해당 소행성에 이름을 제안할 권리를 부여한다. 다만 '16글자 이내여야 할 것', '발음이 가능할 것' 등의 조건이 있다.

이름을 붙여주는 기업도 있다는데……

국제천문연맹(IAU)은 다음과 같은 성명을 발표했다. "별 이름을 붙일 권리를 준다는 기업에 비용을 주고 절차를 거쳤더라도 정식 명칭이 아니며 공식적인 효력도 없다. 별이 빛나는 아름다운 밤하늘은 모든 사람이 무료로 누릴 수 있는 인류 공동의 재산이어야 한다."

이케야-세키 혜성

아랍어와 별 이름은 무슨 관계가 있을까?

| 별 이름의 수수께끼 이야기 |

이슬람 제국의 아라비아 천문학자들이 별 이름을 붙여
아랍어에서 비롯된 이름이 많다.

세 가지만 알면 나도 우주 전문가!

고대 그리스와 로마를 계승한 아라비아 천문학

별에 관해 방대한 지식을 가진 이슬람 제국이 고대 그리스와 로마의 뒤를 계승해 아라비아 천문학이 되었다. 10세기에 아라비아의 천문학자 알 바타니(al-Battani)가 489개 별의 위치를 표로 정리했다. 바타니는 1년을 365일과 5시간 46분 24초라고 계산했다.

아랍어에서 따온 별 이름

겨울 별자리로 유명한 오리온자리는 그리스 신화에 등장하는 거인 사냥꾼의 이름에서 따왔다. 한편 오리온자리 1등성 리겔(Rigel)은 아랍어로 '다리'를 뜻하는 단어가 변화해서 만들어진 이름이다. 오리온자리에서 왼쪽 다리 위치에 있다.

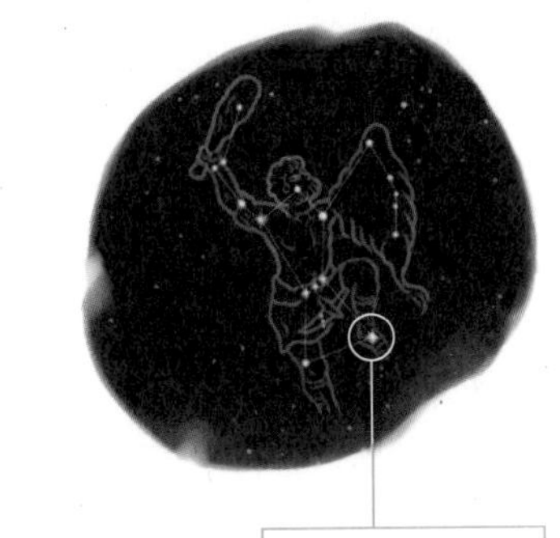
오리온자리의 리겔

별자리는 대부분 고대 신화에서

황소자리 등 12 별자리의 이름과 행성 이름 등은 고대 그리스 시대 천문학과 이를 계승한 고대 로마 시대에 붙여졌다. 그래서 고대 그리스와 로마 신화에 나오는 신의 이름에서 따온 경우가 많다.

지구의 대기권은 어떻게 되어 있을까?

|대기권 조성 이야기|

지표에서부터 대류권, 성층권, 중간권, 열권, 외기권이라는 다섯 개 층으로 이루어져 있다.

세 가지만 알면 나도 우주 전문가!

온도가 다른 대기의 층 중에서 인간은 대류권 바닥에 살고 있다

위도와 계절에 따라 다르지만 지상에서 약 12킬로미터까지를 '대류권'이라고 한다. 대기 중 기체 분자를 80퍼센트 이상 함유하고 구름이 생성되어 비가 내리는 기상 현상이 일어난다. 지표 온도가 높아질수록 대류권 기온이 낮아진다.

성층권에 오존층이 형성되어 있다

약 50킬로미터까지를 '성층권'이라고 한다. 약 25킬로미터에서 형성된 오존층이 자외선을 흡수해 일광 화상과 피부암 등으로부터 지켜주고 고도가 높을수록 기온이 높아진다. 여객기는 대류권과 성층권의 경계를 비행한다.

높을수록 대기가 사라지며 우주 공간으로

80킬로미터까지를 '중간권', 500킬로미터까지를 '열권'이라고 한다. '열권'은 우주에서 오는 감마선과 X선을 흡수해 대기에서 온도가 가장 높다. 여기서 유성이 연소하고 오로라가 빛난다. 바깥 '외기권'의 대기는 우주 공간으로 빠져나간다. 인공위성이 이 고도를 비행한다.

【대기권의 다섯 개 층과 높이】

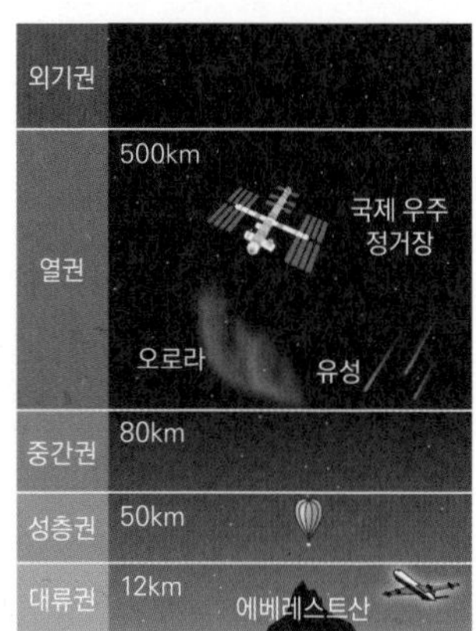

Day 353 지구 | 대기권

공기는 무엇으로 이루어져 있을까?

|공기의 성분 이야기|

공기는 섭씨 20도에서 부피의 78퍼센트가 질소,
21퍼센트가 산소로 이루어져 있다.

세 가지만 알면 나도 우주 전문가!

지구를 둘러싼 대기를 '공기'라고 한다

공기의 주요 성분은 질소 분자가 약 78퍼센트, 산소 분자가 약 21퍼센트를 차지한다. 나머지 약 1퍼센트에는 아르곤, 이산화탄소, 일산화탄소, 오존, 메탄, 수소 등이 들어 있다. 이 성분 비율은 높이 80킬로미터까지 거의 일정하다. 사실 지구 온난화에 영향을 미치는 이산화탄소는 대기 중에 0.04퍼센트밖에 없다.

공기의 성분은 건조 공기를 기준으로 상정한다

수증기는 세 번째로 많다. 그런데 공기에 포함된 수증기의 양은 지역과 계절에 따라 0~3퍼센트로 변동이 커서 공기의 성분에 관해 고찰할 때는 건조하고 수증기가 거의 포함되지 않은 경우를 기준으로 삼는다.

작은 고체와 액체 입자, 연무질

공기 중에는 매우 미세한 에어로졸(Aerosol) 입자가 포함되어 있다. 바다에서 증발한 소금 입자와 지면에서 비산한 먼지, 화산재, 대기 오염 물질 등이다. 에어로졸은 태양광을 반사해서 흡수하기 때문에 기상과 기후에 영향을 미친다.

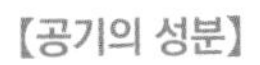

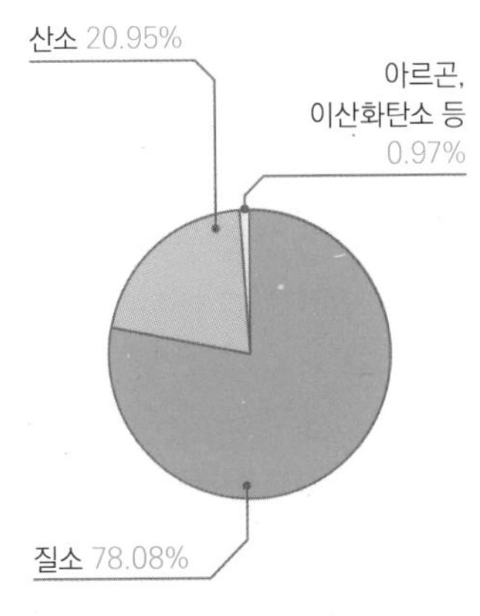

Day 354 지구 | 대기권

지구의 산소는 언제 생겼을까?

|공기 중의 산소 이야기|

산소는 생물이 광합성으로 만들어내기 시작해
약 25억 년 전부터 대기 중에 증가했다.

세 가지만 알면 나도 우주 전문가!

지구 탄생 무렵, 대기의 성분은 지금과 전혀 달랐다

최초의 대기에는 수증기와 이산화탄소가 많았다. 지금의 20만 배에 달하는 이산화탄소가 지구를 덮고 있었다. 뜨거운 지구 표면이 식자 수증기가 비로 내리면서 바다를 이루었고 이산화탄소는 바닷물에 녹아 감소하기 시작했다.

산소는 바로 다른 물질과 결합

약 35억 년 전, 물에 자외선이 닿아 수소와 산소로 분리되었다. 그런데 곧바로 철·광물과 결합해 대기 중의 산소는 증가하지 않았다. 거의 0에 가까워 지금의 약 100만 분의 1 수준이었다.

생물의 광합성으로 산소 증가

남세균이 최초로 광합성을 시작하면서 약 25억 년 전에 산소가 급증하기 시작했다. 광합성은 생물이 엽록체로 태양광을 사용해 이산화탄소와 물에서 당 등을 생성하고 산소를 배출하는 작용이다. 지금처럼 산소가 풍부해진 것은 약 6억 년 전부터다. 생물이 광합성으로 산소를 대량 합성해 점차 증가했다.

【대기 중의 산소 농도 변화】

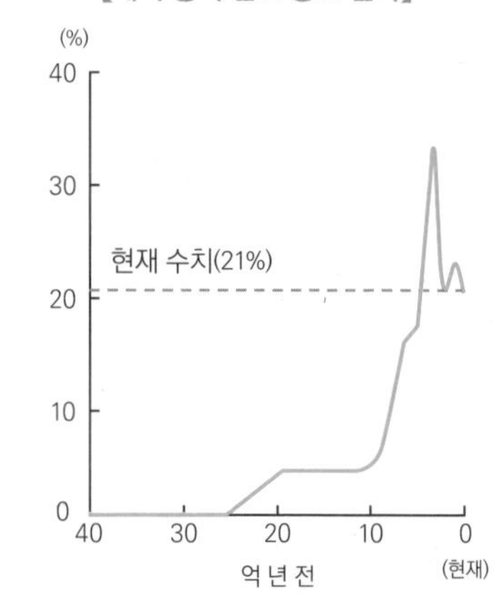

공기는 왜 바닥나지 않을까?

|공기 이야기|

가볍지만 지구의 중력으로
우주 밖으로 날아가지 않기 때문이다.

세 가지만 알면 나도 우주 전문가!

중력 때문에 우주로 날아가지 않는다

지구의 공기는 중력으로 인해 우주로 날아가지 않는다. 다만 수소와 헬륨은 너무 가벼워 우주로 날아간다. 기체 분자는 뿔뿔이 흩어져 둥실둥실 날아다니는데, 가벼울수록 빨라지기 때문이다.

지구의 온도가 너무 높지 않은 것이 중요

기체의 평균 속도는 온도가 높을수록 크다. 지금 지표 부근은 평균적으로 온난한 기온을 유지해 산소와 질소가 우주로 날아가지 않는다. 만약 태양이 밝아져 지구가 고온이 된다면 기체가 날아가는 속도가 빨라져 지구의 중력을 뿌리치고 날아가는 기체 분자의 수가 증가할 것이다.

태양풍이 대기를 날려버려도 거뜬하다

고온인 열권에 고에너지의 태양풍이 충돌해 대기를 우주로 날려버리기도 한다. 그러나 열권의 대기는 매우 얇고 적어 전체적으로 대기가 줄어들 염려는 없다. 태양풍은 태양에서 엄청난 기세로 불어오는 플라스마다.

상공에서 본 구름과 대기의 층

Day **356** 지구 | 대기권

산 정상은 왜 공기가 희박할까?

| 지상의 공기 이야기 |

낮은 지점에는 공기의 분자가 대량으로 모이고
높은 지점에는 적어지기 때문이다.

세 가지만 알면 나도 우주 전문가!

공기의 밀도와 대기압은 대기 아래로 갈수록 커진다

밀도는 같은 부피에 있는 분자의 개수를 말한다. 공기의 분자는 해발 고도가 낮은 지점으로 모여 아래로 갈수록 밀도가 커지고 높은 산 위로 갈수록 밀도가 작아진다. 대기압도 기체의 중량을 버티기 위해 아래로 갈수록 커진다.

높은 산 정상에서는 왜 공기가 희박해질까?

높은 산에서는 공기가 희박해져 똑같이 호흡해도 받아들이는 산소의 양이 줄어들어 숨이 가빠진다. 머리 위에 있는 공기도 줄어들고 대기압도 낮아져, 밀폐된 과자 봉지를 가져가면 압력으로 빵빵하게 부풀었다가 뻥 터지는 모습을 볼 수도 있다.

기압이 내려가면 안에 있는 공기가 팽창한다.

에베레스트산 정상에서는 어떨까?

해발 고도가 8,848미터인 에베레스트산 정상에서는 대기압도 산소의 밀도도 약 3분의 1 이하로 떨어진다. 그래서 에베레스트산에 등정할 때는 산소 탱크 등 특별한 장비를 갖춰야 한다.

Day 357 지구 | 대기권

온실 효과 가스가 뭘까?

|온실 효과 가스 이야기|

이산화탄소(CO_2), 메탄(CH_4), 수증기(H_2O) 등은 적외선을 흡수해서 방출하는 기체다.

세 가지만 알면 나도 우주 전문가!

지구의 열 출입에는 대기의 성분이 영향을 미친다

태양에서 방출되는 빛과 적외선이 지구에 도달하는 낮에는 표면이 달구어지고, 밤에는 적외선을 방출해 식는다. 그러나 대기 중에 적외선을 흡수하는 기체가 있으면 흡수된 열이 다시 지표로 향해도 방출되어 기온을 올리는 방향으로 작용한다.

온실 효과 가스가 없으면 지구는 싸늘한 얼음별이 된다

온실 효과 가스가 전혀 없어도 지구가 우주로 열을 자외선으로 방출해 지금의 지구라면 섭씨 영하 19도가 된다는 추산이 있다. 지표의 평균 기온은 섭씨 14도로 온난한데, 섭씨 33도의 열에너지를 유지하는 것은 온실 효과 가스 덕분이다.

이산화탄소가 왜 문제가 될까?

인간이 석유와 석탄 등의 화석연료를 대량 사용해 대기 중의 이산화탄소(CO_2)가 확실하게 증가하는 것이 '지구 온난화', '기후 변동' 등의 첫 번째 원인으로 지목되고 있다. 그래서 전 세계적으로 이산화탄소 배출을 억제하는 등의 대책을 추진하고 있다. 지구 온난화의 두 번째 원인은 메탄이다.

별 우주 지구 행성 태양 달 은하 우주개발

지구 온난화가 뭘까?

|지구 온난화 이야기|

인간의 활동으로 대기 중의 온실 효과 가스가 증가해
지구 전체의 기온이 상승하는 현상을 말한다.

세 가지만 알면 나도 우주 전문가!

과거 120년 동안 기온이 상승해 지구의 평균 기온이 섭씨 1.1도 올랐다!

1850년 무렵부터 세계적으로 온도계를 사용한 기온 측정이 이루어졌다. 바다를 포함해 지구의 평균 기온은 1900년에서 2020년 사이 섭씨 1.09도 상승했다. 특히 2000년 이후 상승 추세가 가팔라졌다. 이는 과거 2000년 동안 없던 기온 상승이다.

원인은 온실 효과 가스인 이산화탄소 증가

산업 혁명이 시작된 1750년경부터 2020년 사이 대기 중의 이산화탄소 농도가 0.28퍼센트에서 0.41퍼센트로 상승했다. 인간이 운송과 발전 등에 사용할 에너지를 확보하기 위해 석탄·석유·천연가스 등의 화석 연료를 태워 배출한 이산화탄소가 주요 원인이다.

온난화가 진행되면 어떻게 될까?

온난화가 계속되면 육상의 얼음이 녹아서 해수면이 상승해 이상 기후가 발생한다. 생물의 생활과 해양 순환, 영구 동토층에도 영향을 준다. 앞으로 기온이 어느 정도 오르고 온난화가 얼마나 진행될지 예측하기는 어렵다. 최대한 이산화탄소 배출을 억제해야 한다.

로켓은 언제 처음 개발되었을까?

| 로켓 개발 이야기 |

로켓의 기원은 12세기 전반이고,
19세기 말에 본격적으로 개발되기 시작했다.

세 가지만 알면 나도 우주 전문가!

로켓의 기원은 화약을 채운 통 형태의 화살

로켓의 기원은 12세기 전반 중국에서 만들어진 화약을 채운 통 화살이다. 그리고 19세기 말에 로켓을 이용해 우주로 가려는 연구자들이 나타났다. 러시아의 콘스탄틴 치올콥스키(Konstantin Tsiolkovskii)가 액체 연료 로켓을 고안했다.

로켓 개발이 미사일 개발로

20세기 전반에 '근대 로켓의 아버지'라 불리는 미국의 로버트 허칭스 고더드(Robert Hutchings Goddard)가 세계 최초로 액체 연료 로켓 발사에 성공했다. 독일의 베른헤르 폰 브라운(Wernher von Braun)은 1942년 나치 독일에서 세계 최초로 완성형 로켓 'V-2'를 개발해 영국을 공격하는 데 사용했다.

로켓 개발이 우주 개발 경쟁으로

제2차 세계 대전 이후 냉전 체제로 돌입한 미국과 구소련은 탄도 미사일과 인공위성 등 군사적 목적의 기술 연구 경쟁을 벌였다. 1957년 구소련이 인공위성 스푸트니크 발사에 성공하자 미국은 충격을 받고 위기의식을 느꼈다.

로버트 허칭스 고더드와
그가 개발한 최초의 액체 연료 로켓

로켓은 어떻게 날까?

|로켓의 비행 원리 이야기|

'작용·반작용의 법칙'이라는
기본적인 과학 법칙을 이용해서 발사된다.

세 가지만 알면 나도 우주 전문가!

작용·반작용의 법칙에 의해 '추력' 발생

풍선을 불고 나서 입을 떼면 바람이 빠지면서 신나게 날아가는 현상은 '작용·반작용의 법칙'이 작용하기 때문에 생긴다. 풍선은 스스로 공기를 배출하는 힘(작용의 힘)으로, 공기에서 반작용 힘을 받아 날아간다. 앞으로 나아가는 힘을 '추력(thrust)'이라고 한다.

로켓 발사도 풍선과 같은 원리

로켓 자체에 실린 연료를 연소해서 발생한 고온 고압의 가스를 엄청난 속도로 지표 방향으로 분출한다. 그리고 그 반동을 추력 삼아 앞으로 나아간다. 가스의 무게가 무거울수록, 가스 분출이 빠를수록 반동이 커지고 속도도 증가한다.

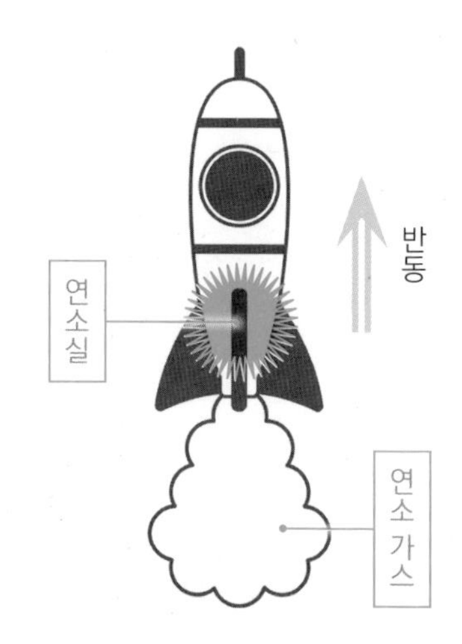

로켓의 무게보다 큰 추력이 필요

로켓은 연료가 동나지 않는 한 계속 날 수 있다. 다만 로켓은 무거워서 큰 추력이 필요하다. 로켓의 추력을 높이려면 분출하는 가스의 양을 늘리거나 속도를 빠르게 해야 한다.

로켓은 어디까지 날 수 있을까?

| 로켓의 비행 거리 이야기 |

이론적으로는, 무중력 상태의 우주까지 가면
무한한 우주를 영원히 날 수 있다.

세 가지만 알면 나도 우주 전문가!

일단 우주까지 가려면

높이를 기준으로 하면 상공 약 100킬로미터보다 위가 우주라고 할 수 있다. 로켓이 발사되고 나서 우주에 도달할 때까지 약 10분밖에 걸리지 않는다. 또 로켓이 초속 약 11킬로미터 속도를 낼 수 있다면 지구 중력을 벗어나 행성계 공간으로 나갈 수 있다.

태양계 밖으로 나가려면

초속 약 17킬로미터 이상 가속하면 태양의 인력을 뿌리치고 태양계 밖으로 나갈 수 있다. 로켓은 탐사선과 인공위성을 우주까지 실어 나르는 장치라서 실제로는 도중에 분리된다.

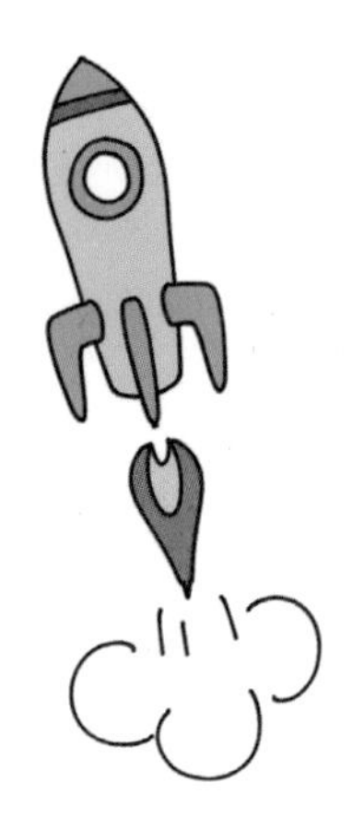

지구 주위를 돌려면

인공위성은 지구 주위를 돌아 중력과 반대 방향으로 원심력을 발생시켜서 우주 공간에 머문다. 인공위성이 지구 궤도를 돌려면 초속 7.9킬로미터가 필요하다. 궤도 높이는 크게 해수면에서 200~1,000킬로미터 범위와 3만 6,000킬로미터 부근으로 나눌 수 있다.

로켓은 어떤 연료를 사용할까?

|로켓의 연료 이야기|

로켓에는 고체 연료와 액체 연료가 사용된다.

세 가지만 알면 나도 우주 전문가!

고체 연료와 액체 연료

고체 연료의 추진제는 일반적으로 부타디엔(Butadiene) 계열 합성 고무 등의 연료와 과염소산암모늄(ammonium perchlorate) 등의 산화제로 이루어져 있다. 액체 연료의 추진제는 일반적으로 액체 수소 등의 연료와 액체 산소 등의 산화제로 이루어져 있다.

고체 연료 로켓의 특징

고체 연료 로켓은 기체를 제어하기 어렵지만 구조가 단순해서 신뢰성이 높다. 액체 연료보다 개발과 제작, 취급이 간단하며 큰 추력을 낼 수 있다.

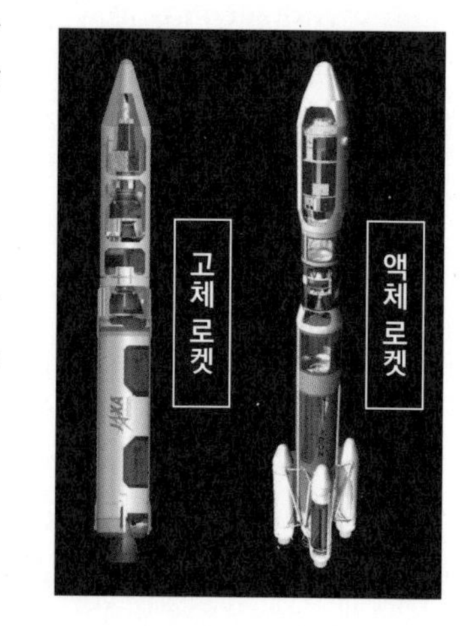

액체 연료 로켓의 특징

액체 연료 로켓은 연소실에 추진제를 보내는 방법으로, '가스압식'과 '터빈식'이 있다. 구조가 복잡해 고체 연료 로켓보다 제작과 취급이 까다롭지만 기체를 제어하기 쉽다는 이점이 있다. 저렴하고 소형, 경량화가 가능한 액체 천연가스(LNG) 추진제 연구도 진행되고 있다.

왜 수많은 인공위성을 발사할까?

| 인공위성의 이용 이야기 |

인공위성은 우리의 생활을 편리하게 해준다.

세 가지만 알면 나도 우주 전문가!

다양한 종류의 인공위성과 로켓의 역할

인공위성의 종류는 다양하다. 통신 위성, 방송 위성, 기상 관측 위성, 측지 위성, 지구 관측 위성 등 각기 다른 목적을 지니고 발사된다. 로켓은 인공위성과 우주 비행사를 우주까지 실어가는 운송 장치다. 인공위성이 비행하는 궤도는 위성의 종류에 따라 높이와 모양 등이 제각각이다.

로켓을 가장 많이 발사한 나라는 중국

세계에서 연간 약 100기의 위성이 발사되고 있다. 2019년에 가장 많은 로켓을 발사한 나라는 미국과 러시아가 아니라 중국이었다. 유인 우주선 기술을 보유한 국가는 현재 미국, 러시아, 중국 세 나라뿐이다.

'우주 쓰레기'라는 새로운 문제

지금까지 수명이 다해 폐기된 대량의 인공위성과 사용하지 않는 로켓 파편 등이 우주 쓰레기로 떠도는 등 새로운 문제가 발생하고 있다. 따라서 발사 후에 회수하거나 처리하는 연구가 진행되고 있다.

로켓 발사가 왜 어려울까?

| 로켓 발사 이야기 |

지구에는 대기와 중력이 있어 로켓을 발사하려면 대기와 중력을 극복할 수 있는 기술력이 필요하다.

세 가지만 알면 나도 우주 전문가!

일단 우주까지 쏘아 올린다

로켓은 중력과 대기로 발생하는 마찰력을 거슬러 화물과 비행사를 우주까지 운송하고, 목적 속력으로 속도를 올리는 역할을 맡고 있다. 정지 위성은 적도 상공 바로 위, 고도 약 3만 6,000킬로미터까지 쏘아 올려야 한다. 인공위성을 궤도에 올리려면 초속 약 7.9킬로미터가 필요한데, 이를 '제1우주속도'라고 한다.

추가로 수평 방향의 속도가 필요

로켓 발사 영상을 보면 발사대 위에서 몸체가 점점 기울어지는 모습을 확인할 수 있다. 지구를 돌기 위해서는 수평 방향의 속도가 필요하기 때문이다.

적도 부근, 동쪽이 트인 안전한 지점에서 발사

지구상에서 자전 속도가 가장 빠른 적도에서 자전 방향인 동쪽으로 로켓을 발사하면 자전 속도를 로켓의 가속에 이용할 수 있다. 참고로, 한국은 전라남도 고흥군 봉래면 하반로에 나로호우주센터를 운용하고 있다. 나로호우주센터는 세계 13번째 우주센터다.

스윙바이가 뭘까?

|스윙바이 이야기|

스윙바이(swingby)는
천체의 인력을 이용해서 궤도를 변경하는 기술이다.

세 가지만 알면 나도 우주 전문가!

행성의 인력으로 궤도를 변경한다

탐사선은 행성의 인력에 의해 끌어당겨지며 속도가 서서히 빨라진다. 그러나 탐사선이 행성 뒤를 통과해 행성에서 멀어지면 반대 방향의 인력에 의해 잡아당겨지며 속도가 느려져 원래대로 돌아가고 궤도의 진행 방향만 달라진다.

가속은 행성의 공전을 이용한다

지구는 초속 30킬로미터라는 엄청난 속도로 태양 주위를 돈다. 지구 주위를 공전하는 궤도에 일단 올라탄 뒤 지구가 태양 주위를 공전하는 속도를 이용해서 가속한다. 이 방식을 이용해 적은 연료로 멀리까지 갈 수 있다.

일본의 과학 탐사선 하야부사 2호, 지구의 스윙바이 이용

2014년 12월 3일 JAXA에서 발사한 소행성 탐사선 하야부사 2호는 1년 후 2015년 12월 3일 지구에서 스윙바이해 소행성 류구로 궤도를 변경했다. 그리고 3년 후인 2018년 6월 멋지게 목적지에 도착했다.

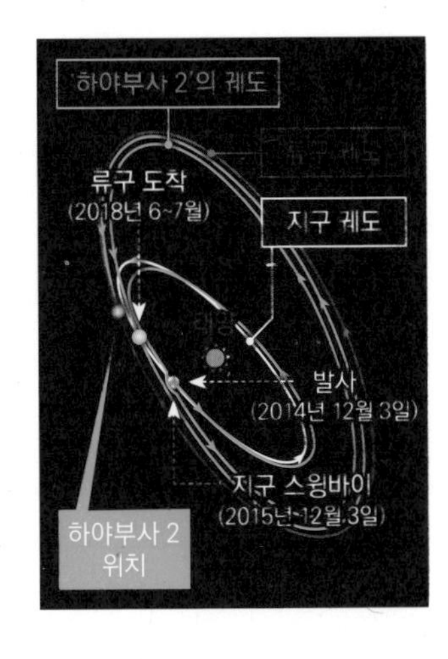

찾아보기

■ **사진·일러스트** (※ 숫자는 쪽수 표시)

123RF 60, 111, 150, 160, 284, 315, 387

DesignAC 153

ESO 50

HPH 311

IllustratAC 31, 56, 61, 82, 88, 96, 102, 107, 108, 130, 133, 136, 137, 157, 168, 171, 173, 174, 175, 177, 197, 203, 210, 211, 213, 215, 217, 226, 240, 250, 254, 261, 266, 297, 316, 331, 333, 350, 375, 381, 382, 385, 360

JAXA 123, 124, 125, 126, 127, 128, 129, 179, 181, 182, 183, 184, 185, 314, 368, 386, 389

NASA 70, 72, 74, 95, 104, 105, 138, 164, 169, 176, 178, 194, 204, 214, 216, 223, 235, 238, 242, 243, 244, 245, 246, 247, 258, 263, 264, 265, 269, 277, 280, 289, 291, 293, 304, 317, 323, 332, 334, 335, 336, 337, 338, 342, 354, 367

NASAJPL-캘리포니아 공과대학교 356

NOIRLab / NSF / AURA / J. da. Silva 206

NRAOAUINSF; D. Berry 345

PhotoAC 38, 86, 103, 118, 207, 249, 251, 259, 260, 272, 322

Pixabay 262, 281

Remih 99

SETI@home HP 358

shutterstock 33, 46, 108, 161, 167, 199, 211, 228, 232, 233, 234, 270, 275, 286, 288, 305, 307, 309, 310, 312, 324, 361

Tttrung 318

Wikimedia Commons 32, 42, 43, 45, 48, 49, 51, 52, 59, 66, 68, 69, 71, 73, 79, 89, 93, 99, 106, 109, 113, 144, 146, 140, 156, 159, 162, 180, 191, 208, 220, 236, 237, 239, 241, 248, 256, 267, 268, 273, 276, 278, 279, 283, 290, 292, 294, 295, 300, 302, 306, 308, 313, 318, 327, 330, 341, 344, 359, 373, 376, 379, 383, 388

X-CAM ALMA(ESCONAOJNRAO) 92

구라모치 히로코(倉持寛子) 52, 55, 152, 155, 227, 285, 311, 353, 371 **나카가와 리쓰코**(中川律子) 362

도야마시 과학 박물관 374 **아사미 나오코**(浅見奈緒子) 94 **아오노 히로유키**(青野裕幸) 209, 229

오노 나쓰코(小野夏子☆) 253

오시마 오사무(大島修) 53, 75, 76, 77, 78, 80, 81, 110, 112, 114, 115, 116, 193, 196

이노우에 간지(井上貫之) 25, 26, 27, 28, 29, 30, 67 **이라스토야**(いらすとや) 147, 154, 172, 328, 351

일본 국립천문대 47, 58, 63, 65, 91, 98, 119, 140, 142, 186, 188, 190, 192, 195, 200, 219, 222, 231, 296, 319, 369, 372

일본 기상청 347, 352 **지진쇼칸**(地人書館) 254 **호쿠리쿠 모바일 천체투영관** 252

히엔진(鼻炎人) 82, 83, 84, 85, 87, 325, 326, 329, 363, 364, 365, 366

도판 제작·DTP 쓰치야 에이치로(土谷英一朗)【Studio BOZZ】/ 다카하시 유미(高橋祐美) / 와타나베 기미오(渡邊規美雄)【Amber Graphic】

메인 일러스트 지카라이시 아리카(力石ありか)

편집 오피스 산주시(オフィス三銃士)

집필진 아오노 히로유키(青野裕幸), 아사미 나오코(浅見奈緒子), 이노우에 간지(井上貫之), 오시마 오사무(大島修), 오노 나쓰코(小野夏子☆), 기타가와 다쓰히코(北川達彦), 기노시타 요시유키(木下慶之), 사카모토 아라타(坂元新), 사마키 다케오(左巻健男), 시(シ), 소고 히데토시(十河秀敏), 다자키 마리코(田崎眞理子), 도야마 가나리(富山佳奈利), 나카가와 리쓰코(中川律子), 나쓰메 유헤(夏目雄平), 히라가 쇼조(平賀章三), 미나모토 아키라(源晃), 요코우치 다다시(横内正)

옮긴이 **서수지**

대학에서 철학을 전공했지만 직장생활에서 접한 일본어에 빠져들어 회사를 그만두고 본격적으로 일본어를 공부해 출판 번역의 길로 들어섰다. 옮긴 책에 『과학잡학사전 통조림 – 일반과학편』『과학잡학사전 통조림 – 인체편』『세계사를 바꾼 10가지 약』『세계사를 바꾼 13가지 식물』『세계사를 바꾼 37가지 물고기 이야기』『세계사를 바꾼 21인의 위험한 뇌』『세계사를 바꾼 10가지 감염병』『세상에서 가장 재미있는 63가지 심리실험 – 뇌과학편』『세상에서 가장 재미있는 61가지 심리실험 – 인간관계편』『세상에서 가장 재미있는 88가지 심리실험 – 자기계발편』『세상에서 가장 재미있는 물리 이야기』『소수는 어떻게 사람을 매혹하는가?』 등이 있다.

과학잡학사전 통조림 – 우주편

1판 1쇄 발행 2024년 2월 16일
1판 2쇄 발행 2024년 2월 22일

지은이 사마키 다케오 외
옮긴이 서수지
펴낸이 이재두
펴낸곳 사람과나무사이
등록번호 2014년 9월 23일(제2014-000177호)
주소 경기도 파주시 회동길 508(문발동), 스크린 405호
전화 (031)815-7176 **팩스** (031)601-6181
이메일 saram_namu@naver.com
표지디자인 박대성

ISBN 979-11-88635-88-7 03440

잘못된 책은 구입하신 곳에서 바꾸어 드립니다.